warenwirtschaft training · Monika Labrenz

Die Autorin

Monika Labrenz studierte von 1990 bis 1993 BWL an der Verwaltungs- und Wirtschaftsakademie in Freiburg. 1995 entschied sie sich, für Lexware zu arbeiten und war dort als Projektleiterin für die Programme faktura+auftrag und warenwirtschaft verantwortlich. Seit 2005 ist sie selbstständig. Sie betreut das Rechnungswesen mehrerer Dienstleistungsbetriebe und berät Firmen bei der Organisation ihrer Verwaltung, während sie weiterhin für die Haufe Lexware Mediengruppe als Referentin und Autorin tätig ist. Ihre Seminare und Fachbücher zeichnen sich auch deshalb durch eine besondere Praxisnähe sowie eine schnelle und effiziente Vermittlung der Inhalte aus.

warenwirtschaft training

Monika Labrenz

Haufe Group
Freiburg · München · Stuttgart

Bibliografische Information der Deutschen Nationalbibliothek

Die Deutsche Nationalbibliothek verzeichnet diese Publikation in der Deutschen Nationalbibliografie; detaillierte bibliografische Daten sind im Internet über http://dnb.dnb.de abrufbar.

Print: ISBN 978-3-648-13744-4   Bestell-Nr. 01503-0006
ePDF: ISBN 978-3-648-13745-1   Bestell-Nr. 01503-0154

Monika Labrenz
warenwirtschaft training
6. Auflage, Dezember 2019

© 2019, Haufe-Lexware GmbH & Co. KG, Freiburg
www.haufe.de
info@haufe.de

Produktmanagement: Dipl.-Kfm. Kathrin Menzel-Salpietro
Lektorat und Desktop-Publishing: Tina Braun, b-satz, Berlin

Vorwort

Wenn Sie Rechnungen schreiben – oder Angebote, Auftragsbestätigungen, Lieferscheine, Bestellungen oder Rechnungskorrekturen (kaufmännische Gutschrift) – möchten Sie das schnell und ohne lästige Mehrfacheingaben machen. Dabei wird Sie Lexware warenwirtschaft unterstützen. Voraussetzung hierfür ist jedoch, dass Sie die einzelnen Teilbereiche des Programms kennen, um sie für eine komfortable Auftragserfassung nutzen zu können. So werden Sie zunächst mit der Firmenanlage, den Kunden- und Lieferantendaten, den Warengruppen und Artikeln oder den Dienstleistungen vertraut gemacht, bevor Sie das erste Angebot erfassen.

In der täglichen Arbeit ist die Vorgehensweise umgekehrt: Ausgehend von einem Auftrag werden Sie neue Kunden und Artikel bzw. Dienstleistungen anlegen. Für eine solche Arbeitsweise ist das Programm eingerichtet, diese werden Sie hier ebenfalls kennenlernen.

Dabei spielt es keine Rolle, ob Sie Lexware warenwirtschaft innerhalb eines Programmpakets financial office professional oder premium verwenden oder als Einzelprogramm. Wenn es im Einzelfall Abweichungen bei unterschiedlichen Programmversionen gibt, dann wird eigens darauf hingewiesen.

Da das Programm mit einer Benutzerverwaltung versehen ist, kann es sein, dass Sie für einzelne Bereiche nicht die erforderlichen Rechte haben, um die Übung auszuführen. Das gilt insbesondere für das Recht, neue Firmen (Mandanten) im Programm anzulegen. Wechseln Sie dann in die mitgelieferte Musterfirma, um dort zu arbeiten.

Die Übungen in diesem Buch bauen teilweise aufeinander auf. Wenn Sie die Kapitel der Reihe nach durcharbeiten, finden Sie alle notwendigen Angaben vor. Aber vielleicht betreffen Sie gar nicht alle Themen? Dann überblättern Sie die Kapitel, die für Ihre Arbeit keine Rolle spielen. Das gilt insbesondere für Dienstleister, die keine Lagerhaltung und kein Bestellwesen führen müssen.

Die genannten Kunden- und Lieferantenadressen sind frei erfunden und ebenso wie die Artikel und Dienstleistungen lediglich Beispiele, um die grundsätzliche Arbeitsweise des Programms kennen zu lernen. Die Anforderungen an das Programm sind jedoch von Branche zu Branche unterschiedlich. Nutzen Sie deshalb die im ersten Kapitel angelegte Firma auch, um

Ihre eigenen Abläufe durchzuspielen. Legen Sie dazu einige typische Artikel und Leistungen an, die Sie in Ihrem Betrieb verwenden.

Durch gesetzliche Änderungen kann es auch unterjährig zu Programmänderungen kommen. Diese werden auf der Haufe Online Plattform "mybook.haufe.de" kostenlos bereitgestellt. Den Buchcode und die Zugangsdaten zur Online Plattform finden Sie am Ende des Buches.

Und nun wünsche ich Ihnen viel Spaß beim Erkunden der Möglichkeiten von Lexware warenwirtschaft pro/premium.

Monika Labrenz

Inhaltsverzeichnis

1. Programmaktualisierungen und Datensicherung/-rücksicherung

Für Ihr Programm gibt es neben den jährlichen Updates auch unterjährige Aktualisierungen. Insbesondere wenn Sie Lexware warenwirtschaft als monatliches Abo beziehen, werden immer wieder Programmverbesserungen zur Verfügung gestellt. Sie erhalten die Neuerungen dann kostenlos über das Internet. Nutzen Sie diesen Service regelmäßig und achten Sie darauf, immer mit der aktuellen Programmversion zu arbeiten.

Wie wichtig regelmäßige Datensicherungen sind, weiß man spätestens dann, wenn die Daten aufgrund irgendwelcher technischen Probleme defekt sind. Keine Festplatte, kein Server ist vor Fehlern sicher. Sorgen Sie dafür, dass Ihre Daten in einem solchen Fall ohne Zeitverlust wieder herzustellen sind. Wie diese gesichert werden und im Notfall wieder zurückzuholen sind, erfahren Sie hier.

1.1 Programmaktualisierungen

Selbst wenn das Programm installiert ist, bzw. das neueste Update aufgespielt ist, arbeitet Lexware an der aktuellen Programmversion weiter. Sobald es Programmverbesserungen gibt oder Anpassungen aufgrund gesetzlicher Änderungen erforderlich sind, bietet Ihnen Lexware kostenlose Service Packs und selten auch kostenpflichtige Updates. Um Sie über diese Neuerungen zu informieren, hat Lexware das Modul **Lexware Info Service** eingerichtet. Achten Sie bitte darauf, dass es eingeschaltet ist. Klären Sie jedoch mit Ihrem Administrator die richtigen Einstellungen für die Aktualisierungen.

Ist Ihr Computer am Internet angeschlossen und ist Lexware Info Service aktiviert, finden Sie in Ihrer Taskleiste eine kleine grüne Weltkugel.

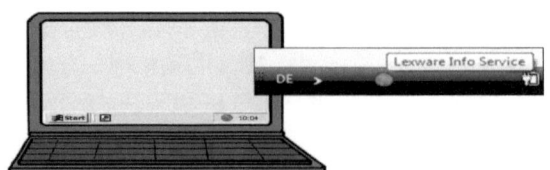

Abb. 1.1: Symbol Lexware Info Service in der Taskleiste.

Mit einem Doppelklick auf diese Kugel öffnen Sie Lexware Info Service, wo die Programmaktualisierungen organisiert werden. Fehlt das Symbol, können Sie es unter dem Menü **?** ➜ **Software aktualisieren** öffnen. Gibt es neue Informationen, Dateien, kostenlose Versionen oder Servicepacks zum Download, dann blinkt in dieser Weltkugel ein gelbes Ausrufezeichen. Ein Doppelklick auf dieses Symbol öffnet das Fenster, in dem Sie über Neuerungen informiert werden und von wo aus Sie diese auch direkt installieren können. Voraussetzung ist jedoch, dass Sie am betroffenen Rechner bzw. am Server Administratorrechte haben.

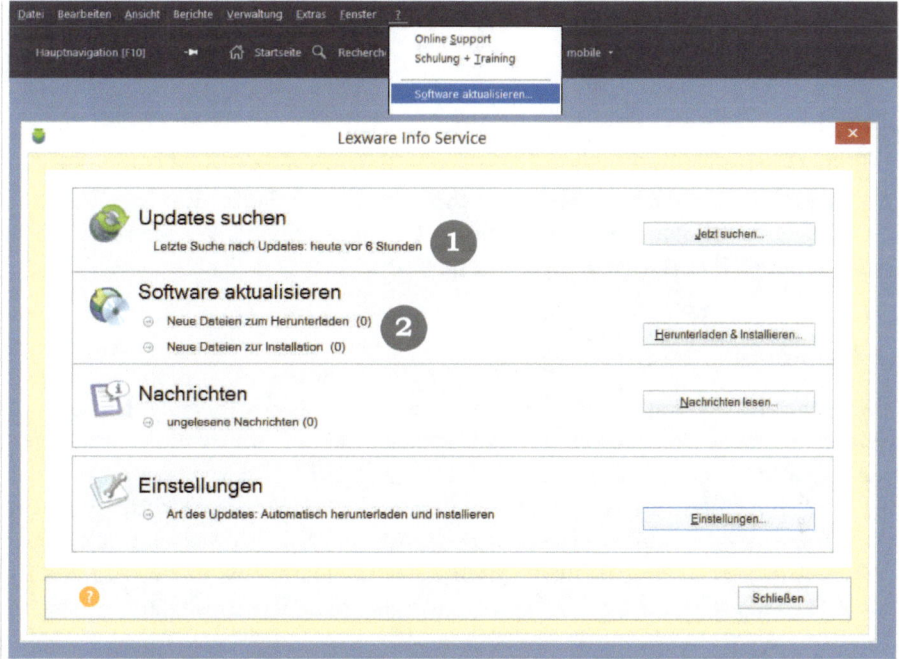

Abb. 1.2: „Software aktualisieren" öffnen im Menü ?: Sie sehen, wann das Programm zuletzt nach Aktualisierungen gesucht hat ❶ *und ob neue Dateien zur Verfügung stehen* ❷ *.*

Unter **Einstellungen** können Sie Lexware Info Service aktivieren. In der Regel ist das nicht nur aktiviert, sondern auch so eingestellt, dass die Aktualisierungen automatisch gesucht, heruntergeladen und installiert werden. Diese Einstellungen können Sie jederzeit ändern und an Ihre Bedürfnisse anpassen.

> **Achtung**
>
> Lexware warenwirtschaft pro ist mehrplatzfähig und meistens als Client-Server Installation in einem Firmennetzwerk eingebunden. Da Internet-Aktualisierungen oft sowohl auf dem Server als auch auf den jeweiligen Client-Arbeitsplätzen installiert werden müssen, sollte das der Administrator vornehmen. Stellen Sie in einem solchen Fall ein, dass Sie nur informiert werden wollen. Dann können Sie sich mit dem Administrator in Verbindung setzen und die Vorgehensweise gemeinsam klären.

1.2 Datensicherung

Wie sicher ist Ihr Computer? Eine Datensicherung ist eigentlich nur erforderlich für den Notfall. Und wann kann der Notfall, wie zum Beispiel Festplattendefekt, Diebstahl oder Brand eintreffen? Diese Antwort kann Ihnen niemand geben. Zu Ihrer eigenen Sicherheit empfehlen wir Ihnen, die Datensicherung täglich, bzw. nach jedem Arbeitstag im Programm durchzuführen und auf einem externen Datenträger zu speichern.

Eine komfortable Möglichkeit, die Daten extern für Notfälle zu sichern, ist der kostenpflichtige Service der Online-Sicherung. Damit wird auf einem externen Hochsicherheitsserver Platz eingerichtet, auf dem Sie die Sicherungsdaten ablegen können. Ein eigener Menüpunkt für die Onlinesicherung organisiert dieses Verfahren bequem direkt aus dem Programm. So sind Sie von der Hardware in Ihrem Haus unabhängig.

> **Tipp**
>
> Lassen Sie sich vom Programm an die Datensicherung erinnern. In der Zentrale können Sie das unter **Extras** → **Optionen** → **Allgemein** entsprechend einstellen.

1.2.1 Sicherung – Welche Daten werden gesichert?

Mit dem Programm können Sie die Warenwirtschaft mehrerer Firmen verwalten. Außerdem können Sie eigene Formulare gestalten und an vielen Stellen im Programm Dokumente hinterlegen. Hier stellt sich die Frage, wie oft die Datensicherung durchzuführen ist bis alle Daten gesichert sind und ob auch die Daten einer einzelnen Firma gesichert werden können.

Nur einmal, lautet die Antwort. Eine Gesamtdatensicherung sichert alle Firmen und optional auch alle Formulare und Dokumente in einem Schritt. Alternativ steht Ihnen die Firmensicherung zur Verfügung.

Arbeiten Sie mit Lexware financial office, werden mit demselben Arbeitsgang die Daten sämtlicher Programmbestandteile gesichert.

1.2.2 Datensicherung durchführen

In der Zentrale unter **Datei → Datensicherung → Sicherung** starten Sie den Vorgang. Auf der zweiten Seite geben Sie an, ob alle Daten oder nur die Daten einer einzelnen Firma gesichert werden.

Eine Datensicherung lässt sich nur durchführen, wenn alle Benutzer von der Datenbank abgemeldet sind. Ist das nicht der Fall, erhalten Sie eine entsprechende Meldung vom Programm. Informieren Sie ggf. die Kollegen, dass Sie das Programm für die Dauer der Sicherung schließen müssen.

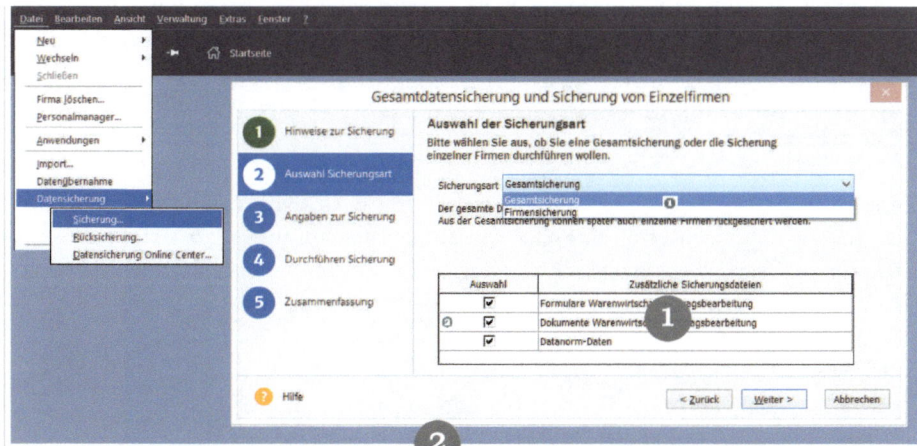

*Abb. 1.3: **Ausschnitt aus der Datensicherung:** Gesamtdatensicherung oder Sicherung nur einer Firma ❶ . Immer können auch Dokumente und Formulare mit gesichert werden ❷ .*

Bei der Gesamtdatensicherung werden die Stamm- und Bewegungsdaten aller Firmen gespeichert. Sollen auch die Formulare und/oder Dokumente gesichert werden, setzen Sie ein Häkchen bei den entsprechenden Optionen.

Mit Dokumenten sind zum Beispiel die von Ihnen im Programm hinterlegten PDF-Dateien gemeint, die Sie beim Mailversand von Aufträgen erzeugen. Oder aber Briefe, die Sie direkt aus Lexware warenwirtschaft geschrieben haben.

Die Firmensicherung bietet Ihnen die Möglichkeit, die Daten einer einzelnen Firma schnell abzuspeichern. Firmensicherungen können nur in den bestehenden Datenbestand zurückgesichert werden. Da sie schneller als die Gesamtdatensicherung durchgeführt wird, bietet sie sich dann an, wenn Sie kurz etwas im Programm testen

möchten, aber nicht riskieren wollen, dabei bestehende wichtige Daten zu verlieren. Auch vor dem Import von Daten – zum Beispiel neue Artikeldaten oder Preislisten – ist eine Firmensicherung sinnvoll.

Tipp

Da die Sicherungsdatei beim Erstellen automatisch benannt wird, haben Sie keinen Einfluss auf deren Dateinamen. Deshalb bietet sich die Verwendung des Feldes **Bemerkungen** an. Hier können Sie persönliche Notizen eintragen, um bei einer späteren Rücksicherung die Datei besser wieder zu erkennen.

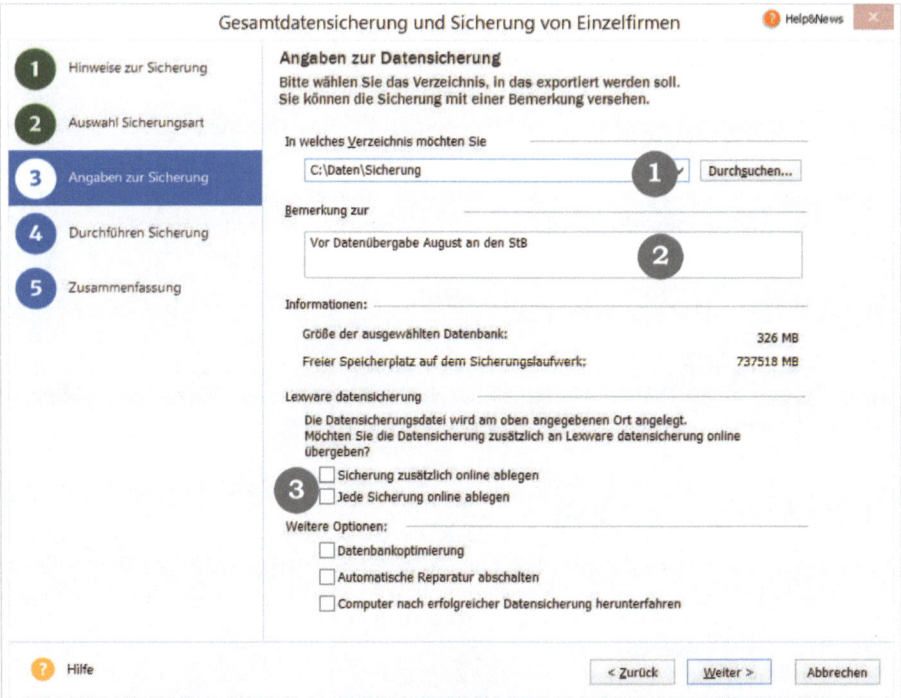

*Abb. 1.4: **Speicherort festlegen:** Geben Sie an, wohin ❶ die Daten gesichert werden sollen und fügen eine Bemerkung zur Datensicherung ❷ an. Sicherungen online ablegen ❸ können Sie, wenn Sie diesen Service gebucht haben.*

Mit einem Klick auf Durchsuchen können Sie den Speicherort wählen. Lexware vergibt den Dateinamen selbst, der aus dem Programmkürzel, dem Sicherungsdatum und der Uhrzeit mit Sekundenangabe besteht. Nach dem Klick auf **Weiter** startet die Sicherung automatisch.

1.3 Rücksicherung – Wann ist das notwendig?

Die Datenrücksicherung soll Ihren Datenbestand wieder herstellen, wenn zum Beispiel die Daten defekt sind. In diesem Fall werden alle Daten Ihres Programms mit den Daten der Sicherung überschrieben. Die Arbeiten, die Sie zwischen dem Erstellen der Sicherung und dem Zeitpunkt der Rücksicherung vorgenommen haben, sind unwiederbringlich verloren. Das genau kann die Absicht der Rücksicherung sein – wenn beispielsweise ein Datenimport fehlerhaft war, Sie nun falsche Daten im Programm haben und deshalb den vorigen Stand wieder brauchen.

Im Falle von technischen Problemen oder beim Wechsel auf einen neuen Server oder Rechner benötigen Sie die Rücksicherung ebenfalls. Achten Sie darauf, immer aktuelle Sicherungsdaten zur Verfügung zu haben.

Die Datenrücksicherung starten Sie in der Zentrale über das Menü **Datei → Datensicherung → Rücksicherung**. Die letzten Datensicherungen werden dann mit Datum und Uhrzeit aufgelistet, die hinterlegte Bemerkung ist ebenfalls zu sehen. Wählen Sie die gewünschte Sicherung aus. Sie können entweder eine Gesamtsicherung, eine Firmensicherung oder nur die Formulare zurücksichern.

> **Tipp**
>
> Sie können aus einer Gesamtdatensicherung mit mehreren Firmen selektiv eine einzelne Firma zurücksichern. Wählen Sie hierzu auf der zweiten Seite eine Gesamtsicherung und auf der dritten Seite **Firmenrücksicherung**.

1.4 Die Sicherheitszentrale

Die Sicherheitszentrale, die Sie über das Symbol rechts oben in der Symbolleiste öffnen, zeigt Ihnen, wie Sie selbst für die Sicherheit des Programms und Ihrer Daten sorgen können.

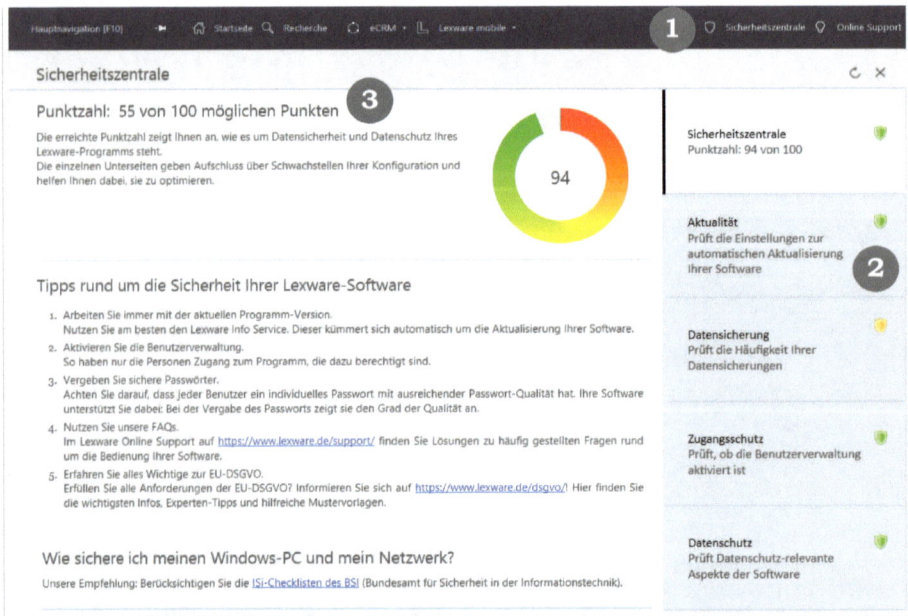

Abb. 1.5: **Die Sicherheitszentrale:** *Rechts oben finden Sie die Sicherheitszentrale* ❶
Über eine Signalisierung in Ampelfarben ❷ *und eine Punktevergabe* ❸
erkennen Sie sofort, wie gut Sie vorgesorgt haben.

Auf einen Blick können Sie Schwachstellen erkennen und beheben. Erklärungen zu den verschiedenen Themen und wichtige Links zu weiterführenden Seiten helfen Ihnen. Nehmen Sie sich die Zeit und informieren Sie sich, damit Sie vor unliebsamen Überraschungen sicher sind.

Übung 1/1 Info Service einrichten

Überprüfen Sie Ihre Einstellungen im Modul **Lexware Info Service** und stellen Sie ein, dass das Programm die Aktualisierung herunterlädt, jedoch nicht automatisch installiert.

Übung 1/2 Datensicherung

Nehmen Sie eine Datensicherung des gesamten Datenbestandes vor und speichern Sie diese auf einem anderen Laufwerk oder einer anderen Festplatte/CD.

2. Die Firma anlegen

Lexware warenwirtschaft pro ist mandantenfähig. Das bedeutet, dass Sie mehrere Firmen mit der Software verwalten können. Zur ersten Orientierung ist eine Musterfirma bereits mit der Installation des Programmes vorhanden. Sie können die Arbeitsweise von Lexware warenwirtschaft also zunächst mit diesen Musterdaten ausprobieren.

Wie Sie die Firma anlegen, für die Sie die dann Lexware warenwirtschaft nutzen wollen, wird hier erläutert. In jeder Branche und in jedem Betrieb gibt es Besonderheiten zu beachten, die die Software abbilden sollte. Das können rechtliche Vorschriften sein – zum Beispiel für die Rechnungsstellung ins Ausland – oder Arbeitsabläufe und Gewohnheiten aus der Praxis. Vieles davon wird bereits in den Firmenangaben festgelegt. In diesem Kapitel finden Sie die wichtigsten Einstellungen, um mit dem Programm arbeiten zu können. Weitergehende Einstellungen, die zum Beispiel für die Kundenverwaltung oder die Artikelverwaltung und -preise zur Verfügung stehen, werden im jeweiligen Kapitel erklärt und können auch im Nachhinein noch bearbeitet werden.

Für die Warenwirtschaft benötigen Sie auch die Angabe des Kontenplans, der in der Buchhaltung verwendet wird. Diese Angabe lässt sich später nicht mehr ändern, deshalb sollten Sie diese Information gegebenenfalls bei Ihrem Steuerberater vorab erfragen.

Nutzen Sie eine Komplett-Lösung von Lexware, werden an dieser Stelle auch die notwendigen Einstellungen für Buchhaltung und Lohn- und Gehaltsabrechnung und eventuell weitere Programmbestandteile vorgenommen. Nicht alle Angaben können im Nachhinein geändert werden. Achten Sie also darauf, dass Sie alle erforderlichen Informationen bei der Firmenanlage parat haben.

2.1 Firmenbezeichnung und Anschrift

Über **Datei → Neu → Firma…** öffnen Sie den Firmenassistenten und tragen die erforderlichen Angaben ein. Dabei handelt es sich zunächst um die Firmenanschrift und weitere Angaben zur Firmierung.

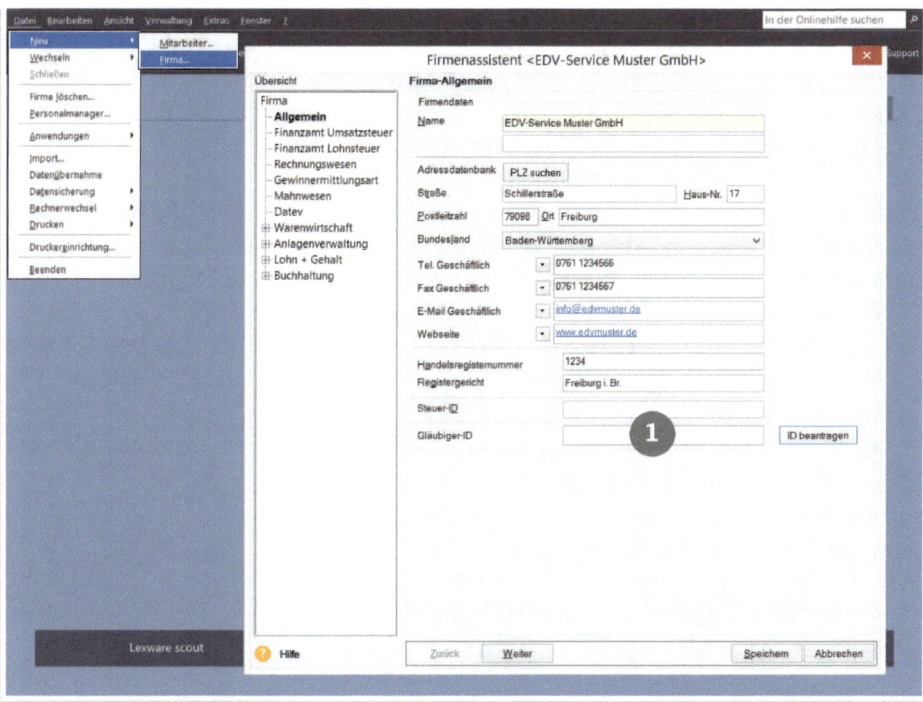

*Abb. 2.1: **Firma anlegen:** Erfassen Sie die Basisdaten der neuen Firma. Wollen Sie SEPA-Lastschriften mit dem Programm durchführen, muss die Gläubiger-ID ❶ hinterlegt werden. Sie kann von hier aus direkt beantragt werden.*

So, wie die Adresse hier angegeben ist, kann sie später auf Angebots- und Rechnungsformularen ausgedruckt werden.

Die Angabe des Bundeslands wird für die richtige Gruppierung der Steuernummer benötigt. Möchten Sie auch Telefonnummer oder Mailadresse auf Ihren Rechnungsformularen ausdrucken, müssen diese Daten ebenfalls hinterlegt sein.

Handelsregisternummer und Registergericht sind für Kapitalgesellschaften wichtig, da diese Angaben auf den Rechnungen angegeben werden müssen. Seit Juni 2007 wird die Steueridentifikationsnummer von den Finanzbehörden vergeben und für

private Steuererklärungen ebenso wie für das neue Einnahmen-Überschuss-Formular benötigt. Diese Angabe ist also vor allem für financial-office Anwender wichtig.

2.2 Finanzamt, Umsatzsteuerangaben

Die nächste Seite nimmt die Daten des Umsatzsteuerfinanzamts auf, die Sie über die Schaltfläche „Finanzamt auswählen" direkt aus einer Liste übernehmen können. Die meisten der hier abgefragten Angaben sind für die Buchhaltung von Bedeutung und brauchen deshalb nicht ausgefüllt zu werden, wenn Sie Lexware warenwirtschaft pro/premium alleine verwenden.

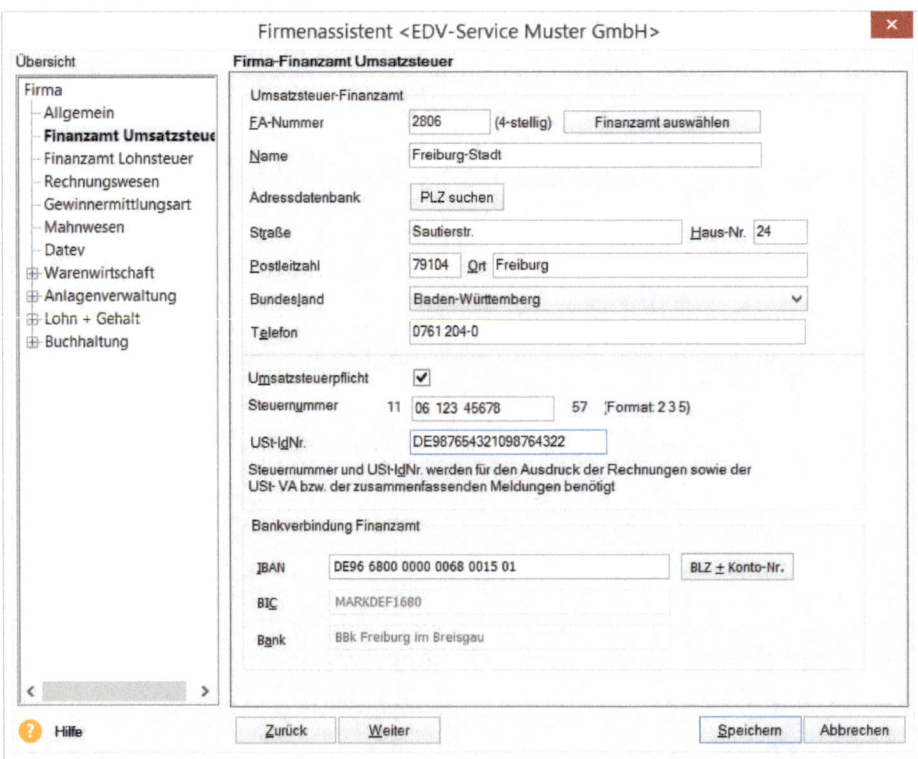

*Abb. 2.2: **Angaben für das Finanzamt:** Steuernummer und USt-ID benötigen Sie für die Rechnungsstellung. Die weiteren Angaben sind für die Buchhaltung von Bedeutung und müssen nur dann ausgefüllt werden, wenn Sie ein financial office Programmpaket verwenden.*

Vorgeschrieben ist jedoch die Angabe entweder Ihrer Steuernummer oder Ihrer Umsatzsteuer-Identifikations-Nummer (USt-ID) auf den inländischen Rechnungen, wenn der Rechnungsempfänger die Vorsteuer abziehen möchte. Unabhängig davon muss Ihre eigene USt-ID ebenso wie die des Kunden bei Rechnungen ins europäische Ausland immer ausgewiesen werden, wenn Sie am vereinfachten Steuerverfahren teilnehmen wollen.

2.3 Kontenrahmen und DATEV

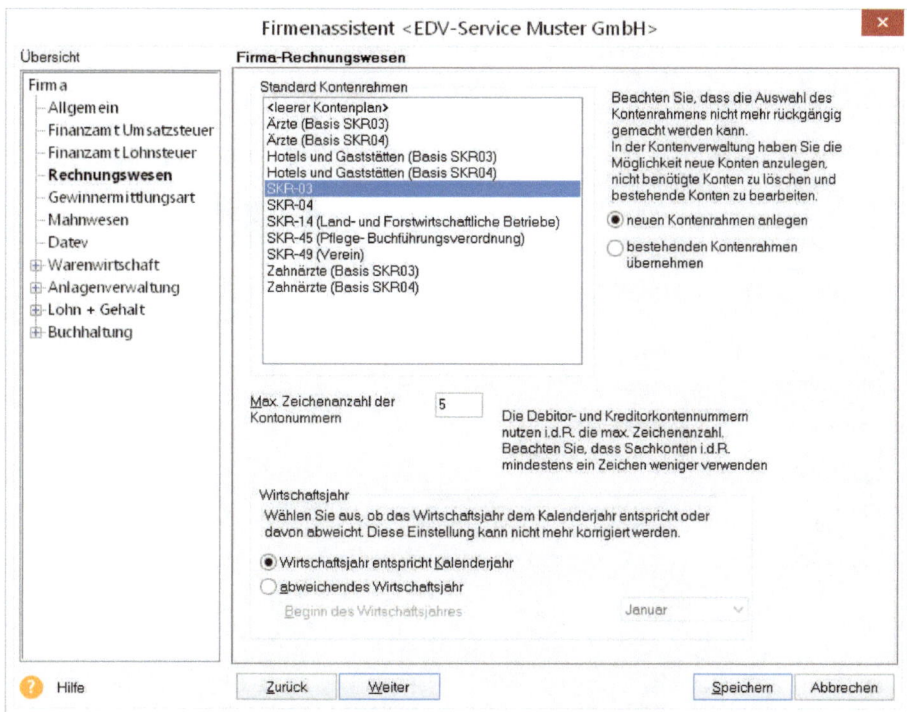

Abb. 2.3: ***Angaben zum Rechnungswesen:*** *Auswahl des Kontenrahmens.*

Die Seite „Rechnungswesen" fragt nach dem Kontenrahmen und verlangt die Festlegung des Wirtschaftsjahres. Auch wenn Sie die Buchhaltung außer Haus geben, sind diese Angaben zwingend vorgeschrieben, damit Lexware warenwirtschaft richtig arbeiten kann. Da beides im Nachhinein nicht mehr geändert werden kann, fragen Sie im Zweifel Ihren Steuerberater nach den richtigen Daten. Nur dann können Sie mit der bestehenden Firma aus Lexware warenwirtschaft nahtlos weiterarbeiten, wenn Sie das Programm später mit der Buchhaltung ergänzen wollen.

Für die Beispiele in diesem Buch wurde der Standard-Kontenrahmen 03 (SKR 03) von DATEV verwendet. Wenn Sie die aus den Rechnungen und Rechnungskorrekturen (früher: Gutschriften) resultierenden Buchungen an Ihren Steuerberater direkt per Datei weitergeben möchten, muss die Seite DATEV ausgefüllt werden. Indem Sie das Feld „DATEV-Unterstützung" ankreuzen, werden die weiteren Felder zur Eingabe frei. Die zu hinterlegenden Angaben teilt Ihnen Ihr Steuerberater mit.

2.4 Firmenangaben für die Warenwirtschaft

Unter der Überschrift „Warenwirtschaft" im Firmenassistenten gibt es vier Seiten mit optionalen Einstellungen, die den Programmablauf beeinflussen. Diese Angaben beziehen sich auf verschiedene Programmfunktionen und können im Nachhinein geändert und ergänzt werden. Die Seiten „allgemein" und „Preise" sollten Sie bei der Firmenanlage dennoch sorgfältig prüfen, damit Sie die benötigten Funktionen, Rechenweisen und die Verbindung zur Buchhaltung richtig zur Verfügung haben.

Die fünfte Seite „Services" bietet weitere, zum Teil kostenpflichtige Ergänzungen.

2.5 Allgemeine Einstellungen

Buchungssätze, die aus ein- oder ausgehenden Rechnungen resultieren, werden in die hier angegebenen Belegnummernkreise gebucht. Diese Angaben sind immer dann wichtig, wenn Ihr Buchhaltungsprogramm mit Nummernkreisläufen arbeitet, besonders aber, wenn Sie auch mit Lexware buchhalter arbeiten. Die im Programm warenwirtschaft verwendeten Nummernkreise müssen in Lexware buchhalter vorhanden sein.

Wenn Ihre Kunden- bzw. Lieferantennummer gleichzeitig Debitoren- bzw. Kreditorenkontonummer ist, können Sie diese Vorgabe bereits hier in den Firmenangaben so festlegen. Außerdem gibt es zur Identifizierung von Kunden ein Feld „Matchcode". Dieses Feld sollte immer eindeutig sein und nicht mehrfach vergeben werden. Ein Häkchen auf dieser Seite sorgt dafür, dass das Programm Doppeleingaben prüft und Sie darauf hinweist. So können Dubletten vermieden werden.

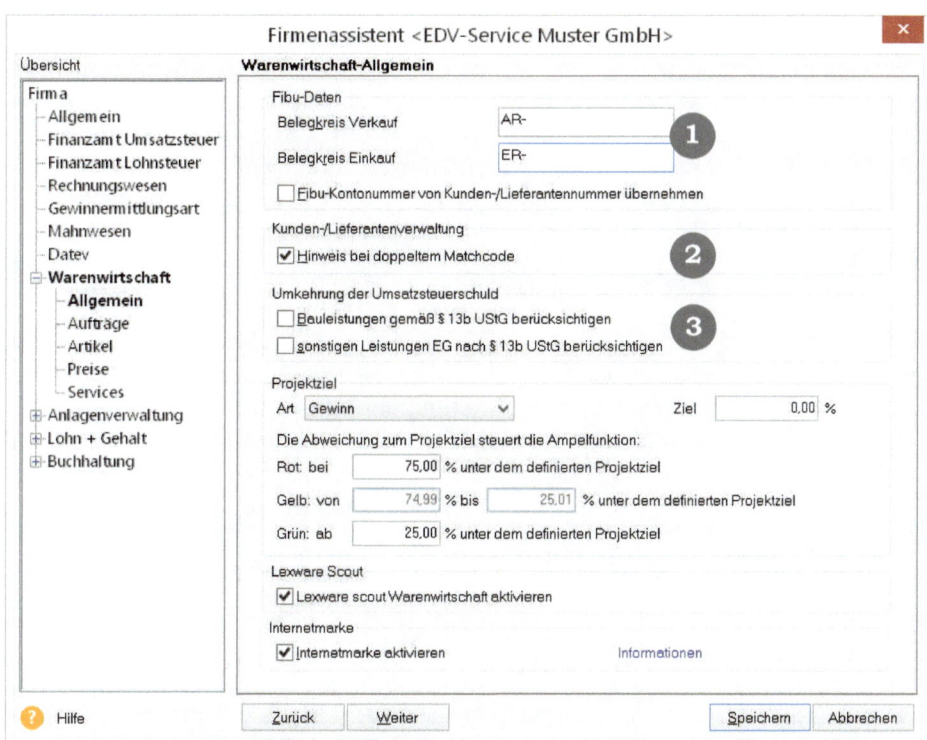

*Abb.2.4: **Allgemeine Einstellungen für die Warenwirtschaft:** Geben Sie die Belegnummernkreise ❶ aus der Buchhaltung an und sorgen dafür, dass es keine
doppelten Adresseinträge ❷ gibt. Die Umkehrung der Steuerschuld nach
§ 13b UStG ❸ muss angehakt werden, wenn Ihre Firma davon betroffen ist.*

Unter bestimmten Umständen gilt für Bauleistungen eine Umkehrung der Umsatz-
steuerschuld. Dasselbe gilt für sonstige Leistungen, die Sie für Ihre Kunden im Ausland erbringen. Dann sind Rechnungen nach § 13b UStG ohne Umsatzsteuer auszuweisen. Trifft das für Sie zu, setzen Sie in das jeweilige Feld ein Häkchen. Zusammen
mit der richtigen Einstellung in den Kundendaten führt das vor Rechnungsstellung
zu einer Abfrage, ob Umsatzsteuer ausgewiesen werden soll. Um eine korrekte Verbuchung auch solcher Rechnungen zu gewährleisten, müssen die entsprechenden
Konten in den Warengruppen hinterlegt sein.

Lexware scout prüft Ihre Daten und informiert Sie, wenn diese nicht schlüssig oder
vollständig sind, auf der Startseite des Programms mit der Angabe von Problemen
und Hinweisen. Wenn Sie diese Prüfung stört, können Sie sie hier ausschalten.

Zuletzt können Sie noch angeben, ob Sie die Briefmarke aus dem Internet für den Versand Ihrer Dokumente nutzen möchten.

2.6 Einstellungen für die Preisgestaltung

Auf der Seite „Preise" in den Firmenangaben werden grundlegende Angaben vorgenommen, die die Arbeitsweise des Programms beeinflussen. Preisangaben brutto oder netto werden für die gesamte Firma angelegt. Diese Einstellung hat Auswirkung auf die Berechnung der Aufträge und erfordert eine dementsprechende Erfassung der Artikelverkaufspreise.

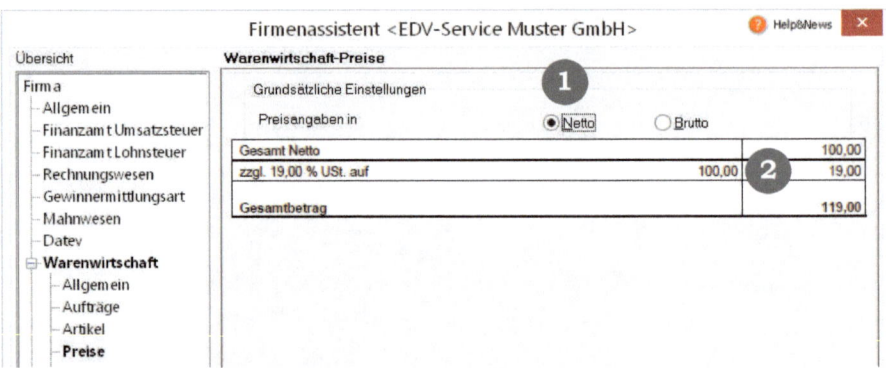

Abb. 2.5: **Nettopreise:** *Die Einstellung „Netto"* ❶ *und die Ausgabe der Umsatzsteuer* ❷ *beim Druck einer Rechnung.*

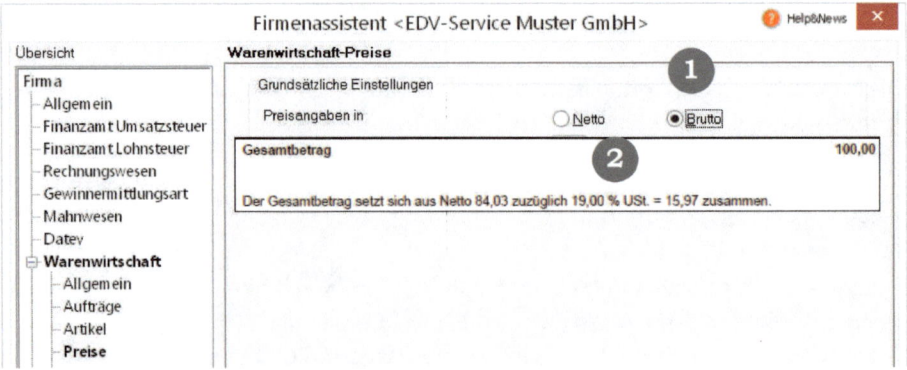

Abb. 2.6: **Bruttopreise:** *Die Einstellung „Brutto"* ❶ *und die Ausgabe der Umsatzsteuer* ❷ *in der Rechnung.*

Konsequenterweise müssen die in den Artikel-Stammdaten hinterlegten Preise dieser Vorgabe entsprechen. Ein Verkaufspreis von 100,00 € ergibt bei Netto-Einstellung und 19 % USt. den zu bezahlenden Betrag von 119,00 €. Bei Brutto-Firmen bleibt der zu zahlende Betrag 100,00 €, er enthält einen Umsatzsteueranteil von 15,97 €.

> **Achtung**
>
> Es ist in Lexware warenwirtschaft pro nicht möglich, innerhalb einer Firma sowohl brutto als auch netto zu fakturieren. Wen Sie das über die Umstellung in den Firmenangaben versuchen, führt das unweigerlich zu „krummen" Zahlen und Differenzen bei der Umsatzsteuerberechnung.

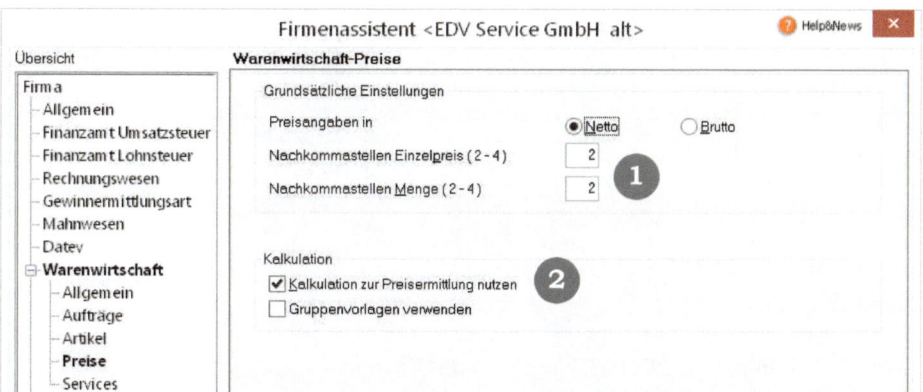

Abb. 2.7: **Einstellungen für die Preisermittlung:** *Die Nachkommastellen* ❶ *können auf bis zu vier erweitert werden. Ob die Kalkulation* ❷ *aus dem Programm genutzt werden soll, legen Sie mit einem Häkchen auf dieser Seite fest.*

Die Anzahl der Nachkommastellen im Einzelpreis und bei den Mengen werden ebenfalls in den Firmenangaben festgelegt. Damit erweitern Sie die Nachkommastellen immer dort, wo Preise und Mengen zu erfassen sind. Wenn die Mengenangaben im Druck ohne Nachkommastellen erscheinen sollen, muss eine weitere Anpassung im Formularlayout-Assistenten erfolgen.

Möchten Sie die Artikelpreise mit dem im Programm hinterlegten Kalkulationsschema ermitteln, dann muss das hier in den Firmenangaben angehakt sein. Nur dann stehen die Felder zur Errechnung der Preise zur Verfügung. Gruppenvorlagen lassen die Kalkulation je Warengruppe zu, die im jeweiligen Artikel angepasst werden kann.

Damit sind alle wesentlichen Daten für die neue Firma erfasst. Nun brauchen Sie diese nur noch zu speichern, um die Firmenanlage abzuschließen.

2.7 Zentrale Verwaltungsdaten

Den jeweiligen Applikationen übergeordnet befindet sich die Firmenzentrale, wo die übergreifenden Daten hinterlegt werden.

Welche Bestandteile dieses Bereiches für Sie relevant sind, hängt davon ab, welches Programmpaket Sie nutzen und welche Applikationen daraus. Arbeiten Sie beispielsweise auch mit der Buchhaltung aus dem Programm, dann können die Kostenstellen und Kostenträger ebenso wie die Verwaltung des Kontenrahmens an dieser Stelle von großer Bedeutung sein, da diese Daten auch in der Warenwirtschaft genutzt werden. Auch die Benutzerverwaltung ist in der Firmenzentrale angesiedelt, sie kann nur vom Supervisor bearbeitet werden.

2.8 Bankverbindung hinterlegen

Um die eigenen Bankverbindungen auch auf den Formularen ausdrucken zu können, müssen diese in der Firmenzentrale unter **Verwaltung → Bankangaben** hinterlegt werden.

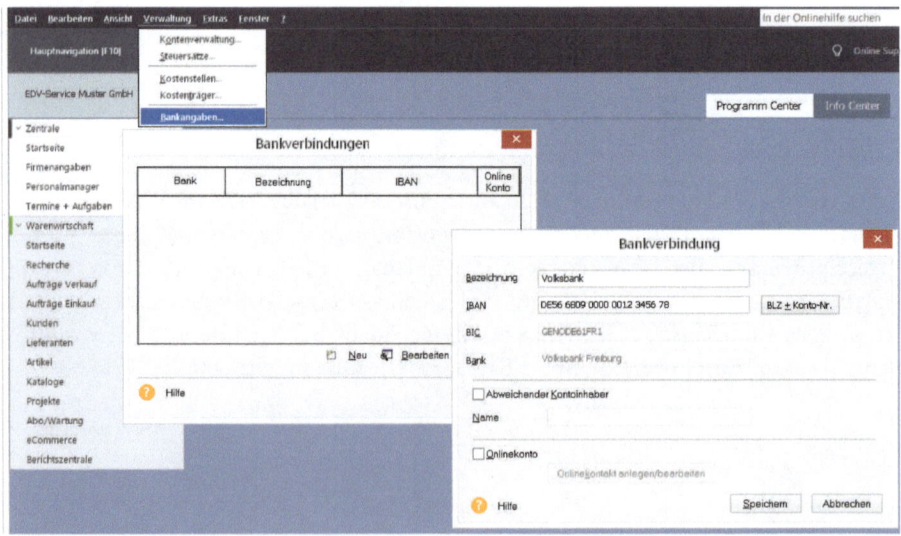

*Abb. 2.8: **Bankangaben:** Hinterlegen der eigenen Bankverbindung, die dann beim Zahlungsverkehr z.B. bei Lastschrifteinzügen und für den Girocode verwendet wird.*

Die Schaltfläche „Neu" öffnet ein Fenster zur Eingabe der eigentlichen Bankangaben. Dabei haben Sie zunächst ein Feld für eine interne Bezeichnung des Kontos. Danach folgen die eigentlichen Angaben für IBAN und BIC. Das erste angelegte Konto, das am Anfang der Liste steht, wird für die Ausgabe des Girocodes in den Aufträgen verwendet.

Nutzen Sie das integrierte Onlinebanking im Programm, kann an dieser Stelle auch die Onlineverbindung für das Bankkonto angelegt werden. Sobald das Häkchen bei „Onlinekonto" gesetzt ist, wird die Schaltfläche zum Anlegen der Verbindung zur Bank frei. Klicken Sie diese an, werden Sie mit einem Assistenten durch die Anlage des Onlinekontakts geführt.

Achtung
Auch wenn Sie mit vorgedruckten Briefbögen arbeiten, benötigen Sie neben den ausführlichen Firmenangaben im Formular auch die Bankangaben immer dann, wenn Sie Dokumente mailen möchten. Im pdf eines Angebotes beispielsweise sollten alle Ihre Firmenangaben erscheinen, die sonst im Druck auf den Briefbogen bereits vorhanden sind.

2.9 Firmenangaben ändern und ergänzen

Die Firmenangaben können jederzeit geändert werden. Dazu wählen Sie den Menüpunkt **Bearbeiten → Firmenangaben** und es öffnet sich der Firmenassistent. Öffnen Sie den Bereich, in dem Änderungen vorzunehmen sind, indem Sie den Eintrag in der Baumstruktur anklicken. Überschreiben Sie dann einfach die vorhandenen Angaben.

2.10 Wechsel zwischen den Firmen

Um zwischen den angelegten Firmen zu wechseln, klicken Sie **Datei → Wechseln → Firma...** an. Daraufhin öffnet sich ein Fenster, in dem alle vorhandenen Firmen angezeigt werden. Per Doppelklick – oder indem Sie die gewünschte Firma markieren und dann die Schaltfläche „OK" anklicken – wechseln Sie die zu bearbeitende Firma. Dasselbe Fenster „Firmenauswahl" erscheint beim Öffnen des Programms, wenn Sie diese Voreinstellung unter **Extras → Optionen** nicht geändert haben.

Übung

Legen Sie die hier gezeigte Firma EDV Fritz GmbH im Programm an.

Name	EDV Fritz GmbH
Straße	Schillerstraße 17
PLZ, Ort	79098 Freiburg
Telefon	0761 123456
Fax	0761 123457
Bundesland	Baden-Württemberg
Finanzamt	2806, Freiburg Stadt
Umsatzsteuerpflicht	ja
Steuernummer	06 123 45678
USt-ID-Nr.	DE1234567890
Kontenplan	SKR 03
Datev-Unterstützung	ja
DATEV-Angaben • Beraternummer • Beratername • Mandantennummer	 11111 Helfer 100
Belegkreis Verkauf	AR
Hinweis doppelter Matchcode	Ja
Bauleistungen gemäß § 13b UStG	Nein
Sonstige Leistungen nach § 13b UStG	ja
Preisangaben	Netto

3. Kundenverwaltung

Die Kundenverwaltung dient nicht nur der Erfassung Ihrer Kundenadressen. Mit den Kundendaten sind verschiedene Funktionen im Programm verbunden. So wird hier bereits die Basis dafür gelegt, dass die Rechnungen an Kunden im In- und Ausland den rechtlichen Vorgaben genügen. Und innerhalb des Programmpakets financial office sorgen Sie bereits in den Kundendaten für die korrekte Buchung der Rechnungen in Lexware buchhaltung.

Denken Sie daran, dass die Speicherung von personenbezogenen Daten dem Datenschutzgesetz unterliegt. Auch der Umgang mit den Kundendaten ist davon betroffen.

3.1 Kundenadressen mit Such- und Sortierfeldern

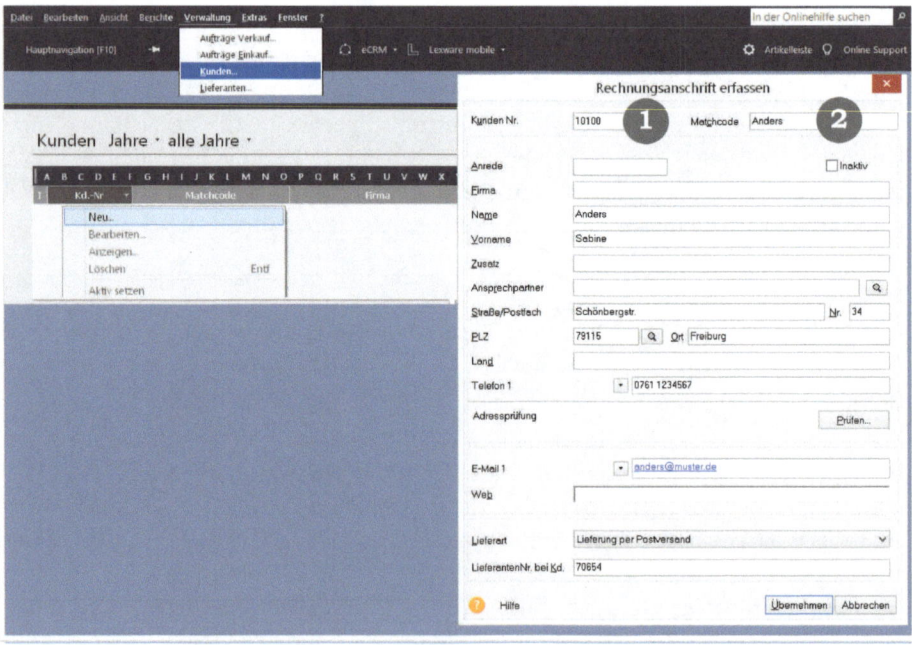

*Abb. 3.1: **Kunden erfassen:** Öffnen der Kundenliste und Erfassen der Rechnungsanschrift eines neuen Kunden mit den Identifikationsfeldern Kundennummer ❶ und Matchcode ❷.*

Sie starten die Erfassung der Kundendaten mit der Rechnungsanschrift. Dort wird zunächst die **Kundennummer** angegeben, die eindeutig sein muss. Das Feld ist alphanumerisch. Das bedeutet, dass Sie Buchstaben und Sonderzeichen ebenso wie Ziffern eingeben können. Verwenden Sie numerische Kundennummern mit unterschiedlicher Länge – also z. B. 702 und 6015 – sollten Sie führende Nullen einsetzen, um eine korrekte Sortierung zu gewährleisten. Im genannten Beispiel wäre die Reihenfolge der Anzeige zuerst die 6015 und danach die 702. Verwenden Sie führende Nullen – also 0702 und 6015 – werden die Daten in der mathematisch richtigen Reihenfolge aufgelistet.

Tipp

Hilfreich ist es, die Kundennummer und die Debitorenkontonummer in der Buchhaltung identisch zu vergeben. Klären Sie vorab die Systematik der Nummernvergabe mit der Buchhaltung. Sie können jedoch auch mit zwei verschiedenen Nummern arbeiten.

Arbeiten Sie mit der Tastatur und wählen Sie die einzelnen Felder in diesem Fenster mit der Tab- oder der Enter-Taste, dann wird das Feld „Matchcode" übersprungen, weil es mit einer automatischen Funktion belegt ist: Die eingegebene Firmenbezeichnung oder – wenn dieses Feld leer bleibt – der Nachname Ihres Kunden wird automatisch in den Matchcode übernommen. Sie ersparen sich damit eine Doppeleingabe. Dieses Feld wird konsequent überall als Sortierung eingesetzt, wo Kunden selektiert werden können. Aus diesem Grund sollte die gleiche Bezeichnung nicht mehrfach verwendet werden. Haben Sie also mehrere Kunden mit demselben Namen, geben Sie weitere Hinweise innerhalb des Matchcodes an. Das kann der Vorname sein oder bei Filialbetrieben die Postleitzahl oder ein Städtekürzel.

Tipp

Da der Matchcode Suchfeld ist, sollten Sie die Angaben so kurz wie möglich halten. Steht in der Firmenbezeichnung bspw. „GmbH & Co. KG" sollten sie diesen Zusatz im Matchcode der leichteren Eingabe wegen löschen. Sie können auch Kürzel verwenden.

In das Feld „Anrede" können Sie eintragen, ob es sich um einen Herrn, eine Frau oder eine Firma handelt. Dieses Feld ist jedoch entbehrlich. Ist Ihr Kunde eine Firma, tragen Sie die Firmenbezeichnung in das gleichnamige Feld ein. Handelt es sich jedoch um eine einzelne Person, so nutzen Sie die Felder „Name" und „Vorname". Diese beiden Einträge sind nicht für die Ansprechpartner in einer Firma vorgesehen, diese Zeile folgt etwas später. Neben dem Matchcode und der Kundennummer muss auf jeden Fall entweder der Name oder die Firmenbezeichnung des Kunden angegeben werden. Sind diese Felder leer, erhalten Sie eine Fehlermeldung, wenn Sie auf die nächste Seite wechseln wollen.

Das Feld „Zusatz" steht zur Verfügung, um mehrzeiligen Firmennamen oder Adressergänzungen Platz zu bieten. Erst darunter befindet sich das Feld, um den üblichen Ansprechpartner einzutragen. Gibt es mehrere Ansprechpartner, dann können Sie diese auf der nächsten Seite als Kontaktpersonen erfassen und später darauf zugreifen.

Sicher haben Sie keine Mühe damit, die weitere Adresse Ihres Kunden einzutragen. Die Zeile für das Land ist ausländischen Adressen vorbehalten, im Inland benötigen Sie diese nicht. Das bis vor einigen Jahren gebräuchliche Länderkürzel vor der Postleitzahl ist zwischenzeitlich von der Post abgeschafft worden, sie erwartet die Länderangabe in der landeseigenen oder der französischen Sprache, um Schreiben korrekt zustellen zu können.

In derselben Reihenfolge wie Sie die Kundenanschrift am Bildschirm sehen, wird diese später in Angeboten, Auftragsbestätigungen usw. gedruckt, lediglich die Felder Vorname und Name werden umgekehrt nebeneinander gestellt. Unterschiedliche Telefonnummern und Mailadressen werden hier ebenso hinterlegt wie die Internet-Adresse des Kunden.

Unterhalb der Anschrift können Sie auch die Lieferart eintragen, mit der Ihr Kunde üblicherweise seine Ware bekommt. Beim Schreiben eines Auftrags wird diese Angabe als Voreinstellung übernommen, kann jedoch jederzeit geändert werden. Öffnen Sie das Auswahlfenster der Lieferarten, finden Sie zwei Einträge, die Lexware warenwirtschaft bei der Installation bereits mitliefert. Neue Lieferarten müssen in den Firmenangaben auf der Seite „Auftragsbearbeitung" zunächst hinterlegt werden, bevor Sie in den Kundendaten zur Verfügung stehen.

Für Ihren Kunden sind Sie der Lieferant. Die „Lieferantennummer beim Kunden" erlaubt es, die Nummer anzugeben, unter der Ihr Kunde Sie selbst als Lieferanten führt. Über die Schaltfläche „Übernehmen" schließt sich das Fenster und Sie sehen die Liste aller Adressen vor sich, die in diesem Kundendatensatz hinterlegt sind.

Die Schaltflächen rechts über der Liste ermöglichen die Erfassung von mehreren abweichenden Lieferanschriften, die dann in den Lieferscheinen zur Auswahl stehen. Auch das Bearbeiten, Kopieren und Löschen hinterlegter Kundenzusatzadressen ist an dieser Stelle möglich. Und wie häufig im Programm lässt sich die angezeigte Liste auch nach Microsoft Excel® exportieren.

Beachten Sie: Nur die zuerst erfasste Anschrift ist für Rechnungen vorgesehen. Alle weiteren sind den Lieferscheinen vorbehalten.

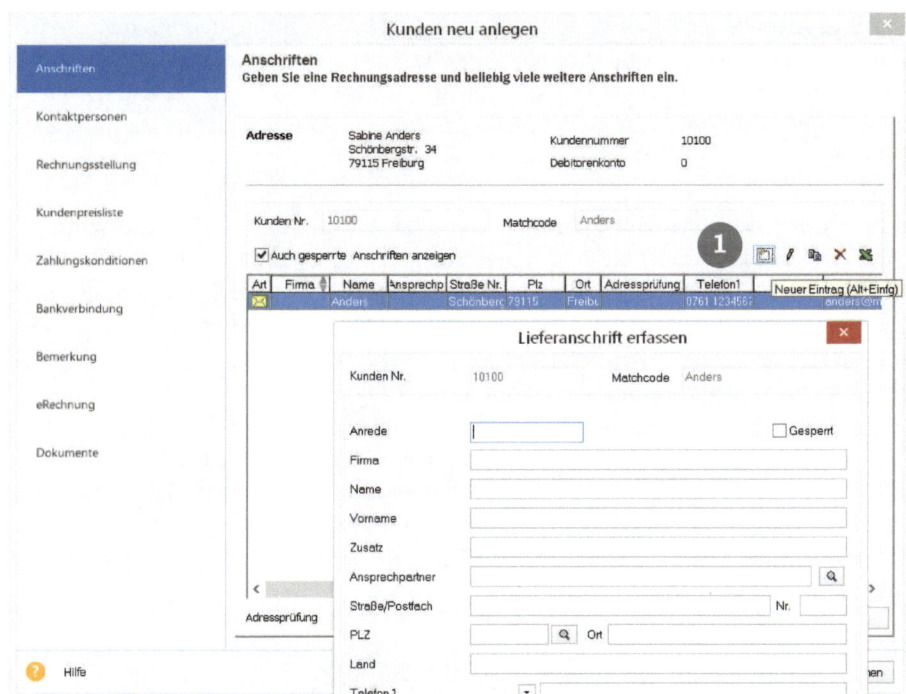

*Abb. 3.2: **Kundenadressen:** Die Adressliste innerhalb des Kundendatensatzes mit den Schaltflächen ❶ zur Bearbeitung und zum Neuanlegen von Adressen.*

Auf der Folgeseite lassen sich die verschiedenen Ansprechpartner bei Ihrem Kunden als Kontaktpersonen hinterlegen. Damit können Sie in den Aufträgen gezielt den passenden Geschäftspartner auswählen und auch Aufträge per Mail direkt an den richtigen Ansprechpartner senden. Nutzen Sie das Symbol rechts oben über der Liste oder einfach das Menü mit der rechten Maustaste, um einen neuen Eintrag zu erfassen. Hier sind neben den üblichen Angaben zu Mailadresse und Telefonnummer weit detailliertere Angaben möglich – über die Position im Betrieb, den Stellvertreter bis Skype und Facebook-Adressen und Geburtsdatum. Beachten Sie bei der Hinterlegung der Daten unbedingt die rechtlichen Vorschriften des Datenschutzgesetzes und holen Sie sich die Genehmigung zur Speicherung der Daten ein!

Um die weiteren Kundendaten zu erfassen, klicken Sie auf die Schaltfläche „Weiter".

3.2 Angaben zur Rechnungsstellung

Die hier hinterlegten Daten haben Einfluss auf Berechnung und steuerliche Behandlung der Aufträge sowie auf die Verbuchung der Rechnungen.

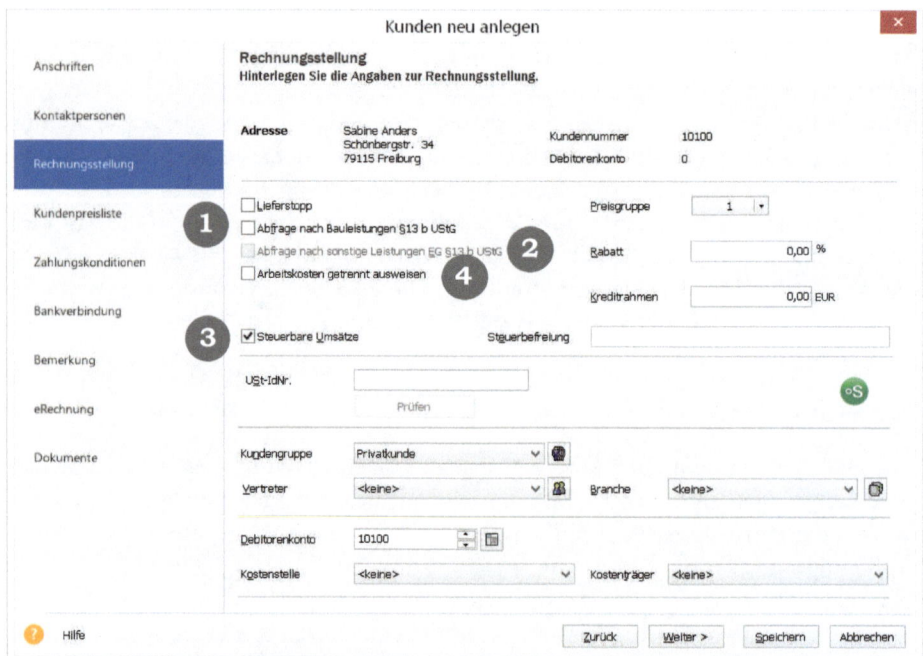

Abb. 3.3: **Die Seite Rechnungsstellung:** *Die Abfragen nach der Umsatzsteuerberechnung gemäß § 13b* ❶ *gibt es nur, wenn das in den Firmenangaben angehakt ist. „Sonstige Leistungen"* ❷ *können nur angehakt werden, wenn die USt-ID eingetragen ist und „steuerbare Umsätze"* ❸ *nicht angehakt sind. Lohnleistungen können als Arbeitskosten getrennt ausgewiesen* ❹ *werden.*

Das Feld „**Preisgruppe**" ist die Verbindung zu den Artikelpreisen. Dort ist die Verwaltung dreier Preisgruppen möglich. Welche davon für die Berechnung maßgeblich ist, wird in den Kundendaten festgelegt. Wenn ein Kunde generell **Rabatt** auf seine Aufträge erhält, geben Sie den Prozentsatz direkt in den Kundendaten an. Dieser Gesamtrabatt wird von der Rechnungssumme abgezogen. Unabhängig davon besteht bei der Auftragserfassung die Möglichkeit, einzelne Positionen zu rabattieren oder den voreingestellten Gesamtrabatt abzuändern.

Der **Lieferstopp** besagt, dass dieser Kunde nicht mehr beliefert werden soll. Beim Erstellen einer Rechnung an ihn erscheint eine Information am Bildschirm. Selbstverständlich kann der Auftrag dennoch geschrieben werden. Sie können für den Kunden einen **Kreditrahmen** vergeben. Dann informiert Sie das Programm immer, wenn die offenen Posten eines Kunden diesen Wert überschreiten.

Wenn Sie ein Handwerksbetrieb sind, möchten Sie für Ihre privaten Kunden die Arbeitsleistung in der Rechnung getrennt ausweisen, damit sie in der Einkommensteuererklärung Ihrer Kunden berücksichtigt werden können. Das Häkchen bei „Arbeitsleistung getrennt ausweisen" sorgt dafür, dass Lohnleistungen (siehe Kapitel „Leistungen") in der Rechnung für diesen Zweck richtig dargestellt werden.

Die Auswahlfelder **Kundengruppe**, **Vertreter** und **Branche** werden in die Aufträge übernommen. Nur über die Schaltfläche hinter dem jeweiligen Eingabefeld können Sie die auszuwählenden Daten hinterlegen. Die zugehörigen Umsatzauswertungen finden Sie unter **Berichte → Auswertung → Protokolle**.

3.2.1 Umsatzsteuer

Das Häkchen im Feld „**Steuerbare Umsätze**" ist bereits voreingestellt und besagt, dass Rechnungen an diesen Kunden mit **Umsatzsteuer** ausgewiesen werden. Das ist die Standardeinstellung für Ihre inländischen Kunden, wenn Sie selbst umsatzsteuerpflichtig sind.

Wenn Ihr Kunde jedoch steuerfreie Rechnungen erhält, weil er beispielsweise im Ausland angesiedelt ist, muss das Häkchen entfernt werden. Innerhalb der EU muss zusätzlich die USt-ID-Nummer angegeben werden, die dann im Druck der Aufträge erscheint. In diesem Fall ist die Angabe Ihrer eigenen USt-ID-Nummer ebenfalls vorgeschrieben. Ist diese in den Firmenangaben auf der Seite „Finanzamt Umsatzsteuer" eingegeben, wird sie im Auftrag mit ausgedruckt. Nur wenn „Steuerbare Umsätze" nicht angeklickt ist, wird auch die USt-ID-Nummer des Kunden mit im Auftrag gedruckt.

Mit der Ausgabe der USt-ID-Nummer ist es jedoch nicht getan. Sie sind verpflichtet, diese Angabe in regelmäßigen Abstanden zu prüfen. Dazu steht ein kostenloser Zusatzservice im Programm zur Verfügung. Sie erkennen das an der Schaltfläche „Prüfen", die unter dem Feld der USt-ID-Nummer zu finden ist. Nur wenn diese eingetragen ist und es sich zudem NICHT um steuerbare Umsätze handelt, ist diese Schaltfläche frei. Eine erste Plausibilitätsprüfung dieser Nummer erfolgt schon bei der Eingabe; entspricht der Aufbau und die Anzahl der Stellen nicht den Vorgaben für das angegebene Land, erhalten Sie einen Hinweis, dem Sie nachgehen sollten. Die

eigentliche Prüfung über die gleichnamige Schaltfläche, geht weit darüber hinaus. Und sie gibt Ihnen die Möglichkeit, einen schriftlichen Prüfbericht anzufordern, den Sie zu ihren Unterlagen nehmen können. Somit haben Sie einen Nachweis über die erfolgte Prüfung.

Eine Begründung für die Steuerbefreiung – die im Auftrag angegeben werden muss – können Sie hier ebenfalls hinterlegen. Im Falle einer Lieferung innerhalb der EU erscheint im Auftrag automatisch „innergemeinschaftliche Lieferung". Eine Rechnung ins außereuropäische Ausland trägt den Hinweis „Ausfuhrlieferung". Anhand der Einträge in den Feldern „Steuerbare Umsätze" und „USt-IDNr." erkennt Lexware warenwirtschaft den Unterschied.

Anders ist dies bei Rechnungen nach **§13b UStG**, die unter bestimmten Voraussetzungen eine Umkehrung der Steuerschuld beinhalten. Das kann bei Bauleistungen der Fall sein und es ist seit 2010 auch bei bestimmten sonstigen Leistungen ins EU-Ausland der Fall. Beide Möglichkeiten sind in den Kundendaten hinterlegt. Trifft dies für den neu angelegten Kunden zu, veranlassen Sie mit dem Häkchen an dieser Stelle, dass bei jedem Auftrag an diesen Kunden vom Programm abgefragt wird, ob Umsatzsteuer berechnet werden soll oder nicht.

Achtung

Beachten Sie die seit 2010 geltenden Rechtsvorschriften zu sonstigen Leistungen nach § 13b ins inner- und außereuropäische Ausland. Sie finden alle Optionen zum Anhaken in den Kundendaten, müssen jedoch in den Warengruppen dafür Sorge tragen, dass für jeden dieser Fälle auch die richtigen Erlöskonten eingestellt sind!

3.2.2 Buchhaltung und Kostenstellen

Was in der Kundenverwaltung die Kundennummer ist, ist in der Buchhaltung das **Debitorenkonto**. Sollen die aus den Rechnungen und Rechnungskorrekturen (kaufmännische Gutschrift) resultierenden Buchungsdaten an ein Buchhaltungsprogramm weitergegeben werden, ist deshalb die Angabe des Debitorenkontos zwingend notwendig. Auch der Druck einer Buchungsliste ist nur mit den Debitorenkonten komplett. Sprechen Sie sich am besten mit Ihrem Steuerberater oder Buchhalter über die Systematik der Nummernvergabe ab. Wie viele Stellen die Debitorenkontonummer haben darf, ist in den Firmendaten auf der Seite „Rechnungswesen" hinterlegt und orientiert sich am DATEV-Standard. Da das Debitorenkonto erst dann notwendig ist, wenn buchungsrelevante Vorgänge erfasst werden, kann dieses Feld zunächst auch leer bleiben. Somit lassen sich auch Adressdaten von Interessenten im Programm verwalten, ohne den Kontenplan unnötig zu verlängern.

Vor dem Erfassen einer Rechnung prüft das Programm, ob das Debitorenkonto im Kundendatensatz hinterlegt ist. Fehlt dieses, erfolgt eine Meldung, die Sie mit „Ja" beantworten; ergänzen Sie dann die fehlende Angabe. Wenn das eingetragene Konto im Kontenrahmen noch nicht vorhanden ist, wird es – nach einer Abfrage – angelegt. Sollen die aus den Rechnungen und Rechnungskorrekturen resultierenden Buchungen auf ein Sammelkonto gehen, geben Sie ein bereits vorhandenes Konto an, um die Rechnungen von mehreren Kunden auf ein Debitorenkonto zu buchen.

Arbeiten Sie mit **Kostenstellen** und **Kostenträgern**, müssen diese zunächst in den Stammdaten hinterlegt werden. Erst dann stehen sie hier in den Kundendaten oder später in den Aufträgen zur Verfügung. Sie finden die Liste zum Eintragen der Kostenstellen und Kostenträger unter dem Menüpunkt Verwaltung im übergeordneten Bereich Zentrale, wo auch die Firmenangaben zu finden sind. Eine Auswertung in Lexware warenwirtschaft ist nicht möglich, diese erfolgt in der Buchhaltung.

3.2.3 Zahlungskonditionen

Auf der Seite „**Zahlungskonditionen**" hinterlegen Sie die mit dem Kunden vereinbarten Zahlungsziele. Im Feld „Zahlungsbedingung" werden die gewünschten Bedingungen aus einer Liste gewählt und zugeordnet. Die Zahlungsziele in den Kundendaten werden zunächst in die Rechnung übernommen, wo sie jedoch auch geändert werden können. Sie sind Basis für das Mahnwesen.

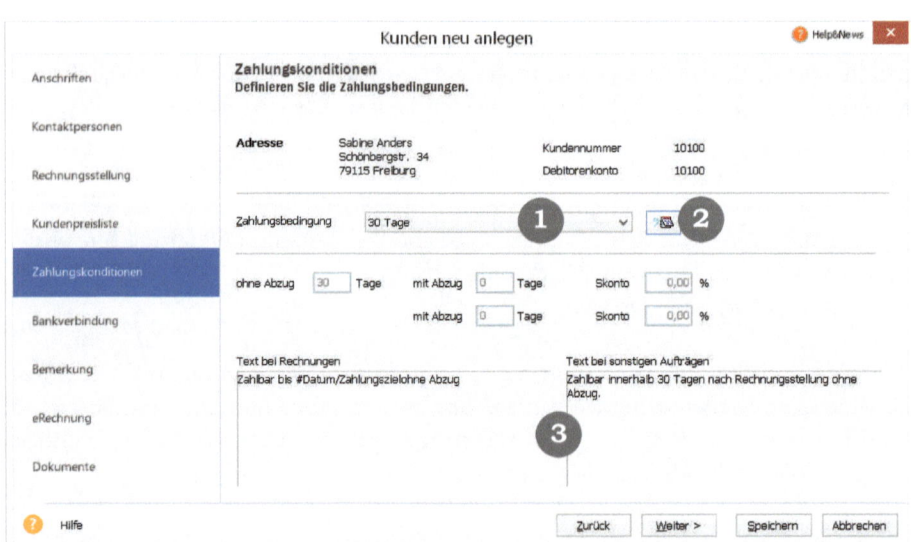

*Abb. 3.4: **Einstellung der Zahlungskonditionen des Kunden:** Auswahl ❶ und Schaltfläche zur Verwaltung der Zahlungsbedingungen ❷ . Die jeweiligen Texte ❸
werden zur Information ebenfalls angegeben.*

3.3 Weitere Informationen zum Kunden

Etliche weitere Informationen werden im Zusammenhang mit den Kundendaten hinterlegt, sodass Sie immer alle wichtigen Daten an einer Stelle zusammengefasst haben.

Die Seite „**Bankverbindung**" in den Kundendaten ist vor allem dann wichtig, wenn
Ihr Kunde Ihnen die Erlaubnis erteilt hat, die Rechnungsbeträge per SEPA-
Lastschrift vom Kundenbankkonto einzuziehen und Ihnen ein Lastschriftmandat
erteilt hat. Geben Sie dann die Zahlungsart „Lastschrift" an. Für diesen Fall sind
Mahnungen nicht vorgesehen, das Häkchen dort verschwindet. Selbstverständlich
können Sie diese Angaben jederzeit wieder ändern.

Nutzen Sie den Zahlungsverkehr aus Ihrem Lexware-Programm, dann können Sie
die SEPA-Lastschriften auf diesem Weg durchführen. Die Daten des Lastschriftmandats müssen dann beim jeweiligen Kunden hinterlegt werden.

Außer dem Lastschriftverfahren können Sie weitere Zahlungsarten auswählen, die
dann bei der Auftragserfassung angezeigt und dort auch geändert werden können.
Das Mahnwesen berücksichtigt die im Auftrag hinterlegte Zahlungsart und bietet bei-

spielsweise Rechnungen nicht zur Mahnung an, die Sie per Lastschrift einziehen können. Je nachdem, welche Zahlungsart gewählt wird, verändert sich das Eingabefenster. Mit der Wahl „Kreditkarte" stehen weitere Felder zur Angabe der Kreditkartendaten zur Verfügung.

Auf der nächsten Kundenseite haben Sie ein Feld für ergänzende Bemerkungen. Außerdem können Sie hier hinterlegen, ob die Einverständniserklärung Ihres Kunden zur Datenhaltung nach Bundesdatenschutzgesetz vorliegt. Auch die Herkunft der Daten lässt sich hier festhalten.

Die Seite „eRechnung" gibt es nur dann, wenn in den Firmenangaben hinterlegt ist, dass Sie diese Funktion nutzen wollen. Zudem muss die einmalige Einrichtung der Zertifizierung unter **Verwaltung → eRechnung** erfolgen. Geben Sie in den Kundendaten an, ob Ihr Kunde digital signierte Rechnungen per E-Mail erhalten soll.

Legen Sie in den Kundendaten fest, an welche Mailadresse die eRechnung gehen soll, wenn diese abweichend von der Standard-E-Mail ist. Wird die Rechnung per Lettershop versandt, können Sie zwischen schwarz/weißem oder farbigem Ausdruck wählen. Die Rechnung kommt dann per Post zum Rechnungsempfänger. Damit die eRechnung richtig funktioniert, muss zwingend das Länderkürzel angegeben werden.

3.3.1 Dokumente verlinken

Auf der letzten Seite „Dokumente" können Sie Verknüpfungen zu wichtigen Dokumenten hinterlegen. So haben Sie in den Kundendaten beispielsweise direkten Zugriff auf Verträge, Gesprächsprotokolle, Vereinbarungen, Bilder usw.

Denken Sie daran, die Kundendaten zu speichern, damit die eingegebenen Daten und Verknüpfungen nicht verloren gehen.

3.4. Kundendaten bearbeiten

Jede weitere Bearbeitung der Kundendaten erfolgt aus der Kundenliste heraus, die Sie entweder mit der großen Schaltfläche „Kunde" und „Übersicht öffnen" über die Startseite öffnen, oder aber über das Hauptmenü oder die Navigationsspalte links.

3.4.1 Kundendaten ändern

Die Darstellung der Kundenliste ist zweigeteilt. Sie sehen nun zu jedem markierten Datensatz im unteren Bereich mehrere Seiten mit unterschiedlichen Daten. Teilweise handelt es sich lediglich um Informationen zu den vorhandenen Angaben – wie zum

Beispiel auf der Seite Details – auf manchen Seiten werden Daten aufgelistet, die dann bearbeitet oder ergänzt werden können.

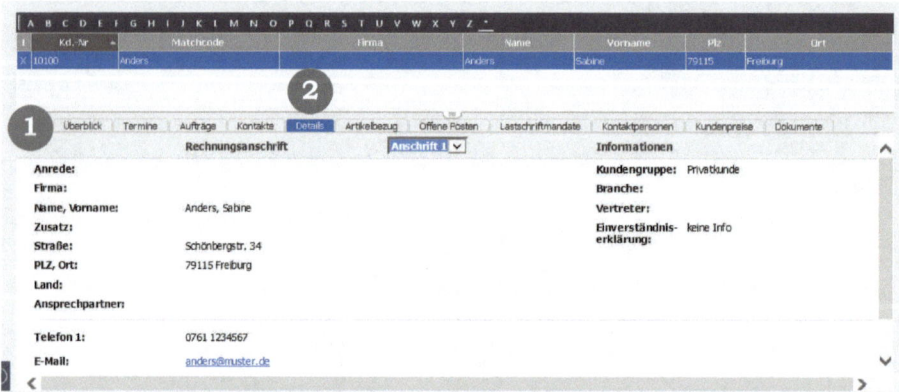

Abb. 3.5: Kundenliste mit den Unterseiten ❶ *hier am Beispiel der Seite mit den Detailangaben zur Adresse* ❷ *.*

Alle Bearbeitungsmöglichkeiten haben Sie auch, wenn Sie den jeweiligen Kundendatensatz einfach per Doppelklick öffnen. Natürlich können Sie darüber hinaus auch das Menü mit der rechten Maustaste nutzen, um aus den verschiedenen Möglichkeiten der Bearbeitung zu wählen.

Haben Sie bereits verschiedene Kontaktpersonen hinterlegt, dann können Sie diese als Ansprechpartner in die jeweilige Rechnungs- oder Lieferanschrift übernehmen. Die Lupenschaltfläche hinter dem Feld Ansprechpartner führt Sie direkt in die Liste der Kontaktpersonen.

Neben den bei der Neuanlage aufgeführten Seiten finden Sie beim nachträglichen Bearbeiten nun auch die Seite zur Hinterlegung der Lastschriftmandate. Darüber hinaus gibt es auch die Auflistung der bisher angefallenen Umsätze für diesen Kunden. Diese Liste füllt sich automatisch mit den Daten der ausgestellten Rechnungen, die Beträge können nicht manuell bearbeitet werden.

3.4.2 Kunden inaktiv setzen

Über die Jahre sammeln sich häufig viele Datensätze in der Kundenliste, die dadurch an Übersichtlichkeit verliert. Eine Möglichkeit, nur die aktuell benötigten Kundendaten aufzulisten, ohne jedoch auf die Informationen zu verzichten, bietet das Programm mit der Funktion, bestimmte Daten inaktiv zu kennzeichnen. Klicken Sie

dazu das Häkchen „inaktiv" im Adressfeld an – oder nutzen Sie auch hierfür das Menü mit der rechten Maustaste, wo inaktiv setzen und aktiv setzen angeboten wird.

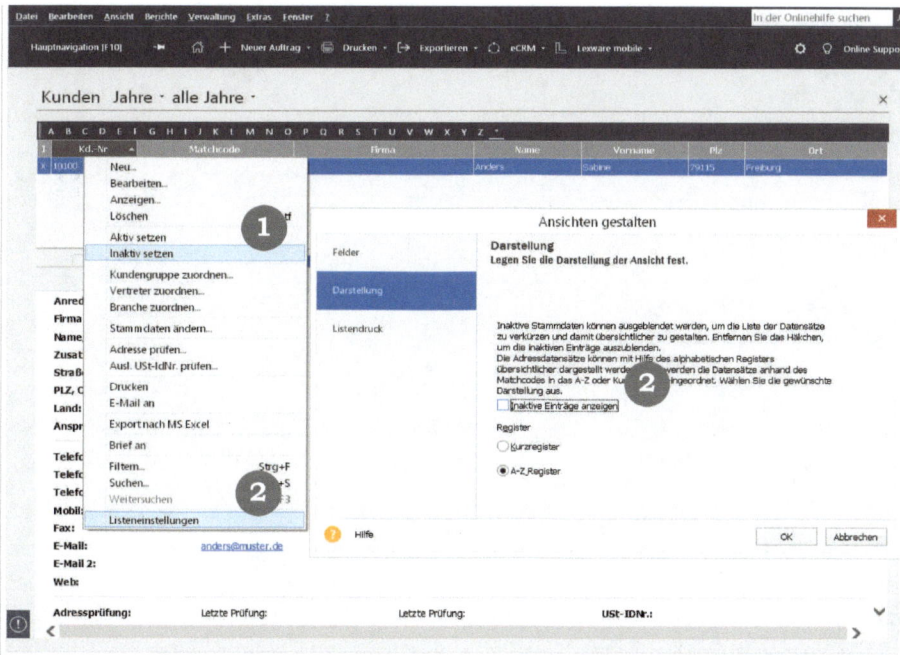

Abb. 3.6: ***Kundenliste:*** *Kunden inaktiv setzen* **❶** *und inaktive Kunden über die Listeneinstellungen ausblenden* **❷** *.*

Sie werden feststellen, dass die inaktiven Kunden dennoch in Ihrer Kundenliste stehen. Erst wenn Sie in den Listeneinstellungen festgelegt haben, dass diese Einträge nicht angezeigt werden, enthält die Kundenliste am Bildschirm nur die aktiven Kunden.

3.5 Datenschutzgrundverordnung und Kundendaten

Aufgrund der Datenschutzgrundverordnung müssen Sie auf Verlangen des Kunden seine gesamten personenbezogenen Daten löschen. Dem stehen jedoch gesetzliche Aufbewahrungspflichten für bestimmte Zeiträume gegenüber, die Sie als Unternehmer einzuhalten haben. Klicken Sie mit der rechten Maustaste auf einen Kundendatensatz, finden Sie den Menüpunkt **Löschen**. Lexware warenwirtschaft prüft nun zunächst, ob im Zusammenhang mit diesen Daten noch Aufbewahrungspflichten bestehen. Eine Meldung informiert Sie über das Ergebnis der Prüfung.

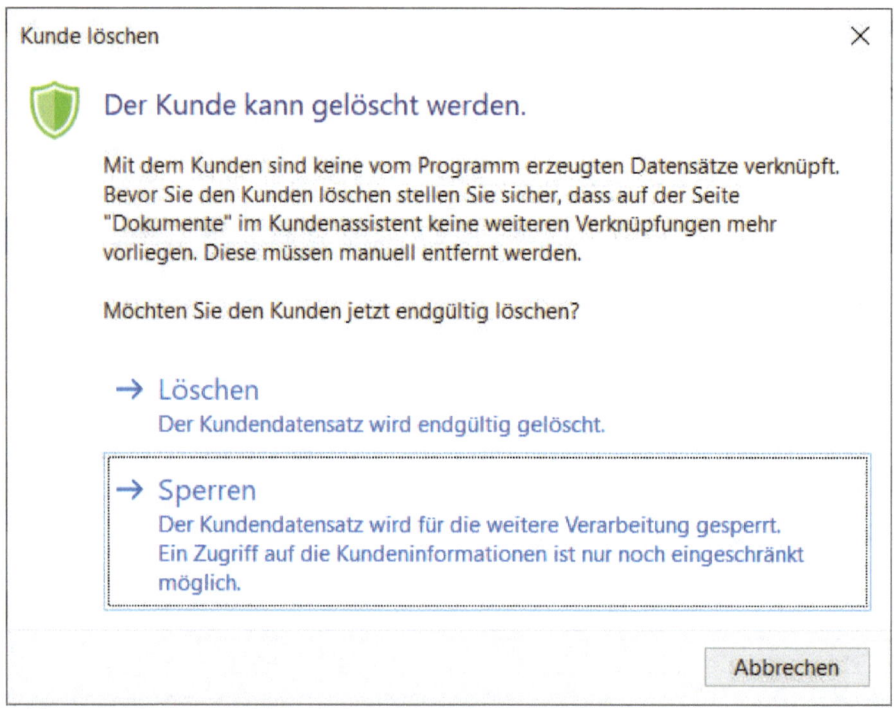

Abb. 3.7: Sie können wählen, ob die Daten gelöscht oder nur gesperrt werden. Gibt es noch offene Aufträge zu diesem Kunden, ist beides nicht möglich.

Je nach Datenbestand wird das Löschen und Sperren der Daten verweigert. Sind die Fristen jedoch abgelaufen und keine offenen Aufträge dieses Kunden mehr vorhanden, dann haben Sie die Wahl, ob die Daten gesperrt oder gelöscht werden.

Außerdem kann Ihr Kunde jederzeit Auskunft darüber verlangen, welche Daten Sie von Ihm gespeichert haben. Wie diese Auskunft aussehen muss ist gesetzlich geregelt. Lexware warenwirtschaft stellt die Daten zur Verfügung, wenn Sie den entsprechenden Eintrag in der Kundenliste mit der rechten Maustaste anklicken und dort **„Auskunft erteilen"** wählen.

Mehr Informationen zu den Auswirkungen der Datenschutzgrundverordnung finden Sie im Programm unter **Extras → Datenschutz**. Über diesen Menüpunkt können Sie sich auch auflisten lassen, welche Daten gelöscht bzw. gesperrt werden können und hier lassen sich auch gesperrte Datensätze ansehen.

Übung

Legen Sie zunächst die in Kapitel 3 erläuterten Kundendaten für Sabine Anders an. Orientieren Sie sich an den Beschreibungen dort und nutzen Sie die Dateneingabe, um sich mit den Zusammenhängen vertraut zu machen.

Legen Sie dann die beiden folgenden Kundendaten in den Stammdaten an:

	Firmenkunde im Inland	Kunde im Ausland
Kundennummer	10200	11502
Anrede	Bleibt leer	Bleibt leer
Firma	Braun GmbH	Primaventure sarl
Ansprechpartner	Julia Herbst	
Zusatz		
Adresse	Aussichtsweg 20 79098 Freiburg	5 rue grand ballon 68180 Colmar, Frankreich
Telefon	0761 987654	0033 1 654345
Lieferart	Per Postversand	Per Postversand
Lieferanten-Nr. beim Kunden	79885	78765
Preisgruppe	1	1
Rabatt	5%	Nein
EG-USt-ID-Nr.	Keine	FR123456789012
Sonstige Leistg. § 13b UStG	Nein	Ja
Debitorenkonto	10200	11502
Zahlung	30 Tage ohne Abzug	14 Tage 2%, 30 Tage ohne Abzug
Zahlungsart	Überweisung	Überweisung

4. Lieferantenverwaltung

Lieferanten benötigen Sie vor allem für das Bestellwesen. Nutzen Sie also die Lagerhaltung und möchten Sie Ihre Bestellungen ebenso wie die Wareneingänge und die Inventur im Programm verwalten, dann müssen zunächst die Lieferanten erfasst werden. Auch beim Anlegen der Stammartikel greifen Sie auf die Lieferantendaten zu.

Wenn Sie Dienstleister sind, können Sie dieses Kapitel überspringen.

Die große Schaltfläche auf der Startseite führt direkt zur Lieferantenliste und zur Neuerfassung eines Lieferanten. Sind Sie nicht auf der Startseite, dann benötigen Sie zunächst die Lieferantenliste am Bildschirm, um Lieferantendaten erfassen und bearbeiten zu können. Erst dann stehen die Menüpunkte hierfür zur Verfügung.

4.1 Lieferantenadressen mit Such- und Sortierfeldern

Öffnen Sie die Lieferantenliste entweder über das Hauptmenü **Verwaltung → Lieferanten** oder indem Sie in der Hauptnavigation links den entsprechenden Eintrag anklicken. Da die Liste beim ersten Aufruf noch leer ist, führt ein Klick mit der rechten Maustaste in die leere, weiße Seite zu einem reduzierten kontextbezogenen Menü, in dem Sie die Auswahl **Neu** anklicken, um einen neuen Lieferanten anzulegen. Denselben Menüpunkt finden Sie auch im Hauptmenü unter **Bearbeiten**, wenn die Liste geöffnet ist.

Neben der Grundinformation – der Anschrift des Lieferanten – gibt es die beiden Felder Lieferantennummer und Matchcode, mit deren Hilfe Sie die Daten in der Liste finden und die Liste sortiert ausgeben können.

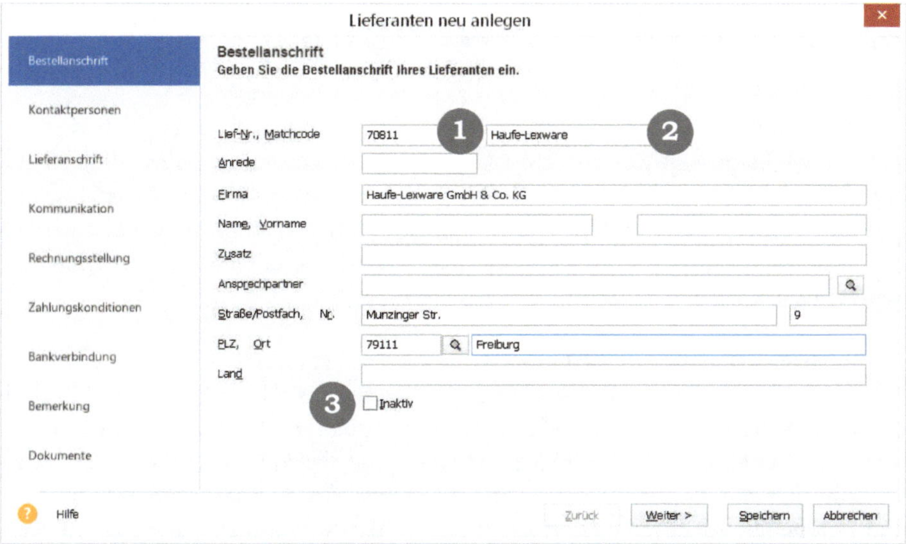

Abb. 4.1: **Lieferantendaten:** *Erfassung der Lieferantenanschrift (Bestellanschrift) mit den Suchfeldern Lieferantennummer* ❶ *und Matchcode* ❷ *. Nicht mehr benötigte Lieferanten können „inaktiv"* ❸ *gesetzt werden.*

Die Erfassung der Lieferantendaten beginnt auf der ersten Seite mit der Angabe der **Lieferantennummer**, die eindeutig sein muss. Das Feld ist alphanumerisch. Das bedeutet, dass Sie Buchstaben und Sonderzeichen ebenso wie Ziffern eingeben können. Wenn Sie numerische Lieferantennummern mit unterschiedlicher Länge verwenden, z. B. 516 und 3187, sollten Sie führende Nullen einsetzen, um eine korrekte Sortierung zu gewährleisten. Im genannten Beispiel wäre die Reihenfolge der Anzeige zuerst die 3167 und danach die 516. Verwenden Sie führende Nullen – also 0516 und 3187 – dann werden die Daten in der mathematisch richtigen Reihenfolge aufgelistet.

> **Tipp**
>
> Hilfreich ist es, die Lieferantennummer und die Kreditorenkontonummer in der Buchhaltung identisch zu vergeben. Klären Sie vorab die Systematik der Nummernvergabe mit der Buchhaltung. Sie können jedoch auch mit zwei verschiedenen Nummern arbeiten.

Wenn Sie mit der Tastatur arbeiten und die einzelnen Felder mit der Tab- oder der Enter-Taste wählen, wird das Feld **Matchcode** übersprungen, weil es mit einer automatischen Funktion belegt ist. Die eingegebene Firmenbezeichnung oder – wenn dieses Feld leer bleibt – der Nachname Ihres Lieferanten wird automatisch in den Matchcode übernommen. Sie ersparen sich damit eine Doppeleingabe.

Dieses Feld wird konsequent überall dort als Sortierung eingesetzt, wo Lieferanten selektiert werden können. Haben Sie mehrere Lieferanten mit demselben Namen, geben Sie weitere Hinweise innerhalb des Matchcodes an. Das kann der Vorname sein oder bei Filialbetrieben die Postleitzahl oder ein Städtekürzel. Beginnen Ihre Lieferanten häufig mit einem Überbegriff, wie beispielsweise Autohaus Maier, Autohaus Müller, Autohaus xy, dann lässt sich in der Firmenzeile dieser korrekte Begriff eintragen, im Matchcode können Sie jedoch der besseren Suche wegen auf den Begriff „Autohaus" verzichten und somit lediglich nach dem Namen der Firma suchen.

Tipp

Da der Matchcode ein Suchfeld ist, sollten Sie die Angaben so kurz wie möglich halten. Steht in der Firmenbezeichnung beispielsweise „GmbH & Co. KG" sollten Sie diesen Zusatz im Matchcode der leichteren Eingabe wegen löschen. Sie können auch Kürzel verwenden.

In das Feld „Anrede" können Sie eintragen, ob es sich beim Lieferanten um einen Herrn, eine Frau oder eine Firma handelt. Dieses Feld ist jedoch entbehrlich. Ist Ihr Lieferant eine Firma, tragen Sie die Firmenbezeichnung in das gleichnamige Feld ein. Handelt es sich jedoch um eine einzelne Person, so nutzen Sie die Felder „Name" und „Vorname". Diese beiden Einträge sind nicht für die Ansprechpartner in einer Firma vorgesehen, diese Zeile folgt etwas später Neben dem Matchcode und der Lieferantennummer muss auf jeden Fall entweder der Name oder die Firmenbezeichnung des Lieferanten angegeben werden. Sind diese Felder leer, erhalten Sie eine Fehlermeldung, wenn Sie auf die nächste Seite wechseln wollen.

Das Feld „Zusatz" steht zur Verfügung, um mehrzeiligen Firmennamen oder Adressergänzungen Platz zu bieten. Darunter befindet sich das Feld, um den üblichen Ansprechpartner einzutragen. Gibt es mehrere Ansprechpartner bei Ihrem Lieferanten, dann können Sie diese auf der nächsten Seite als Kontaktpersonen erfassen und später darauf zugreifen.

Nun folgt die Bestellanschrift. Die Zeile für das Land ist ausländischen Adressen vorbehalten, im Inland benötigen Sie diese nicht. Das bis vor einigen Jahren gebräuchliche Länderkürzel vor der Postleitzahl ist zwischenzeitlich von der Post abgeschafft worden, sie erwartet die Länderangabe in der landeseigenen oder der französischen Sprache, um Schreiben korrekt zustellen zu können. In derselben Reihenfolge wie Sie die Adresse am Bildschirm sehen, wird diese später in Bestellanfragen und Bestellungen usw. gedruckt, lediglich die Felder Vorname und Name werden umgekehrt nebeneinander gestellt.

Wechseln Sie auf die nächste Seite, können Sie die verschiedenen Ansprechpartner bei Ihrem Lieferanten als Kontaktpersonen hinterlegen. Damit können Sie in den Aufträgen gezielt den passenden Geschäftspartner auswählen und auch Aufträge per Mail direkt an den richtigen Ansprechpartner senden. Nutzen Sie das Symbol rechts oben über der Liste oder einfach das Menü mit der rechten Maustaste, um einen neuen Eintrag zu erfassen. Hier sind neben den üblichen Angaben zu Mailadresse und Telefonnummer weit detailliertere Angaben möglich – über die Position im Betrieb, den Stellvertreter bis Skype und Facebook-Adressen und Geburtsdatum. Beachten Sie bei der Hinterlegung der Daten unbedingt die rechtlichen Vorschriften des Datenschutzgesetzes und holen Sie sich die Genehmigung zur Speicherung der Daten ein!

Eine eigene Seite gibt es für die Lieferanschrift, die Sie immer dann benötigen, wenn Sie Rücklieferungen an den Lieferanten senden müssen. Die Lieferanschrift bleibt in der Regel leer und muss nicht zwingend ausgefüllt werden. Auf dieser Seite befindet sich außerdem ein Feld für die Lieferart, mit der Sie die Ware normalerweise erhalten. Die Lieferart wird auf der Bestellung mit ausgegeben, kann dort aber auch entfernt oder geändert werden. Öffnen Sie das Auswahlfenster der Lieferarten, so finden Sie zwei Einträge, die Lexware warenwirtschaft bei der Installation bereits mitliefert. Neue Lieferarten müssen in den Firmenangaben auf der Seite „Auftragsbearbeitung" zunächst hinterlegt werden, bevor Sie in den Lieferantendaten Verwendung finden können.

Ein wichtiges Feld ist die „Kundennummer beim Lieferanten". Damit ist die Nummer gemeint, unter der Ihr Lieferant Sie in seiner EDV als Kunden führt. Diese Nummer wird in den Bestellungen ausgegeben und spielt auch beim Zahlungsverkehr eine wichtige Rolle. Verwenden sie financial office und begleichen Sie die eingehenden Rechnungen aus Lexware buchhaltung mit der Funktion „Zahlungsverkehr", dann können Sie das Programm dazu veranlassen, Ihre Kundennummer beim Lieferanten auf der Überweisung anzugeben. Darüber hinaus lässt sich auch die Lieferantennummer in der Überweisung anzeigen. Das hat den Vorteil, dass für beide Beteiligten die notwendigen Informationen für eine schnelle Zuordnung und Buchung der jeweiligen Zahlung auf dem Kontoauszug vorhanden sind. Diese Einstellung nehmen Sie in Lexware buchhaltung unter **Extras → Optionen** vor.

Für unterschiedliche Telefon- und Faxnummern ebenso wie Mail- und Internetadressen Ihrer Ansprechpartner für Bestellung und (Rück-)Lieferung gibt es eine eigene Seite im Assistenten.

4.2 Angaben zum Bestellwesen

Die Seite „Rechnungsstellung" nimmt die grundsätzlichen Daten für die Errechnung der Bestellsummen und für ggf. erzeugte Eingangsrechnungen auf. Mit der Angabe des Kreditorenkontos sorgt sie für die Verbindung in die Buchhaltung.

Haben Sie bei Ihrem Lieferanten einen generellen **Rabatt**, geben Sie den Prozentsatz an. Dieser Gesamtrabatt wird in den Bestellungen ausgewiesen und von der Summe abgezogen. Beim Anlegen Ihrer eigenen Firma haben Sie festgelegt, ob die Rechnungen an Ihren Kunden brutto oder netto zuzüglich Umsatzsteuer gestellt werden. Ist die Vereinbarung mit Ihrem Lieferanten anders als bei den Kundenrechnungen, lässt sich diese abweichende Berechnung der Einkaufspreise in brutto oder netto auf der Lieferantenseite festlegen, indem Sie das Häkchen beim entsprechenden Eintrag setzen.

Sie können auch einen **Kreditrahmen** vergeben. Dann informiert Sie das Programm immer dann, wenn die offenen Posten des Lieferanten diesen Wert überschreiten. Innerhalb financial office werden hierfür die Daten der Buchhaltung ausgewertet.

4.2.1 Umsatzsteuer

Das Häkchen im Feld **„Steuerbare Umsätze"** ist bereits voreingestellt und besagt, dass Rechnungen von diesem Lieferanten mit **Umsatzsteuer** ausgewiesen werden und die Bestellungen dementsprechend ebenfalls die Umsatzsteuer ausgeben. Folglich muss das Häkchen entfernt werden, wenn Ihr Lieferant steuerfreie Rechnungen stellt, weil er beispielsweise im Ausland angesiedelt ist.

Innerhalb der EU muss zusätzlich die USt-ID-Nummer angegeben werden, die dann im Druck der Bestellung erscheint. In diesem Fall ist die Angabe Ihrer eigenen USt-ID-Nummer ebenfalls vorgeschrieben. Ist diese in den Firmenangaben auf der Seite „Finanzamt Umsatzsteuer" eingegeben, wird sie im Auftrag mit ausgedruckt. Nur wenn „Steuerbare Umsätze" nicht angeklickt ist, wird auch die USt-ID-Nummer des Lieferanten in der Bestellung gedruckt.

Gibt es einen anderen Grund für die Steuerbefreiung, dann können Sie diesen hier ebenfalls hinterlegen. Diese Angabe wird in den Bestellungen ausgegeben.

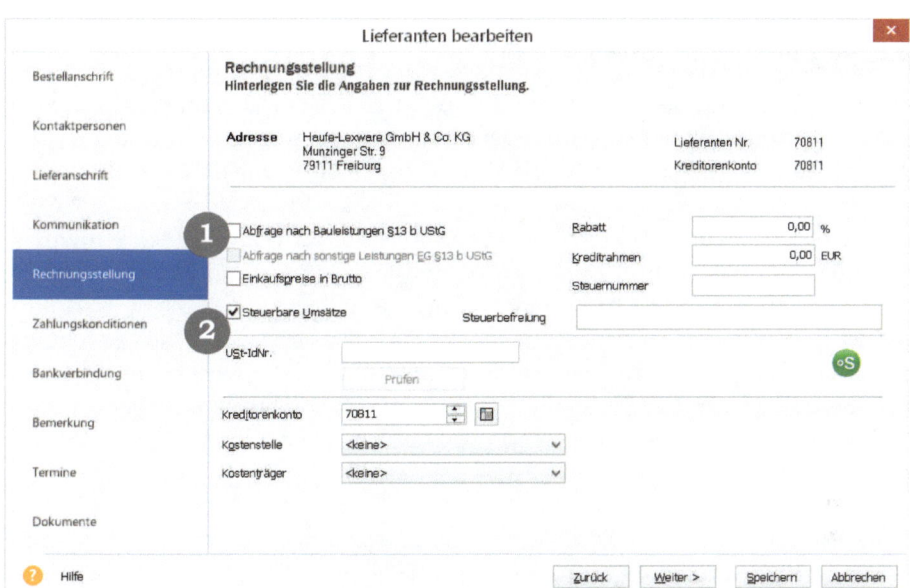

*Abb. 4.2: **Die Seite „Rechnungsstellung":** Die Angaben zur Umkehrung der Umsatz-
steuerschuld nach § 13b UStG ❶ und zur Besteuerung bei Bestellungen ins
In- und Ausland ❷ werden hier hinterlegt.*

Ein kostenloser Zusatzservice im Programm bietet Ihnen die für Ihre innergemein-
schaftlichen Geschäftsbeziehungen vorgeschriebene Prüfung der USt-ID-Nummern
an. Die Schaltfläche „Prüfen" ist freigegeben, wenn diese Nummer angegeben ist und
das Feld „steuerbare Umsätze" nicht angehakt ist. Schon bei der Eingabe findet eine
erste Plausibilitätsprüfung über Aufbau und Stellenanzahl der ID statt. Die eigentliche Prüfung geht jedoch weit darüber hinaus und ermöglicht auch die Anforderung
eines schriftlichen Prüfberichtes, den Sie zu Ihren Unterlagen nehmen können, um
einen Nachweis über die vorgeschriebene Prüfung zu haben.

4.2.2 Buchhaltung

Was in der Lieferantenverwaltung die Lieferantennummer ist, ist in der Buchhaltung
das **Kreditorenkonto**. Um einen einheitlichen Datenbestand zu haben, wird bereits
in Lexware warenwirtschaft das Kreditorenkonto hinterlegt. Da das Kreditorenkonto
nur dann notwendig ist, wenn buchungsrelevante Vorgänge erfasst werden – was in
der Buchhaltung erfolgt – kann dieses Feld zunächst auch leer bleiben. Innerhalb
financial office benötigen Sie die Verbindung zwischen Buchhaltung und Warenwirtschaft, um korrekte Auswertungen aus beiden Programmen zu erhalten.

Beim Verlassen der Seite werden Sie gefragt, ob das Kreditorenkonto im Kontenrahmen angelegt werden soll, wenn es noch nicht existiert. Beantworten Sie diese Meldung mit „Ja". Unabhängig davon, ob dieses Konto im Nachhinein oder gleich beim Erfassen der Adressdaten angegeben wird, folgt immer dann eine weitere Programmabfrage, wenn es das eingetragene Konto im Kontenplan noch nicht gibt. Sprechen Sie sich am besten mit Ihrem Steuerberater oder Buchhalter über die Systematik der Nummernvergabe ab. Wie viele Stellen die Kreditorenkontonummer haben darf, ist in den Firmendaten auf der Seite „Rechnungswesen" hinterlegt und orientiert sich am DATEV-Standard.

Anders ist das bei Bestellungen auf Grundlage von §13b UStG, die unter bestimmten Voraussetzungen eine Umkehrung der Steuerschuld beinhalten. Das kann bei Bauleistungen der Fall sein und es ist seit 2010 auch bei bestimmten sonstigen Leistungen, die Sie aus dem Ausland beziehen, der Fall. Dieses Verfahren können Sie innerhalb des Programms mit den jeweiligen Häkchen in den Abfragen nach dem § 13b UStG anwenden. Beachten Sie dazu unbedingt die Rechtsvorschriften und ergänzen Sie gegebenenfalls die Konten in den Warengruppen, wenn Sie in Lexware warenwirtschaft auch Eingangsrechnungen erzeugen.

Arbeiten Sie mit **Kostenstellen** und **Kostenträgern**, müssen diese zunächst in den Stammdaten hinterlegt werden. Erst dann stehen sie hier in den Lieferantendaten oder später in den Bestellungen zur Verfügung. Die Auswertung erfolgt in Lexware buchhaltung. Lesen Sie mehr dazu in den Unterlagen oder der Programmhilfe zu Lexware buchhaltung.

Mit der Funktion „Zahlungsverkehr" innerhalb des Programms lassen sich sehr komfortabel die eingehenden Rechnungen direkt aus dem System bezahlen. Neben dem Lexware online banking können auch Scheckdruck, Überweisungsdruck oder der SEPA-Dateiexport genutzt werden. Zwar werden die eingehenden Rechnungen normalerweise in der Buchhaltung erfasst, der Zahlungsverkehr dort bezieht sich jedoch auf die Daten in der Warenwirtschaft. Deshalb müssen hier die korrekten Zahlungsziele und Bankangaben hinterlegt sein.

4.2.3 Zahlungskonditionen und Bankverbindung

Lexware warenwirtschaft verwendet eine gemeinsame Liste für alle Zahlungskonditionen, sowohl für die ausgehenden Rechnungen an Kunden als auch für die eingehenden Rechnungen von Lieferanten.

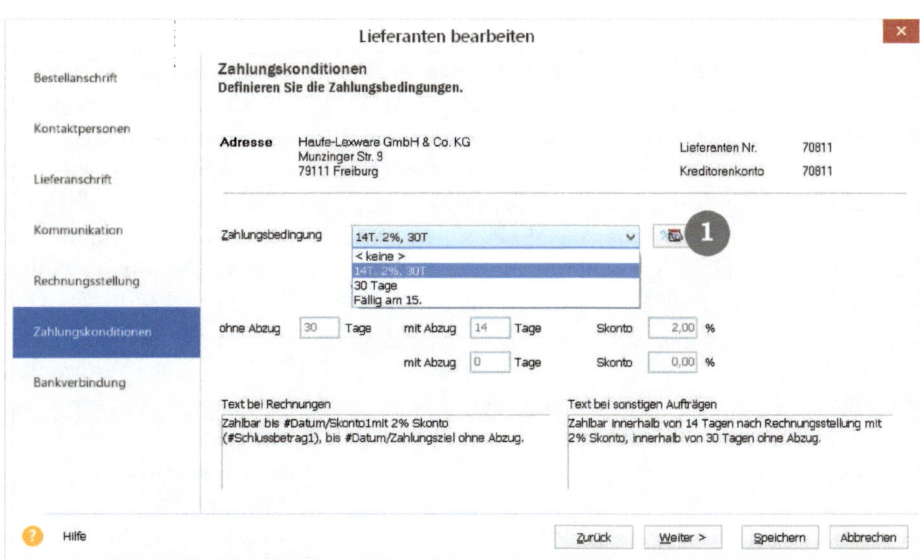

*Abb. 4.3: **Zahlungskonditionen:** Die Seite Zahlungskonditionen mit der Schaltfläche*
❶ *für Neueinträge.*

Auf der Seite „**Zahlungskonditionen**" hinterlegen Sie die mit dem Lieferanten vereinbarten Zahlungsziele. Im Feld „Zahlungsbedingung" werden die gewünschten
Bedingungen aus einer Liste gewählt und zugeordnet. Erst wenn diese eingetragen
sind, wird angegeben, wie viele Tage nach Rechnungsstellung (Belegdatum der eingehenden Rechnung) der gesamte Rechnungsbetrag zur Zahlung fällig ist. Dasselbe
gilt für Skontovereinbarungen. Die Angaben hier sorgen für die fristgerechte Zahlung eingehender Rechnungen, für die Berücksichtigung von Skontofristen und für
korrekte Skontoabzüge beim Zahlungsverkehr.

Abb. 4.4: **Bankverbindung:** *IBAN und BIC können auch aus BLZ und Konto-nummer* ❶ *ermittelt werden. Hat Ihr Lieferant ein Lastschriftmandat von Ihnen, geben Sie das hier* ❷ *an.*

Die Seite „**Bankverbindung**" nimmt die Bankdaten Ihres Lieferanten auf, die Sie vor allem dann brauchen, wenn Sie den Zahlungsverkehr über Ihr Lexware Programm ausführen.

Um zu verhindern, dass Rechnungen von Lieferanten, die ein Lastschriftmandat von Ihnen haben und die Rechnung von Ihrem Konto per SEPA-Lastschrift einziehen, zusätzlich selbst überwiesen werden, gibt es den Eintrag „Einzugsermächtigung". Haken Sie dieses Feld an und wählen Sie als Zahlungsart „Lastschrift", dann werden offene Rechnungen dieses Lieferanten nicht im Zahlungsverkehr angeboten; eine versehentliche Doppelzahlung kann somit nicht vorkommen. Selbstverständlich können Sie diese Angaben jederzeit wieder ändern.

Die hier hinterlegte **Zahlungsart** wird in die Einkaufsaufträge übernommen und kann dort auch auftragsbezogen geändert werden. Im Zahlungsverkehr aus dem Programm werden die Einstellungen aus dem jeweiligen Einkaufsauftrag berücksichtigt.

4.3 Weitere Angaben zum Lieferanten

Auf der nächsten Lieferantenseite finden Sie ein Feld für ergänzende Bemerkungen. Hinterlegen Sie hier Sondervereinbarungen und wichtige Hinweise. Zeilenumbrüche in diesem Feld nehmen Sie mit der Tastenkombination <Strg>+<Enter> vor. Haben Sie unter **Verwaltung → Einstellung → Freifelder** spezielle Felder für die Lieferantendaten definiert, so werden diese hier angeboten.

Zuletzt können Sie Dateien oder Weblinks mit den Lieferantendaten verknüpfen. Hinterlegen Sie hier die Links zu Verträgen, Einkaufskonditionen usw., dann haben Sie alle Informationen an einer Stelle zugriffsbereit.

4.4 Lieferantendaten bearbeiten

Jede weitere Bearbeitung der Lieferantendaten erfolgt aus der Lieferantenliste heraus. Diese öffnen Sie über die große Schaltfläche auf der Startseite oder über **Verwaltung → Lieferanten**.

4.4.1 Lieferantendaten ändern

Beim Bearbeiten von Lieferantendaten können Sie die bereits vorhandenen Kontaktpersonen aus der Liste als Ansprechpartner in die jeweilige Bestell- und Lieferanschrift übernehmen. Die Lupenschaltfläche hinter dem Feld Ansprechpartner führt Sie direkt in die Liste der Kontaktpersonen. Neben den bei der Neuanlage aufgeführten Seiten finden Sie beim nachträglichen Bearbeiten der Daten die Möglichkeit, Termine anzulegen, die im übergeordneten Termin- und Aufgabenmanager angezeigt werden. Wollen Sie also Ihren nächsten Lieferantentermin planen, hinterlegen Sie die Daten hier, das Programm erinnert Sie zum festgelegten Zeitpunkt.

4.4.2 Lieferanten inaktiv setzen

Der Lieferantenstamm eines Betriebes ändert sich im Laufe der Zeit. Es kommen nicht nur neue Lieferanten dazu, manche fallen auch weg. Um die Lieferantenliste dennoch übersichtlich zu halten, können Sie ehemalige Lieferanten inaktiv setzen. Sie bleiben damit zwar im Programm vorhanden, werden jedoch aus der Listenansicht ausgeblendet. Klicken Sie das Häkchen „inaktiv" im Adressfeld oder den Eintrag „inaktiv setzen" im Kontextmenü der rechten Maustaste an. Darüber hinaus muss in den Listeneinstellungen eingestellt werden, dass die gelöschten bzw. inaktiven Einträge nicht angezeigt werden. Bei Bedarf lässt sich ein solcher Datensatz auch wieder aktiv setzen.

4.5 Datenschutzgrundverordnung und Lieferantendaten

Auch für die Lieferantendaten gilt die Datenschutzgrundverordnung und so müssen Sie auf Verlangen die gesamten personenbezogenen Lieferantendaten löschen – soweit dem keine gesetzlichen Aufbewahrungspflichten entgegenstehen. Klicken Sie mit der rechten Maustaste auf einen Lieferantendatensatz, finden Sie den Menüpunkt **Löschen**. Lexware warenwirtschaft prüft nun zunächst, ob im Zusammenhang mit diesen Daten noch Aufbewahrungspflichten bestehen. Eine Meldung informiert Sie über das Ergebnis der Prüfung.

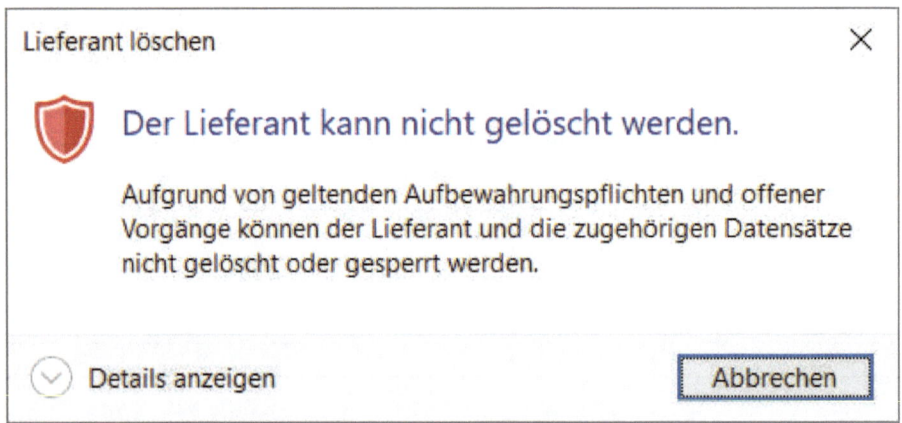

Abb. 4.5: ***Lieferant löschen:*** *Nur wenn keine anderen gesetzlichen Regelungen dagegen sprechen, können die Daten gelöscht werden.*

Wenn nichts dagegen spricht, haben Sie – wie bei den Kundendaten – die Auswahl zwischen dem vollständigen Löschen oder dem **Sperren** der Lieferantendaten, das nur noch eingeschränkten Zugriff auf die Daten erlaubt.

Das Recht, über alle gespeicherten Daten informiert zu werden, gilt auch für Ihre Lieferanten. Deshalb gibt es im Menü mit der rechten Maustaste eine Option **Auskunft erteilen**. Die gespeicherten Daten werden zusammengestellt und so aufbereitet, dass Sie sie Ihrem Lieferanten zukommen lassen können. Mehr Informationen zu den Auswirkungen der Datenschutzgrundverordnung finden Sie im Programm unter **Extras → Datenschutz**. Über diesen Menüpunkt können Sie sich auch auflisten lassen, welche Daten gelöscht bzw. gesperrt werden können und hier lassen sich auch gesperrte Datensätze ansehen.

Legen Sie zunächst die Lieferantendaten für die Lexware GmbH & Co. KG aus diesem Kapitel an.

Legen Sie dann den folgenden Lieferanten in den Stammdaten an:

Lieferantennummer	71201
Matchcode	Maurer
Anrede	Bleibt leer
Firma	Bürohandel Maurer
Name, Vorname	
Zusatz	
Adresse	Europaplatz 17 76133 Karlsruhe
Telefon	0761/987654
Kundennummer beim Lieferanten	19876
Rabatt	10 %
Kreditorenkonto	72000
Bankverbindung	Postbank Karlsruhe, Konto 7654321, BLZ: 660 100 75
Zahlung	14 Tage 2 %, 30 Tage ohne Abzug
Zahlungsart	Überweisung
EG-USt-ID-Nr.	Keine

5. Zahlungsbedingungen

Sowohl in den Kunden- als auch in den Lieferantendaten werden die jeweils vereinbarten Zahlungskonditionen hinterlegt. Lexware warenwirtschaft bietet Ihnen damit weitreichende Unterstützung nicht nur im Mahnwesen sondern auch beim Zahlungsverkehr. Dabei unterscheidet das Programm zwischen Zahlungszielen nach Tagen und kalendarischen Zahlungszielen nach Datum.

Innerhalb financial office steuern die Zahlungsbedingungen im Bereich Warenwirtschaft auch das Mahnwesen und den Zahlungsverkehr in der Buchhaltung.

5.1 Systematik der Zahlungskonditionen im Programm

Für jede bestehende Zahlungsbedingung werden zwei unterschiedliche Texte angegeben. Während bei Rechnungen ein klares Zahlungsziel mit der Angabe eines kalendarischen Zahldatums, das sich auf das Rechnungsdatum bezieht, aus rechtlichen Gründen vorzuziehen ist, müssen bei Angeboten, Auftragsbestätigungen usw. lediglich die allgemeinen Bedingungen angegeben sein.

Da das Programm das Zahldatum immer aufgrund des Datums errechnet, mit dem ein Angebot, eine Auftragsbestätigung usw. ausgegeben wird, würde auf einem Angebot bei einer Formulierung, die für Rechnungen bestimmt ist, bereits ausgewiesen, wann zu bezahlen ist. Solange es sich um ein Angebot handelt und Sie noch gar nicht wissen, ob Sie den Auftrag überhaupt erhalten, würde Ihren Kunden eine solche Zahlungsinformation zumindest irritieren. Deshalb werden dieselben Bedingungen in zwei Textvarianten hinterlegt.

Beispiel

Am 03.11. schreiben Sie ein Angebot. Wenn es zum Auftrag kommt, erwarten Sie, dass Ihr Kunde bis spätestens 14 Tage nach Rechnungsstellung bezahlt. Das teilen Sie Ihrem Kunden am Schluss des Angebots durch folgenden Text mit: „Zahlbar innerhalb 14 Tagen nach Rechnungsstellung ohne Abzug". Der Auftrag wird durchgeführt und am 20. November stellen Sie die Rechnung.

Um sicher zu sein, dass der Betrag auch im rechtlichen Sinne 14 Tage nach Rechnungsstellung fällig ist, wählen Sie für diesen Sachverhalt den folgenden Text: „Zahlbar bis zum 03.12. ohne Abzug". Stellen Sie sich vor, Sie hätten dieselbe Formulierung bereits beim Angebot gewählt. Dann hätten Sie dort Ihren Kunden aufgefordert, bis spätestens am 17.11. (Angebotsdatum 03.11. plus 14 Tage) zu bezahlen.

5.2 Neue Zahlungsbedingungen anlegen

Um neue Zahlungsbedingungen anlegen zu können, benötigt man zunächst die gleichnamige Liste am Bildschirm, die über **Verwaltung → Zahlungsbedingungen** aufgerufen werden kann. Aber auch bei der Kunden- und Lieferantenverwaltung und in der Auftragserfassung – also überall dort, wo Eingaben aus der Liste ausgewählt werden – findet sich eine Schaltfläche, über die die Liste geöffnet und neue Einträge vorgenommen werden können, ohne die bisherige Arbeit unterbrechen zu müssen. Der auf diesem Weg neu angelegte Text wird dann direkt in die Kunden-, Lieferanten- oder Auftragsdaten übernommen.

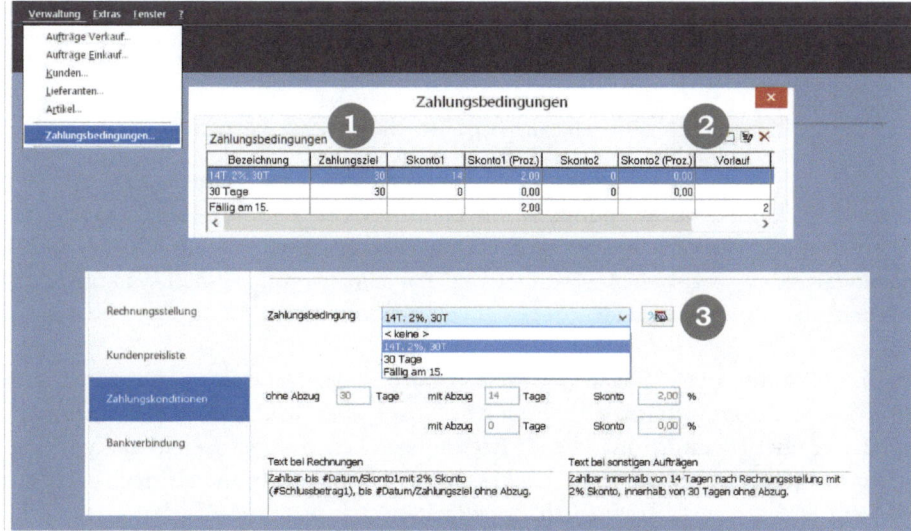

*Abb. 5.1: **Zahlungsbedingungen:** Die Liste ❶ mit den Schaltflächen ❷ zur Bearbeitung und die Schaltfläche ❸ in den Kundendaten.*

Die bei Neuinstallation des Programms bereits vorgegebenen Texte entsprechen bedauerlicherweise nicht den oben erläuterten Vorgaben, hier sind für alle Auftragsarten dieselben Texte hinterlegt, die jedoch ergänzt oder überarbeitet werden können bzw. sollten.

Die drei Schaltflächen rechts oben ermöglichen das Anlegen einer neuen Zahlungsbedingung, das Bearbeiten oder Löschen der bestehenden Einträge. Um den ersten Eintrag zu überarbeiten, markieren Sie diesen und klicken das zweite Symbol „Eintrag bearbeiten" an. Denselben Effekt hat ein Doppelklick auf den Listeneintrag: Es öffnet sich das Fenster mit den detaillierten Angaben, die nun geändert werden kön-

nen. Beim Neuanlegen einer Zahlungsbedingung öffnet sich dasselbe Fenster ohne Einträge, die Sie dann erfassen können.

Wenn Sie in den Kunden- oder Lieferantendaten auf der Seite „Zahlungskonditionen" diese Schaltfläche anklicken, erhalten Sie dieselbe Liste mit allen Eingabemöglichkeiten.

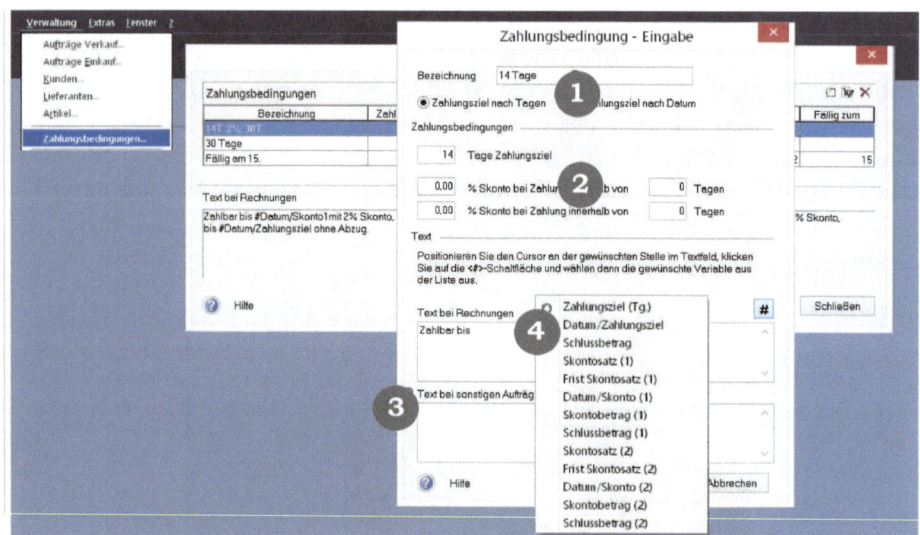

*Abb. 5.2: **Zahlungsbedingungen erfassen**: Die eigene Bezeichnung ❶ , die genauen Bedingungen ❷ und zwei Textfelder ❸ mit den Textvariablen ❹ .*

Unter „Bezeichnung" ist der Name der Zahlungsbedingung hinterlegt. Tragen Sie dort das ein, was Sie zur Identifizierung der Konditionen sehen möchten. Außerdem müssen Sie die eigentlichen Bedingungen definieren. Wie viele Tage Zahlungsfrist wollen Sie gewähren, wie viel Prozent Skonto geben Sie und in welchem Zeitraum. Bei den im Programm hinterlegten Beispielen sind diese Werte bereits vorhanden.

Im unteren Teil des Fensters haben Sie Gelegenheit, zwei alternative Texte für die neu angelegte Zahlungsbedingung festzulegen. Die erste Eingabefläche gilt dem Text für Rechnungen, die zweite nimmt den neutralen Wortlaut auf, der für Angebote, Auftragsbestätigungen usw. verwendet wird. Dabei stehen Ihnen immer Textvariablen zur Verfügung, die erst im Auftragsfall selbst den richtigen Text an dieser Stelle ermitteln. Soll in den Zahlungsbedingungen der Rechnung beispielsweise das Datum der Zahlungsfälligkeit angegeben werden, positionieren Sie den Cursor an die gewünschte Stelle und klicken danach auf die Schaltfläche mit der Raute. Aus der Liste der zur Verfügung stehenden Variablen, die sich nun öffnet, wählen Sie die

gewünschte per Klick aus und übernehmen sie damit in den Text. Dabei werden Variablen für eindeutige Werte wie z. B. den Skontosatz schon im Text dieses Fensters durch diesen eindeutigen Wert ersetzt. Soll das, was an dieser Stelle steht, jedoch erst im Auftrag ermittelt und ausgegeben werden, so wird hier stattdessen die Variable angezeigt. An der Textstelle, an der das Fälligkeitsdatum der Rechnung ausgegeben werden soll, wird „Datum/Zahlungsfälligkeit" eingefügt.

Bei Angeboten, Auftragsbestätigungen, vielleicht auch bei Lieferscheinen oder Bestellungen, kann kein Zahldatum angegeben werden. Dennoch sollte Ihr Vertragspartner informiert sein, wie der Auftrag abgewickelt werden soll und dazu gehört auch die Information über die Zahlungskonditionen. Um dem Rechnung zu tragen, gibt es das Feld „Text bei sonstigen Aufträgen". Hinterlegen Sie hier den neutralen Text zur Zahlungskondition. Das Programm sorgt dafür, dass je nach Auftragsart der richtige Text automatisch ausgewählt wird.

Eine Besonderheit gibt es für Rechnungen, die vom Kundenkonto per Lastschrift eingezogen werden.

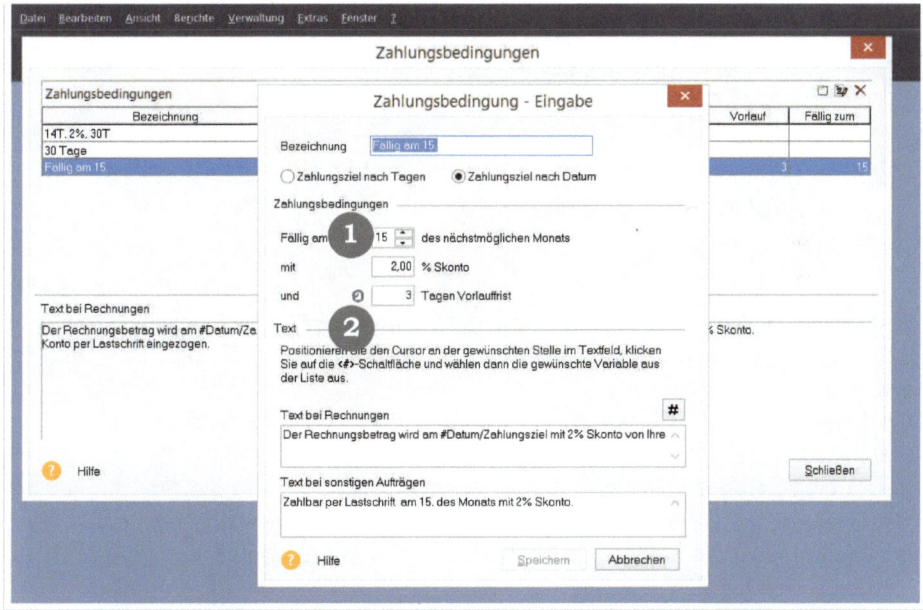

*Abb. 5.3: **Zahlungsbedingung nach Datum**: Hier wird die genaue Fälligkeit ❶ angegeben. Die Vorlauffrist ❷ sorgt für die termingerechte Übernahme der Rechnung in den Zahlungsverkehr.*

Seit der Einführung des SEPA-Verfahrens gibt es in Lexware warenwirtschaft auch die Möglichkeit, den Tag des Einzugs mit einem bestimmten Datum des nächstmöglichen Monats anzugeben und auch die Vorlauffrist zu nennen, die beim Zahlungsverkehr aus dem Programm berücksichtigt wird. Aus diesen Angaben wird dann das Datum des Lastschrifteinzugs ermittelt und auf der Rechnung ausgegeben. Geben Sie also an, dass der Betrag am 15. eingezogen werden soll, dann wird zunächst zum Rechnungsdatum die Vorlauffrist addiert und von dem so ermittelten Datum der nächste 15. als Fälligkeit angegeben.

Schreiben Sie die Rechnung also am 1. eines Monats und die Vorlauffrist beträgt drei Tage, dann wird der 15. desselben Monats als Zahlungsziel genannt. Ist das Rechnungsdatum jedoch der 13., dann ist das Fälligkeitsdatum erst im Folgemonat. Entsprechend taucht die Rechnung dann im Zahlungsverkehrsmodul zum Lastschrifteinzug auf.

5.3 Zahlungsbedingungen zuordnen

Zahlungskonditionen können direkt den Kunden- und Lieferantendaten zugeordnet werden. Das hat zur Folge, dass jeder Auftrag an den Kunden bzw. jede Bestellung an den Lieferanten mit der Vorgabe ausgefüllt wird. Im Auftrag selbst lässt sich diese Voreinstellung jedoch ändern.

5.3.1 Kunden und Lieferanten

In den **Kunden-** und in den **Lieferantendaten** gibt es eine eigene Seite für die Zuordnung von Zahlungskonditionen, die Sie in den vorigen Kapiteln bereits gesehen haben. Wählen Sie einfach aus der Liste das gewünschte Zahlungsziel aus. Die Schaltfläche am Ende der Zeile gibt Ihnen die Möglichkeit, fehlende Zahlungsziele zu erfassen und zuzuordnen.

5.3.2 Zahlungsbedingungen in den Aufträgen

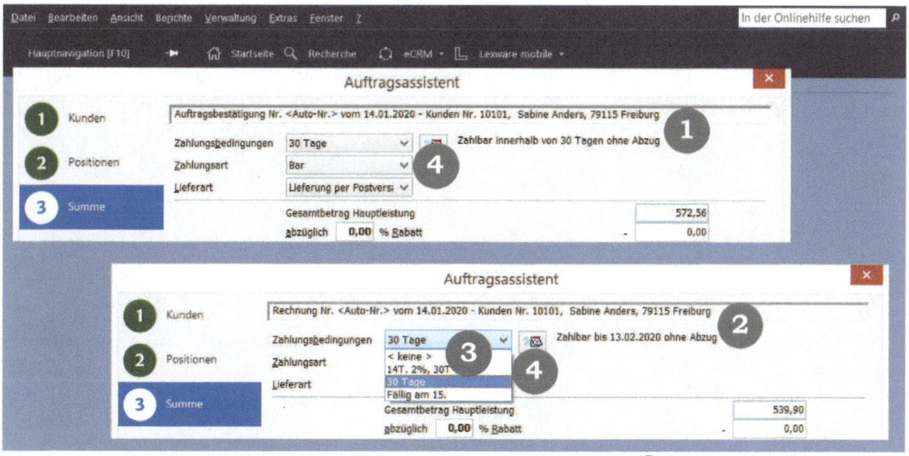

*Abb. 5.4: **Zahlungsbedingung:** In einer Auftragsbestätigung ❶ mit neutralem Text und in einer Rechnung ❷ mit der Angabe des Zahldatums und den Auswahlmöglichkeiten ❸. Die Schaltfläche ❹ ermöglicht die Anlage neuer Zahlungsbedingungen.*

Wenn Sie einen **Auftrag** schreiben und dabei auf Kunden- oder Lieferantendaten zugreifen, werden die dort hinterlegten Zahlungsbedingungen auf der dritten Seite automatisch voreingestellt. Der Text passt sich der Auftragsart an. Handelt es sich um eine Rechnung, sehen Sie das Fälligkeitsdatum der Rechnung direkt im Text. Bei anderen Auftragsarten wird der neutrale Text angegeben.

5.3.3 Zahlungsbedingungen in Projekten

In der Projektverwaltung ist es möglich, Zahlungsbedingungen eigens für ein Projekt zu hinterlegen. Damit können Sie abweichende Vereinbarungen mit Ihrem Kunden, die nur für ein bestimmtes Projekt zur Geltung kommen sollen, im Programm verwalten. Sondervereinbarungen werden so nicht vergessen, Lexware warenwirtschaft sorgt für die richtigen Angaben.

5.3.4 Ausgabe der Zahlungsbedingungen im Druck

Zwar werden die Zahlungsbedingungen in den jeweiligen Auftragsarten angezeigt, aber beim Lieferschein ist es meistens nicht gewünscht, diese mit auszudrucken. Nun könnte man diesen Eintrag direkt bei der Erfassung des Lieferscheines entfernen – das hätte aber zur Folge, dass beim Weiterführen des Lieferscheines in eine Rech-

nung das Zahlungsziel nicht mehr vorhanden wäre. Deshalb lässt sich im Layout-assistenten festlegen, wo die Zahlungsbedingungen ausgegeben werden sollen. Dabei wird zwischen Lieferscheinen und allen sonstigen Belegen (Aufträgen) unterschieden. Damit ist für den üblichen Ablauf eine hilfreiche Einstellung möglich.

5.4 Zahlungsbedingungen in Mahnwesen und Zahlungsverkehr

Für ein funktionierendes Mahnwesen ist die Angabe des Fälligkeitsdatums in den Rechnungen unabdingbar. Zahlungsbedingungen in den Lieferantendaten sorgen dafür, dass im Zahlungsverkehr – vor allem innerhalb financial office in Lexware buchhaltung – Skontofristen und -abzüge automatisch verwaltet und berücksichtigt werden.

5.4.1 Steuerung des Mahnwesens

Beim Schreiben einer Rechnung werden die Zahlungskonditionen aus den Kunden-daten zunächst voreingestellt. Ist für diese Rechnung etwas anderes vereinbart als in den Kundendaten hinterlegt, so ändern Sie die Bedingungen in der Rechnung. Evtl. müssen sie dazu eine neue Zahlungsbedingung festlegen. Das können Sie – wie in den Kundendaten – tun, ohne die Auftragserfassung abzubrechen, indem Sie auf die Schaltfläche klicken, die die Liste der Zahlungsbedingungen zur Bearbeitung öffnet.

Anhand des Rechnungsdatums und der angegebenen Zahlungskonditionen wird das Fälligkeitsdatum einer Rechnung ermittelt und mit der Rechnung selbst in der Datenbank gespeichert. Innerhalb financial office wird dieses Fälligkeitsdatum zu-sammen mit den Buchungsdaten der Rechnung nach Lexware buchhaltung über-tragen, sodass das Mahnwesen auch dann programmübergreifend die richtigen Einstellungen verwendet.

5.4.2 Steuerung des Zahlungsverkehrs

Nutzen Sie den Zahlungsverkehr aus dem Programm, dann benötigen Sie die Zah-lungskonditionen in den Lieferantendaten, um eingehende Rechnungen fristgerecht und ggf. unter Abzug von Skonto zu bezahlen. Dabei wird der abzuziehende Betrag innerhalb der gegebenen Frist automatisch errechnet und berücksichtigt.

Innerhalb financial office wird diese Funktion programmübergreifend genutzt. Die in den Lieferantendaten angegebenen Zahlungskonditionen werden also auch auf die in der Buchhaltung erfassten Eingangsrechnungen angewendet.

Legen Sie zwei neue Zahlungsbedingungen an oder korrigieren Sie die mitgelieferten vorhandenen Daten:

Bezeichnung	Einstellung
14 Tg 2 % 30	2% Skonto innerhalb 14 Tagen nach Rechnungsstellung, innerhalb 30 Tagen ohne Abzug.
30 Tage	Zahlbar innerhalb 30 Tagen ohne Abzug.

Beachten Sie die unterschiedlichen Texte für Rechnungen und andere Auftragsarten.

6. Warengruppen

Bevor Artikel in den Stammdaten erfasst werden können, müssen die übergeordneten Warengruppen (in der Handwerkerversion: Materialgruppen) festgelegt werden. Wie Sie diese definieren, bleibt Ihnen überlassen, Sie sollten sich jedoch zuvor mit dem Thema auseinandersetzen, um die notwendigen Vorgaben einzuhalten. Erfahrungsgemäß wird die Warengruppensortierung häufig im Nachhinein neu strukturiert und geändert, was aufwändige Nacharbeiten mit sich bringt. Die in dieses Thema investierte Zeit zahlt sich auf jeden Fall aus.

6.1 Die Aufgaben der Warengruppen

Sämtliche Artikel – und wenn Sie wollen, auch die Dienstleistungen, die Sie verkaufen – sind in Warengruppen gegliedert. Das erleichtert die Suche der Artikel. Wichtig ist die Warengruppe jedoch vor allem, um die korrekte Umsatzsteuerberechnung zu gewährleisten und die Übergabe der aus den Rechnungen resultierenden Buchungen zu ermöglichen.

6.1.1 Umsatzsteuerberechnung

Das Programm wird mit der voreingestellten Warengruppe „Umsatzsteuer normal" geliefert. Das soll signalisieren, dass hier die Berechnung der Umsatzsteuer gesteuert wird. Selbstverständlich kann diese Warengruppe umbenannt oder auch gelöscht werden. Ganz ohne Warengruppen können Sie jedoch nicht arbeiten. Wenn die vorgeschlagene Standardwarengruppe gelöscht wird, benötigen Sie an deren Stelle wenigstens eine andere. Wie viele Warengruppen Sie einrichten, bleibt Ihnen überlassen, das Programm setzt keine Grenzen. Berücksichtigen Sie jedoch die Übersichtlichkeit der Liste.

Welcher Steuersatz wann zum Tragen kommt, ermittelt das Programm aus den in den Warengruppen angegebenen Konten aus dem Konterahmen. So sorgt die Warengruppe dafür, dass jeder Artikel richtig berechnet wird. Vertreiben Sie sowohl Artikel, die mit 7 % USt. berechnet werden, als auch Artikel mit 19 % USt. dann müssen Sie hierfür auch unterschiedliche Warengruppen anlegen. Das gilt auch für manuelle Positionen, die Sie einfach in der Rechnung erfassen, ohne einen Artikel hierfür in der Datenbank zu speichern. Auch in diesem Fall ist die Angabe einer Warengruppe zwingend erforderlich.

In Zusammenhang mit den Eingaben zur Rechnungsstellung in den Kunden- bzw. Lieferantendaten erkennt Lexware warenwirtschaft, ob ein Artikel bzw. eine Dienstleistung ins Inland berechnet wird – oder ins inner- oder außereuropäische Ausland. Die jeweilige Rechnung weist die Umsatzsteuer entsprechend aus und gibt ggf. an, warum keine Umsatzsteuer berechnet wird.

6.1.2 Buchhaltung

Auf welche Erlöskonten die ausgehenden Rechnungen gebucht werden, regeln die Konten in den Warengruppen. Vor allem wenn Sie mit Lexware financial office arbeiten oder die Buchungsdaten aus dem Programm an Ihren Steuerberater digital übermitteln, ist die korrekte Einrichtung des Kontenplans und der Warengruppen von besonderer Wichtigkeit.

Eingehende Lieferantenrechnungen sollten bevorzugt in der Buchhaltung direkt erfasst werden. Wenn Sie das jedoch anders handhaben wollen – was nicht den Grundsätzen ordnungsmäßiger Buchführung entspricht – können die Werte aus Eingangsrechnungen bei Wareneingängen auch aus dem Programm erzeugt werden. Wohin diese „Eingangsrechnungen" gebucht werden, wird ebenfalls in den Warengruppen geregelt.

> **Tipp**
>
> Nutzen Sie die Möglichkeit, aussagekräftige Auswertungen aus Ihrer Buchhaltung zu erhalten, indem Sie Verkäufe und Einkäufe aus verschiedenen Bereichen mithilfe der Warengruppen auf unterschiedliche Erlös- und Aufwandskonten steuern. Ein Handwerksbetrieb verkauft zum Beispiel neue Artikel, es werden Ersatzteile benötigt und die Arbeitszeit wird in Rechnung gestellt. Legt dieser Betrieb nun für jeden dieser Bereiche eine eigene Warengruppe an und verbucht die damit erzielten Einnahmen und Ausgaben auf unterschiedliche Konten, so bietet die Buchhaltung sehr schnell einen Überblick darüber, wo die höchsten Umsätze erzielt werden. Über eine direkte Gegenüberstellung der Erlös- und Aufwandskonten sehen Sie den Reinerlös nach den einzelnen Bereichen getrennt.

6.1.3 Strukturieren und organisieren

Zuletzt helfen Ihnen die Warengruppen, Ihre Artikel zu strukturieren und damit leichter zu finden. Die Warengruppen sind hierarchisch gegliedert. Jede neu angelegte Warengruppe ist der Warengruppe untergeordnet, die beim Anlegen derselben angeklickt ist. Änderungen in der Gliederung lassen sich per Drag & Drop mit der Maus vornehmen.

Die Warengruppen sind den Artikeln vorgeschaltet. Alles, was Sie Ihren Kunden anbieten und verkaufen können, wird als Artikel in der Artikeldatenbank gespeichert. Je nach Branche und Betrieb können das ein paar wenige oder Tausende von Artikeln sein. Wann immer Sie einen Auftrag schreiben, müssen Sie aus der Fülle der Artikel die gewünschten Positionen aussuchen. Wenn Sie die Artikel und ggf. auch die Dienstleistungen in Gruppen zusammenfassen, haben Sie einen besseren Überblick und die Suche der Rechnungspositionen wird einfacher.

Achtung

Die Warengruppenliste links in der Artikelliste ist mithilfe einer besonderen Technik programmiert, die keinen Doppelklick zum Öffnen zulässt. Klicken Sie einen Eintrag in der Warengruppenliste mit der rechten Maustaste an, stehen alle zugehörigen Menüpunkte zur Verfügung. Alternativ finden sich diese Möglichkeiten bei geöffneter Artikelliste im Hauptmenü unter **Bearbeiten → Warengruppen**.

Bei der Inventur spielen Warengruppen ebenfalls eine wichtige Rolle: Sie können beispielsweise Teilinventuren nur über bestimmte Warengruppen durchführen oder für jede Warengruppe eigene Artikellisten drucken. Die Organisation der Inventur lässt sich dadurch vereinfachen.

6.2 Neue Warengruppen anlegen

Da die Warengruppen Voraussetzung für die Artikelerfassung sind, findet man diese in der Artikelliste. Diese Liste rufen Sie entweder über den Menüpunkt **Verwaltung → Artikel** auf, oder Sie klicken den entsprechenden Eintrag in der Hauptnavigation an.

Im linken Fenster der Artikelliste sind die hierarchisch gegliederten Warengruppen dargestellt. Ein Pfeil nach innen vor einer Warengruppe zeigt an, dass hierzu untergeordnete Gruppen vorhanden sind, die mit einem Klick auf diesen Pfeil angezeigt werden. Auf der rechten Seite sind die eigentlichen Artikel abgebildet. Je nachdem, ob eine Warengruppe markiert ist oder nicht, sind entweder alle Artikel oder nur die der markierten Warengruppe zugehörigen Artikel aufgelistet.

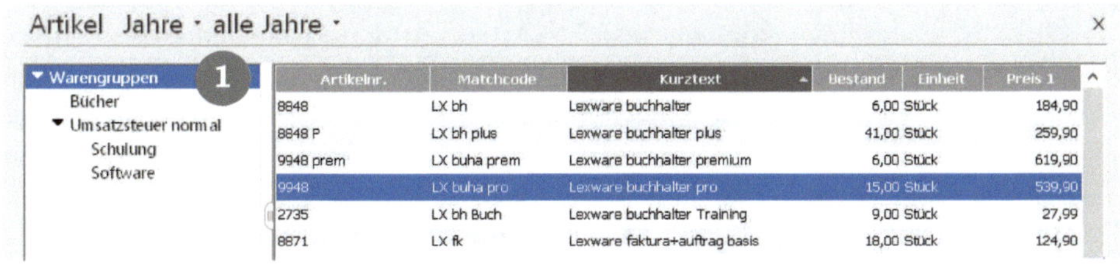

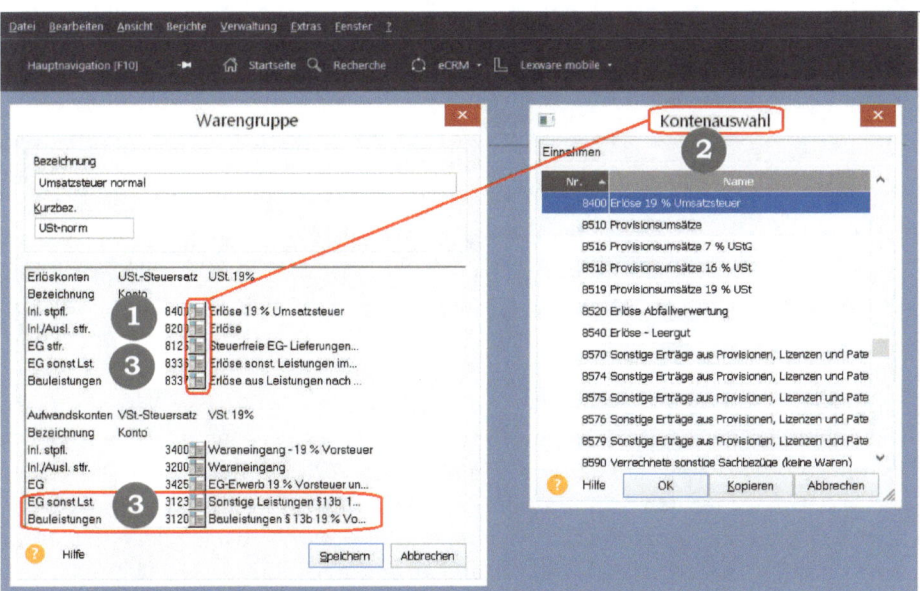

*Abb. 6.1: **Warengruppen:** Warengruppen ❶ sind in der Artikelliste angelegt.*

Sehen Sie sich zunächst die mitgelieferte Warengruppe an, um sich mit der Thematik vertraut zu machen. Über einen Klick mit der rechten Maustaste auf den Eintrag „Umsatzsteuer normal" und die Auswahl **Bearbeiten** im nachfolgend erscheinenden kontextbezogenen Menü öffnen Sie diese Warengruppe.

*Abb. 6.2: **Kontenzuordnung:** Die Warengruppe „Umsatzsteuer normal" mit den Standardkonten ❶ und einem Ausschnitt aus dem Kontenplan ❷ . Die Konten für „EG sonstige Leistungen" und „Bauleistungen" ❸ werden nur angezeigt, wenn die jeweiligen Funktionen in den Firmenangaben angehakt sind.*

Die ausführliche Bezeichnung erscheint lediglich in der Anzeige und im Druck der Artikelliste. Wo immer sonst nach der Warengruppe gefragt wird, haben Sie die

Auswahl mit den Kurzbezeichnungen. Wählen Sie deshalb auch in der Kurzbezeichnung klare, sprechende Begriffe, um eine korrekte Zuordnung sicherzustellen.

Die Kontenangabe in den Warengruppen ist von grundlegender Bedeutung. Hierüber wird nicht nur die Berechnung der Umsatzsteuer gewährleistet, sondern auch die korrekte Übergabe der Buchungsdaten in die Buchhaltung gesteuert – insbesondere innerhalb financial office. Die Konten für die sonstigen Leistungen innerhalb der EG und/oder für Bauleistungen sind nur dann aufgelistet, wenn in den Firmenangaben festgelegt wurde, dass Umsätze nach §13b UStG für diese beiden Fälle berücksichtigt werden sollen.

Wo immer Konten einzutragen sind, haben Sie Zugriff auf den Kontenplan. Daher findet sich hinter jedem Eingabefeld für ein Konto eine Schaltfläche, die Sie nur anzuklicken brauchen, um das an dieser Stelle benötigte Konto aus dem Kontenplan auszuwählen. Der Kontenplan wird mit einem Filter versehen dargestellt, sodass nur die Einträge der passenden Kontenkategorie aufgelistet werden. Es erfordert einige Sorgfalt, aus der Vielzahl der Konten die Richtigen herauszugreifen, die eine korrekte Verbuchung mit und ohne Steuer im In- und Ausland gewährleisten.

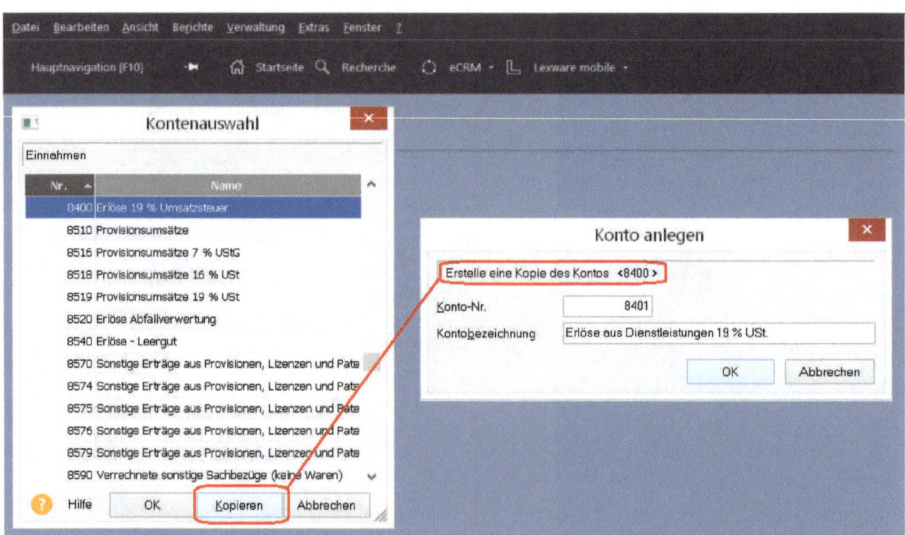

*Abb. 6.3: **Buchhaltungskonto:** Erstellen eines neuen Kontos über „Kopieren".*

Benötigen Sie ein bisher noch nicht im Kontenplan vorhandenes Konto, steht Ihnen über „Kopieren" die Möglichkeit zur Verfügung, das fehlende Konto zu ergänzen. Erst dann kann es in einer Warengruppe angesprochen werden.

Wie die Umsatzsteuer in einem Auftrag berechnet wird, regelt das Erlöskonto im Kontenplan. Dort bei den Kontenangaben wird festgelegt, ob und in welcher Höhe Umsatzsteuer bei Buchungen auf dieses Konto anfällt. In den Warengruppen werden die Umsatzsteuer-Angaben deshalb zur Information bei jedem Konto angezeigt. Damit ist neben der richtigen Steuerberechnung auch eine korrekte Verbindung zu Lexware buchhaltung innerhalb Lexware financial office hergestellt.

Tipp

Im Bereich Zentrale, wo auch die Firmenangaben zu finden sind, kann über **Verwaltung → Kontenverwaltung** der ausführliche Kontenrahmen geöffnet werden. Auf diesem Weg können die Konten mit den detaillierten Angaben eingesehen und bearbeitet werden. Voraussetzung ist jedoch, dass Sie die Rechte dazu haben.

6.3 Warengruppen bearbeiten

Nicht nur in der Artikelliste, sondern auch in der **Artikelleiste** am rechten Bildschirmrand stehen die Menüpunkte zum Bearbeiten von Warengruppen über das kontextbezogene Menü mit der rechten Maustaste zur Verfügung.

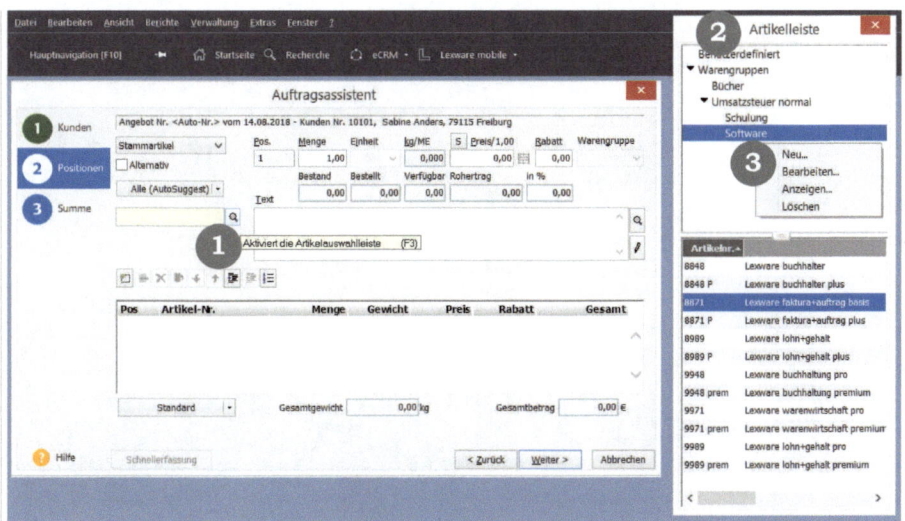

Abb. 6.4: ***Warengruppen in der Artikelleiste:*** *Ein Klick auf das Lupensymbol ❶ öffnet die Artikelleiste ❷ . Das Menü mit der rechten Maustaste ❸ bietet Bearbeitungsmöglichkeiten.*

Das ermöglicht Änderungen in den Warengruppen beispielsweise auch während der Auftragserfassung vorzunehmen, ohne diese abbrechen zu müssen. Um Anpassungen vorzunehmen, öffnen Sie die Warengruppe zum Bearbeiten und überschreiben die vorhandenen Angaben.

Achtung

Das Ändern von Kontenangaben in den Warengruppen hat keine rückwirkenden Auswirkungen. Bereits gespeicherte Rechnungen werden auf die Erlöskonten gebucht, die zum Zeitpunkt der Speicherung hinterlegt waren.

6.4 Warengruppen löschen

Warengruppen können nur dann gelöscht werden, wenn sie keine Artikel beinhalten. Um das einzelne Löschen nicht mehr benötigter Artikel einer nicht mehr benötigten Warengruppe zu erleichtern, bietet das Programm diesen Arbeitsgang an, wenn Sie eine Warengruppe löschen wollen, die nicht leer ist. Sämtliche Artikel der Gruppe werden markiert und es erscheint die Meldung: „Wollen Sie die Artikel der ausgewählten Gruppe löschen?" Bejahen Sie diese Abfrage, werden alle Artikel unwiederbringlich gelöscht und es folgt die Frage, ob nun die Warengruppe gelöscht werden soll. Ein weiteres „Ja" entfernt dann auch die Warengruppe aus dem Programm.

Tipp

Wenn Sie die Warengruppenstruktur ändern wollen, dann können Sie bestehende Artikel auch markieren und in eine andere Warengruppe verschieben. Markieren Sie dazu alle zu verschiebenden Artikel und nutzen Sie den Menüpunkt **Verschieben...**, den Sie über einen Klick auf die rechte Maustaste erhalten.

Legen Sie drei neue Warengruppen an:

Bezeichnung	Software	Schulung	Bücher
Kurz-bezeichnung	SW	Schul	Buch
Steuersatz	19%	19%	7%
Erlöskonto	8401/8200/8125 (ggf. 8336/8337)	8402/8200/8125 (ggf. 8336/8337)	8300/8200/8125 (ggf. 8336/8337)
Aufwandskonto	3401/3200/3425 (ggf. 3123/3120)	3402/3200/3425 (ggf. 3123/3120)	3300/3200/3425 (ggf. 3123/3120)

Das unter Schulung angegebenen Buchhaltungskonto 8402 ist nicht im Kontenplan vorhanden. Legen Sie es als Kopie des Kontos 8400 an und benennen Sie es „Erlöse aus Schulungen 19 % USt".

Das jeweils vierte angegebene Konto wird für „sonstige Leistungen innerhalb der EG" und das fünfte für „Bauleistungen", beides nach § 13b UStG benötigt. Diese Eingabefelder sind nur vorhanden, wenn das in den Firmenangaben so hinterlegt ist.

Die Steuersätze werden aus den Konten übernommen und können nicht geändert werden. Vergewissern Sie sich beim Anlegen der Warengruppen, dass die Steuersätze richtig sind, andernfalls muss ein anderes Konto gewählt werden.

7. Die Artikelverwaltung

Bevor Sie Artikel in den Stammdaten anlegen, sollten Sie sich Gedanken um die Struktur der Warengruppen machen. Da die Artikel den Warengruppen untergeordnet sind, müssen diese zuerst angelegt werden. Sie können Artikel zwar im Nachhinein auch noch verschieben, der Aufwand ist aber ungleich größer, als wenn Sie die Struktur zuerst festlegen.

Möchten Sie das Bestellwesen im Programm nutzen, dann sollten vor der Erfassung der Artikel bereits Lieferanten hinterlegt sein.

Die Artikelstammdaten können später als einzelne Positionen in die Auftragserfassung übernommen werden. Dabei muss es sich nicht unbedingt um greifbare Ware handeln, auch Stundensätze für Dienstleistungen lassen sich in Form eines Artikels in Datenbanken hinterlegen. Insofern können auch Dienstleister die umfangreichen Möglichkeiten des Programms nutzen.

7.1 Die Artikelliste

Die ausführliche **Artikelliste**, die über **Verwaltung → Artikel** geöffnet wird und den ganzen Bildschirm beansprucht, benötigen Sie für viele artikelbezogene Programmfunktionen wie z. B. die Verwaltung der Warengruppen. Auch neue Artikel werden von hier aus angelegt.

Erst wenn die Artikelliste am Bildschirm dargestellt wird, stehen alle Menüpunkte für die Artikelverwaltung zur Verfügung. Dann findet sich unter **Bearbeiten** im Hauptmenü ein weiterer Eintrag **Artikel** mit mehreren Unterpunkten, die Sie innerhalb der Liste auch über das Menü mit der rechten Maustaste erhalten. Außerdem ist nun unter **Extras** ebenfalls ein Eintrag **Artikel** mit weiteren artikel- und lagerbezogenen Funktionen zu finden.

Darüber hinaus gibt es die weniger ausführliche Darstellungsform der Artikel in der Artikel**leiste** am rechten Bildschirmrand, die über den Menüpunkt **Ansicht → Artikelleiste** ein- und ausgeschaltet werden kann. Diese Artikelleiste unterstützt Sie in der Auftragserfassung bei der Auswahl der hinterlegten Daten. Zwar sind die Grundfunktionen zur Bearbeitung und Neuerfassung von Artikeln auch hier über die rechte Maustaste erreichbar, die Anzeige ist jedoch sehr reduziert.

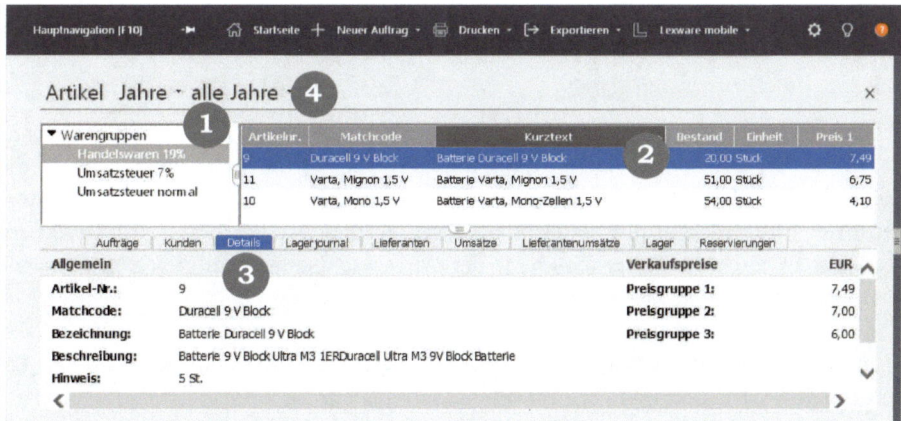

*Abb. 7.1: **Artikelliste:** Die Artikelliste der Musterfirma mit dem Bereich Warengruppen* ❶ *und den Artikeln* ❷ *mit den zugehörigen Detailinformationen* ❸ *für den eingestellten Zeitraum* ❹ *.*

Im linken Fenster der Artikelliste sind die hierarchisch gegliederten Warengruppen dargestellt. Ein Pfeil nach innen vor einer Warengruppe zeigt an, dass hierzu untergeordnete Gruppen vorhanden sind, die mit einem Klick auf diesen Pfeil angezeigt werden. Auf der rechten Seite sind die eigentlichen Artikel abgebildet. Je nachdem, ob eine Warengruppe markiert ist oder nicht, sind entweder alle Artikel oder nur die der markierten Warengruppe zugehörigen Artikel aufgelistet.

Darüber hinaus gibt es eine weitere Einteilung im unteren Bereich. Über die Karteikartenreiter erhalten Sie direkt in der Liste zusätzliche Informationen zum oben angeklickten Artikel.

- Unter **Aufträge** finden Sie die Auftragsliste mit allen Ein- und Verkaufsauftragsarten, die den oben angeklickten Artikel beinhalten. Hier bietet die rechte Maustaste ein Kontextmenü, um weitere Arbeitsschritte direkt ausführen zu können.
- Die Liste **Kunden** zeigt Ihnen, wer im angegebenen Zeitraum diesen Artikel gekauft hat und wie viel davon.
- **Die Seite Details** bietet die wesentlichen Artikeldaten auf einen Blick.
- Im **Lagerjournal** können Sie die Lagerbewegungen des Artikels nachvollziehen.
- Welche **Lieferanten** den Artikel liefern, wird auf einer weiteren Seite dargestellt.
- Die **Umsätze** im Verkauf für den aktuellen Zeitraum lassen sich in einer Grafik ablesen.
- Unter **Lieferantenumsätze** erhalten Sie dasselbe für den Einkauf.

- Haben Sie eine mehrlagerfähige Version des Programmes, dann finden Sie auf der Seite **Lager** die Information, wo die Artikel gelagert sind.
- Wenn Sie mit **Reservierungen** arbeiten, finden Sie auf der letzten Seite die Angaben für die reservierten Artikel.

Auf die Darstellung der Artikelliste können Sie über den Menüpunkt **Ansicht → Listeneinstellungen** Einfluss nehmen.

7.2 Artikel erfassen

Nicht alles, was in der Artikeldatenbank hinterlegt ist, muss zwangsläufig auch greifbare Ware sein und im Lager geführt werden. Im Grunde geht es um die Positionen, die beispielsweise in einem Angebot aufgelistet werden und die sich am Schluss auch in einer Rechnung wieder finden. Dazu können auch Dienstleistungen gehören, Anfahrtspauschalen, Stundensätze usw.

7.2.1 Allgemeine Angaben

Um den Artikelassistenten aufzurufen, benötigen Sie die Artikelliste am Bildschirm. Erst dann finden Sie die Menüpunkte zur Artikelbearbeitung vor. Um einen neuen Artikel anzulegen, wählen Sie **Bearbeiten → Artikel → Neu**. Möchten Sie mit der rechten Maustaste arbeiten, so muss diese im rechten Teil der Artikelliste geklickt werden, wo die eigentlichen Artikel dargestellt werden. Dasselbe Vorgehen auf der linken Seite des Fensters führt zu einer neuen Warengruppe anstelle eines Artikels.

Mit Artikelnummer und Matchcode bietet das Programm, ähnlich wie bei den Kundendaten, zwei voneinander unabhängige Sortierkriterien. Beide Einträge müssen deshalb eindeutig vergeben werden. Dabei handelt es sich in beiden Fällen um alphanumerische Felder, die neben Ziffern auch Buchstaben und Sonderzeichen aufnehmen. Was bei der Sortierung alphanumerischer Felder zu beachten ist, können Sie im Kapitel zu den Kundendaten am Beispiel der Kundennummern noch einmal nachlesen.

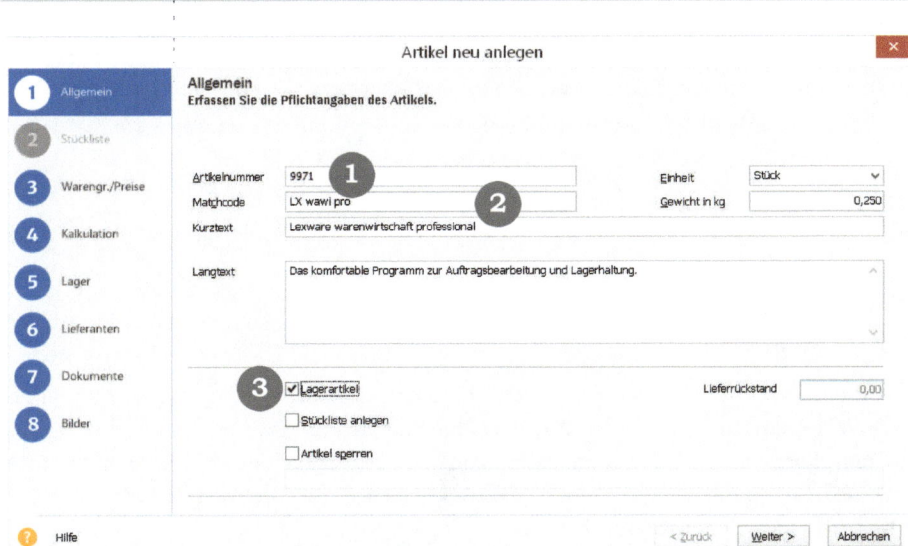

Abb. 7.2: **Artikel erfassen:** *Der Artikelassistent mit den Suchfeldern Artikelnummer* ❶
und Matchcode ❷ *. Lagerartikel* ❸ *müssen gekennzeichnet werden. Je nach*
Programmversion finden Sie hier auch die Felder Kurzbezeichnung, Barcode
und Seriennummer.

Bei der Neuanlage eines Artikels wird die **Artikelnummer** automatisch in den
Matchcode übergeben. Diese Voreinstellung kann jederzeit mit einem für Sie spre-
chenden Begriff überschrieben werden, um einen schnelleren Zugriff auf die Artikel
zu haben, für die man die Nummer nicht auswendig weiß. Ziel dieser automatischen
Übergabe der Artikelnummer in den Matchcode ist es, denjenigen Anwendern, die
den Matchcode nicht nutzen möchten, eine weitere Eingabe zu ersparen. Wer also
nicht mit dem Matchcode arbeiten möchte, kann die Voreinstellung aus der Artikelnummer unverändert lassen und hat somit keinen Mehraufwand.

Mit dem **Artikelmatchcode** steht die Möglichkeit einer internen Sortierung zur
Verfügung, die nicht ausgedruckt wird. Das erlaubt es, den Kurztext – früher besser
Artikelbezeichnung genannt – mehrfach zu vergeben und dennoch eine eindeutige
Unterscheidung gleichartiger, aber nicht gleicher Artikel zu haben. Auch Dienst-
leister können für ihre Standardleistungen Artikelnummern vergeben und diese
Leistungen im Textfeld genauer beschreiben. Damit ist die Artikelnummer lediglich
Suchkriterium für die zu beschreibende Leistung, diese Artikelnummer braucht im
Auftrag nicht mit ausgedruckt zu werden.

Das Feld **Kurztext** (früher Artikelbezeichnung) erlaubt die Hinterlegung einer klaren Bezeichnung des Artikels, die auf den Belegen erscheint und deshalb so gewählt sein sollte, dass sie für den Kunden verständlich ist.

Darüber hinaus steht mit dem **Langtext** ein größeres Feld zur Verfügung, das eine genaue Beschreibung des Artikels oder der Dienstleistung aufnimmt. Das Programm erzeugt im Druck den Zeilenumbruch aus diesem Feld selbstständig je nach Platz im Formular, sodass Sie also in einer „Bandwurmzeile" durchschreiben können. Einen gezielten Zeilenumbruch setzen Sie mit der Tastenkombination <Strg>+<Enter>.

Die Mengeneinheit wird hier nicht als Verpackungseinheit genutzt, sondern als die **Einheit**, in der der Artikel geliefert wird: also z. B. Stück, Packung, kg oder auch Stunden usw. Das Feld Gewicht in kg bezieht sich auf die angegebene Mengeneinheit. Ist die Einheit also „Stück", wird hier das Stückgewicht eingetragen. Das Feld wird nicht im Auftrag mitgeführt, sondern nur im Formular des Lieferscheins dargestellt, um das Gesamtgewicht der Lieferung auszuweisen. Selbstverständlich kann dieses Feld auch frei bleiben.

Die Lagerhaltung im Programm kann nur mitgeführt werden, wenn ein Artikel auch als **Lagerartikel** definiert ist. Sobald dieser Eintrag ein Häkchen bekommt, wird eine weitere Seite in den Assistenten eingefügt, um die Lagerangaben erfassen zu können. Legen Sie auf diesem Weg eine Dienstleistung an, wird die Definition „Lagerartikel" nicht angehakt und Sie ersparen sich die entsprechenden Eingaben.

Eine zusätzliche Seite, auf der die einzelnen Bestandteile eines Artikels zusammengestellt werden, erhalten Sie, wenn Sie „Stückliste anlegen" anklicken. Wurde eine solche Stückliste eines Artikels aus im Lager geführten Einzelbestandteilen erfasst, kann das Gewicht aufgrund der Summe der Einzelgewichte der Bestandteile errechnet und in das Feld „Gewicht in kg" übernommen werden. Der Umgang mit Stücklistenartikeln wird im nachfolgenden Kapitel 8 gesondert erklärt.

Der Artikel kann bei Bedarf gesperrt werden, indem Sie das Häkchen im gleichnamigen Feld setzen. Die Begründung kann ebenfalls hinterlegt werden. Wann immer dieser Artikel in einen Auftrag übernommen werden soll, erscheint eine Meldung mit dem hinterlegten Sperrgrund. Der Artikel kann dennoch in die Auftragsposition übernommen werden. Wurden unter **Verwaltung → Einstellungen** eigene **Freifelder** für die Artikel definiert, werden diese hier zum Ausfüllen angeboten. Eine Auswertung nach diesen Feldern ist jedoch nur über Excel® möglich.

Arbeiten Sie mit einer **Premium-Version** des Programmes, stehen weitere Funktionen zur Verfügung.

- Sie können eine (Laden-)kasse anbinden.
- Ein zusätzliches Feld **Kurzbezeichnung** nimmt den Text auf, der dann auf dem Kassenbon ausgedruckt wird, da Artikelbezeichnung und Text hierfür zu lang sind.
- Eine zusätzliche Schaltfläche **Barcode verwalten** öffnet eine eigene Seite, in der die Barcodes für den Artikel hinterlegt werden können. Wenn die Kasse installiert ist, lässt sich dieser Code per Scanner einlesen.
- Auch Serien- und Chargennummern können mit dem Programm verwaltet werden. Diese Auswahlmöglichkeit finden Sie ebenfalls auf der ersten Seite des Artikelassistenten.

7.2.2 Preise und Umsatzsteuerberechnung

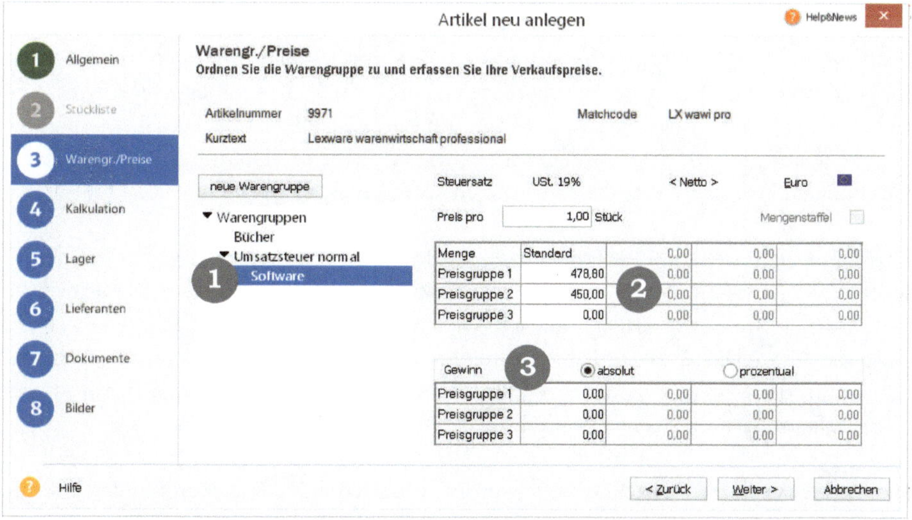

Abb. 7.3: **Artikel erfassen:** *Zuordnung zur Warengruppe* ❶ *und Hinterlegung der Preise* ❷ *. Die Gewinnermittlung* ❸ *finden Sie hier nur, wenn Sie das Kalkulationsmodul im Programm nutzen.*

Seite Zwei des Artikelassistenten befasst sich mit den Preisen und der Zuordnung zur Warengruppe. Die Mengenstaffelpreise sind in der angelegten Firma für diese Abbildung nicht freigegeben, die Felder sind deshalb inaktiv.

Die linke Seite zeigt die **Warengruppen** wie in der Artikelliste an. Die Warengruppe, die markiert war, als der Aufruf des Artikelassistenten erfolgte, ist zunächst markiert. Dieser Warengruppe wird der neu anzulegende Artikel zugeordnet. Das können Sie jedoch schnell ändern, indem Sie einfach die passende Warengruppe anklicken. Bemerken Sie an dieser Stelle, dass Sie eine neue Warengruppe benötigen, können Sie diese direkt aus dem Artikelfenster über die Schaltfläche „neue Warengruppe" anlegen, ohne die Erfassung des Artikels abzubrechen.

Das Eingabefeld „**Preis pro**" führt gelegentlich zur Verwirrung. Hier wird nicht der Standardverkaufspreis eingetragen, es handelt sich vielmehr um eine besondere Funktion innerhalb des Programms: Sie legen damit fest, ob sich der angegebene Verkaufspreis auf eine Mengeneinheit bezieht oder aber auf mehrere.

Beispiel

Ein Artikelpreis bezieht sich auf 1000 Stück, z. B. kosten 1000 Blatt Papier 6,50 €. Kauft ein Kunde nun eine 500-Blatt-Packung, muss das Programm einen korrekten Preis von 3,25 € angeben. Im Auftrag wird gerechnet: Eingegebene Menge/Preis pro Mengeneinheit x Preis.

Achtung

Das zuvor eingegebene Gewicht bezieht sich auf die Mengeneinheit! Es besteht kein Zusammenhang mit der Angabe Preis pro 1000. Im vorigen Beispiel muss unter Gewicht demzufolge also das Gewicht des einzelnen Blattes angegeben werden, nicht das der Packung mit 500 Blatt. Das Programm rechnet beim Gewicht: Menge x Gewicht.

Aufgrund der zuvor markierten Warengruppe ermittelt das Programm den für diesen Artikel gültigen Umsatzsteuersatz und zeigt ihn entsprechend an. Darüber hinaus erhalten Sie die Information, ob Sie sich in den Firmenangaben auf Netto- oder Bruttoberechnung festgelegt haben. Dementsprechend müssen die nachfolgenden Preise angegeben werden.

Drei **Preisgruppen** und jeweils drei mengenabhängige Preise, insgesamt also zwölf verschiedene Preise stehen für jeden Artikel zur Verfügung. Bei der Installation des Programms sind die Mengenstaffelpreise jedoch nicht automatisch zur Eingabe frei. Benötigen Sie diese Variante der Berechnung, müssen Sie diese Funktion in den Firmenstammdaten auf der Seite „Preise" erst freigeben. Dann können für drei alternative Mengen – die bei jedem Artikel anders definiert werden können – abweichende Preise hinterlegt werden. Auf welche Preisgruppe beim Schreiben von Aufträgen zugegriffen wird, hängt von den Vorgaben in den Kundendaten ab, die jedoch im aktuellen Auftrag immer geändert werden können.

Achtung

Achten Sie darauf, die Möglichkeiten der unterschiedlichen Preisgestaltung konsequent zu nutzen. Wenn verschiedene Preisgruppen verwendet werden, müssen diese bei allen Artikeln hinterlegt sein. Andernfalls kann es passieren, dass Artikel mit dem Preis 0,00 ausgewiesen werden, nur weil für diesen Artikel in der angegebenen Preisgruppe keine Angabe gemacht wurde.

Eine weitere Möglichkeit, Preise für Stammartikel festzulegen, findet sich in den Kundendaten. Individuell ausgehandelte Preise für Stammartikel können dort auf der Seite „kundenspezifische Preise" hinterlegt werden.

Über die Schaltfläche „Weiter" wechseln Sie nun auf die nächste Seite. Möglicherweise erhalten Sie dann die Fehlermeldung „Die Warengruppe wurde nicht korrekt angegeben". Wie bereits bei der Warengruppenbeschreibung erwähnt, ist das Wort „Warengruppe" nur die Überschrift der Liste. Ist diese Überschrift angeklickt, erhalten Sie beim Seitenwechsel den Hinweis. Korrigieren Sie dann die Warengruppenzuordnung, um die Eingabe fortsetzen zu können.

Auf der Folgeseite steht ein **Kalkulationsschema** zur Errechnung verschiedener Verkaufspreise zur Verfügung. Das Ergebnis der Berechnungen können Sie in die Preistabelle übernehmen. Wichtig hierbei ist, dass eine richtige Kalkulationsgrundlage vorhanden ist. Bei der Neuanlage eines Artikels kann sich das Programm noch nicht auf bisherige Einkaufspreise beziehen, da diese zu diesem Zeitpunkt noch gar nicht vorhanden sein können. Wählen Sie eine manuell frei eingetragene Kalkulationsgrundlage, sollten Sie diese später an die tatsächlichen Einkaufspreise anpassen. Die Hilfe-Schaltfläche links unten im Fenster öffnet eine genaue Erläuterung, wie Sie die Kalkulation nutzen können.

Haben Sie auf der ersten Seite angegeben, dass es sich um einen Lagerartikel handelt, folgt nun die Seite für die Lagerangaben.

7.2.3 Lagerangaben

Das Feld **Lagerort** ist rein informativ, dieses Feld steht als Sortierkriterium bei der Inventur zur Verfügung. Je nach Programmversion können Sie auch mehrere Lager verwalten.

Der angegebene **Mindestbestand** ist gleichbedeutend mit einem Meldebestand oder der Meldemenge, wie er in anderen Programmen auch genannt wird. Wenn dieser Wert erreicht oder unterschritten wird, erhalten Sie beim Speichern des Lieferscheins bzw. der Rechnung eine Meldung, um Sie an die Nachbestellung zu erinnern.

Außerdem werden Artikel, deren Mindestbestand unterschritten ist, für die automatische Bestellung vorgeschlagen.

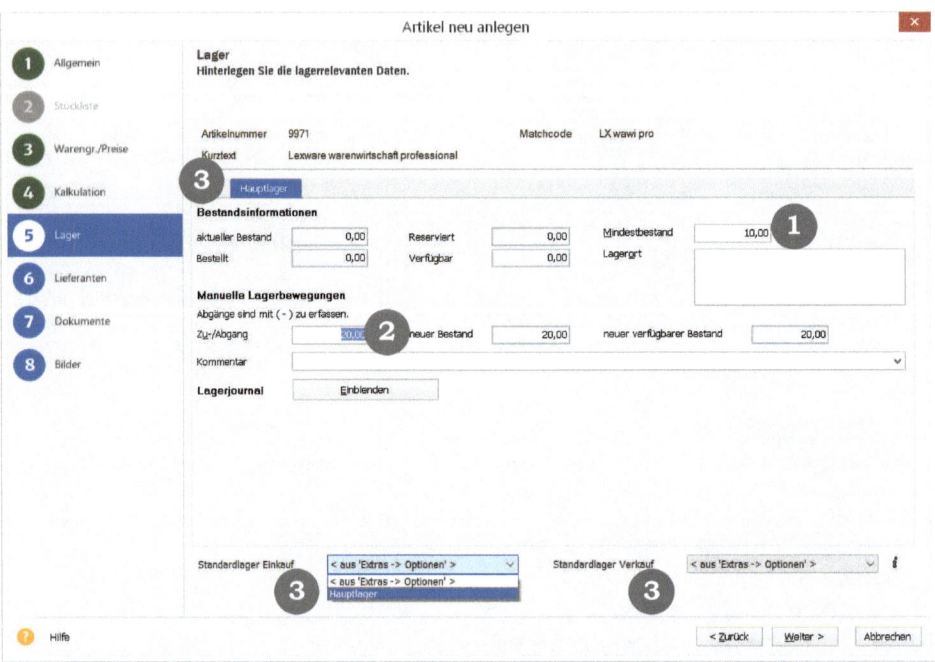

Abb. 7.4: ***Lagerangaben:*** *Erfassung von Mindestbestand* ❶ *und dem aktuellen Bestand über einen Lagerzugang* ❷ *. Die Einstellungen für die Standardlager* ❸ *sind abhängig von der Programmversion.*

Der bei der Neuanlage eines Artikels ermittelte **Lagerbestand** wird im Feld **Zu-/Abgang** eingetragen und dann vom Programm als Bestand geführt. Auf diesem Weg können auch manuelle Änderungen der Lagermenge vorgenommen werden. Wenn Sie beispielsweise die Rückgabe eines einzelnen Artikels im Lager einbuchen müssen, ist die direkte Eingabe in den Artikeldaten sicher der schnellste Weg, den Bestand zu aktualisieren.

Auf dieser Seite kann außerdem das **Lagerjournal** eingeschaltet werden, das jede Lagerbewegung einzeln auflistet. Bei der Neuanlage ist das Journal noch leer. Sobald der Artikel jedoch abgespeichert ist, gibt es auch hier die ersten Einträge.

Die Festlegung von Standardlagern für Ein- und Verkauf ebenso wie die Auswahl zwischen unterschiedlichen Lagern gibt es nur in den Premiumversionen des Programms.

Die nächste Seite bietet die Möglichkeit, unterschiedliche **Lieferanten** für den neu angelegten Artikel anzugeben. Da Dienstleister ihre „Ware" nicht einkaufen, sondern in der Regel in Form ihrer Arbeitszeit selbst erbringen, werden sie diese Seite einfach übergehen und die Eingaben direkt abspeichern.

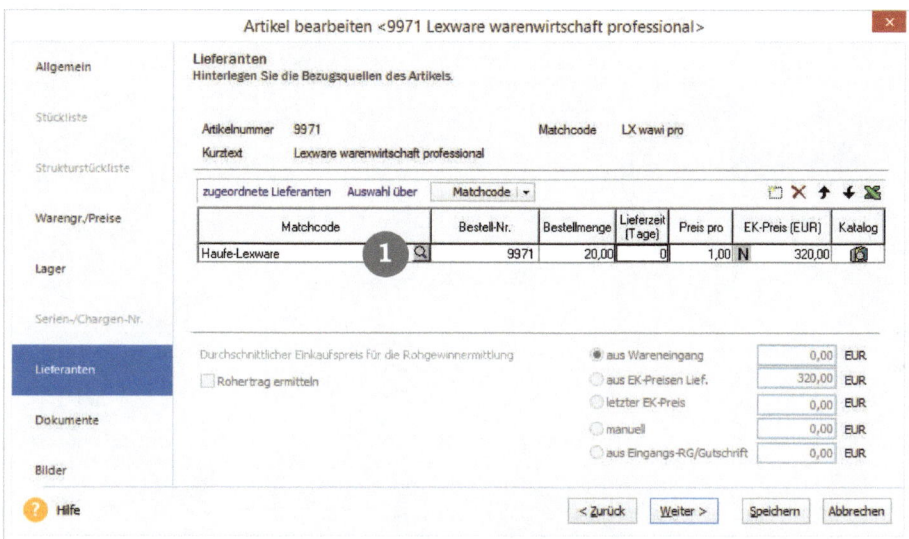

*Abb. 7.5: **Lieferanten des Artikels:** Mehrere Einträge sind möglich. Die Lupenschaltfläche ❶ öffnet die Lieferantenliste zur Auswahl.*

Die automatische Bestellung greift auf die Lieferantenseite im Artikel zu. Nur wenn hier die Angaben des Lieferanten richtig hinterlegt sind, kann Lexware warenwirtschaft Warenbestellungen korrekt ausgeben. Über die Tastenkombination Alt+Einfg oder mit einem Klick auf das Symbol rechts oben über der Liste wird eine neue, leere Zeile dargestellt, in der Sie den gewünschten Lieferanten hinterlegen.

Geben Sie nun die entsprechenden Daten ein:
Die Bestellnummer, die dieser Artikel beim Lieferanten hat, geben Sie an, wenn diese von Ihrer Artikelnummer abweicht. Lieferzeit und Bestellmenge sind rein informativ und werden selbst eingegeben, eine automatische Berechnung aus früheren Daten ist nicht möglich. Die Bestellmenge wird als Vorschlag bei einer Bestellung vorgegeben, sie kann jederzeit überschrieben werden. Genau wie die Bestellnummer (Artikelnummer beim Lieferanten) wird auch der Einkaufspreis für die Bestellungen herangezogen. Nur wenn diese Angaben vollständig sind, können alle Daten auf der Bestellung ausgedruckt werden.

Möchten Sie außerdem, dass bei dem zu erfassenden Artikel der Rohertrag ermittelt wird, klicken Sie die entsprechende Option auf dieser Seite an. Die Eingabemöglichkeit besteht jedoch nur dann, wenn die Rohgewinnermittlung in den Firmenstammdaten gewählt wurde. Legen Sie nun fest, welcher Wert zur Ermittlung des Rohertrages herangezogen werden soll. Der Zeitraum, aus dem die Einkaufspreise ermittelt werden sollen, wird in den Firmenangaben auf der Seite „Warenwirtschaft/Artikel" festgelegt. Damit errechnet Lexware warenwirtschaft die Differenz zwischen Einkaufs- und Verkaufspreis und gibt den Rohgewinn – auch Handelsspanne genannt – bei den Verkaufspreisen im Artikel an.

7.2.4 Dokumente und Artikelbilder

Bei manchem Artikel kann es notwendig oder sinnvoll sein, bestimmte Datenblätter mit Informationen in Papierform bereits zusammen mit dem Auftrag auszugeben. Auf der Seite „Dokumente" können Sie Dateien, die zum Artikel gehören, direkt im Artikeldatensatz zuordnen. Es wird lediglich eine Verknüpfung zur gewünschten Datei – z. B. im PDF-Format – hinterlegt. Über die Schaltfläche „Neu" öffnet sich der Explorer und Sie können die entsprechende Datei suchen und hier verlinken. Handelt es sich um eine PDF-Datei, dann kann diese Datei beim Druck oder beim Versenden einer E-Mail mit ausgegeben werden. Diese Option findet sich im Drucken-Dialog.

Auf der letzten Seite des Artikelassistenten können Sie Bilddaten für den Artikel hinterlegen. Die Lupenschaltfläche öffnet den Explorer, wo die richtige Datei ausgesucht und zugeordnet werden kann. Diese Artikelbilder können in Angeboten, Auftragsbestätigungen usw. ausgedruckt werden, Sie müssen zuvor jedoch das Druckformular hierfür anpassen. Wie Sie dabei vorgehen, finden Sie im Kapitel „Formulare anpassen" beschrieben.

Je nach Programmversion lassen sich für Lagerartikel auch Serien- oder Chargennummern verwalten. Wenn Sie das auf der ersten Artikelseite so festgelegt, haben, fragt das Programm beim Speichern des Artikels nach den entsprechenden Serien- bzw. Chargennummern für die neu ins Lager aufgenommene Anzahl dieser Artikel. Sie können dann die Nummern selbst eingeben, aus einer Excel-Liste einlesen oder vom Programm erzeugen lassen.

7.3 Bearbeiten und Löschen von Artikeln

Beim Bearbeiten von Artikeldaten finden Sie je nach Programmversion und vorherigen Einstellungen zusätzlich zu den bisher beschriebenen Seiten einige weitere.

7.3.1 Artikel bearbeiten/ändern

Neben der Seite **Stückliste** findet sich eine Seite für die **Strukturstückliste**. Eine eigene Seite für die **Artikelreservierungen** gibt es nur dann, wenn in den Firmenangaben auf der Seite „Artikel" festgelegt ist, dass Sie diese Funktion nutzen wollen. Wenn dem so ist, werden die in einer Auftragsbestätigung erfassten Lagerartikel so lange reserviert gehalten, bis die Ware geliefert wurde. Darüber hinaus können auch manuelle Reservierungen vorgenommen werden, wenn Sie beispielsweise die Bestückung eines Messestandes vorhalten wollen.

Außerdem gibt es die Seiten „Umsätze" und „Grafik". Die Daten für beide Darstellungen werden automatisch aus den ausgestellten Rechnungen ermittelt, die Beträge können nicht manuell bearbeitet werden. Ob jedoch die Umsätze oder die Mengen für die Grafik herangezogen werden, ob Rabatte mit eingerechnet werden und für welches Jahr die Werte angezeigt werden, können Sie bei jedem Aufruf der Seite selbst festlegen.

7.3.2 Artikel verschieben/löschen

Die Artikelliste ist multiselektionsfähig, sodass mehrere Artikel in einem Arbeitsgang bearbeitet werden können. Nutzen Sie das Menü mit der rechten Maustaste, um alle markierten Artikel einfach von einer Warengruppe in eine andere zu verschieben. Genauso können Artikel auch gelöscht werden. Im Gegensatz zu den Kundendaten werden Artikeldaten jedoch auch physikalisch gelöscht. Das Programm prüft, ob die zu löschenden Artikel bereits verwendet wurden und informiert Sie darüber – zurückliegende Aufträge mit dem gelöschten Artikel bleiben jedoch unverändert. Im Zusammenhang mit dem Löschen einer Warengruppe lassen sich auch alle Artikel einer Warengruppe gleichzeitig löschen.

7.4 Optionale Einstellungen

Wie für fast alle Bereiche innerhalb des Programms gibt es auch für die Artikel die Möglichkeit, mittels optionaler Einstellungen auf das Programmverhalten Einfluss zu nehmen.

7.4.1 Nummernkreise

Unter **Verwaltung** → **Einstellungen** → **Nummernkreise** finden Sie die verschiedenen Nummernkreise, auf der Seite „Stammdaten" auch die für die Artikel. Hier können Sie die Artikel einfach durchnummerieren lassen, indem Sie die „Automatik" anhaken. Das ist die bevorzugte Einstellung für Dienstleister, die eine Artikel-

nummer nur zum Auffinden des Textes in der Datenbank verwenden. Benötigen Sie diese Nummer jedoch im eigentlichen Sinn und soll diese auch in den Aufträgen ausgegeben werden, dann stört es den Arbeitsablauf, wenn die Artikelnummern einfach von der letzten Nummer aus weitergezählt werden. Werden in den Artikelnummern Sonderzeichen und Buchstaben geführt, ist ein sinnvolles Hochzählen ohnehin nicht möglich. Für die Beispiele und Übungen in diesem Buch ist es empfehlenswert, diese Automatik auszuschalten, weil keine durchlaufenden Artikelnummern verwendet werden.

7.4.2 Freifelder

Die Angaben für die Artikel sind umfangreich – dennoch kann es erforderlich sein, weitere Felder anzulegen. Diese Möglichkeit finden Sie unter **Verwaltung → Einstellungen → Freifelder**. Hier stehen sechs Felder zur Verfügung, die Sie nach Ihren eigenen Bedürfnissen definieren können. Jedes der hier benannten Felder wird dann auf der ersten Artikelseite mit eingeblendet und kann ausgefüllt werden. Auch in den Listeneinstellungen und im Auftragsdruck stehen diese Felder zur Verfügung. Sie brauchen sie nur jeweils zuzuordnen.

7.4.3 Optionen in den Firmenstammdaten

Die weiteren Optionen liegen in den Firmenstammdaten, die Sie im Bereich „Zentrale" finden. Einige davon – wie die Brutto-/Netto-Berechnung, die Nachkommastellen und die Grundeinstellung zur Rohgewinnermittlung – haben Sie bereits beim Anlegen der Firma kennen gelernt.

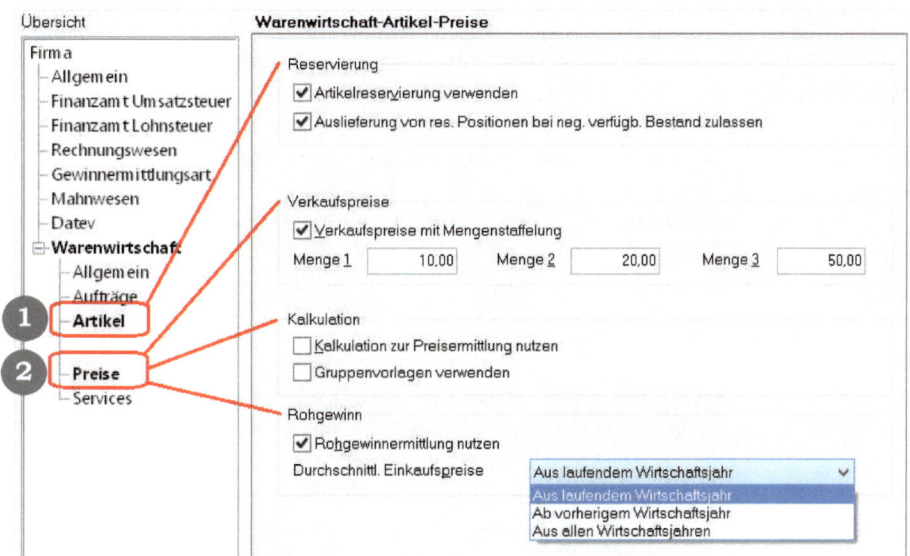

*Abb. 7.6: **Einstellungen:** Optionale Einstellungen in den Firmenangaben auf den Seiten Artikel ❶ und Preise ❷ gelten für die gesamte Firma.*

Auf den Seiten Artikel und Preise sind die wesentlichen Einstellungen zu finden, die auf den letzten Seiten beschrieben sind. Auf der Seite „Artikel" legen Sie fest, ob Sie die Artikelreservierung verwenden möchten. Darüber hinaus gibt es hier auch etliche Einstellungen zur Lagerführung, die in Kapitel 16 zum Thema Lagerhaltung erläutert werden.

Drei wichtige Fragen werden auf der Seite „Preise" beantwortet:

- Wollen Sie mit Mengenstaffelpreisen arbeiten?
- Möchten Sie die Preise mit der Kalkulation im Programm ermitteln?
- Nutzen Sie die Rohgewinnermittlung?

Haken Sie einfach die gewünschten Funktionen an. Sie können die Einstellungen jederzeit wieder ändern.

Übung

Legen Sie folgende Lagerartikel an:

Artikelnummer	8848	2734
Matchcode:	LX bh	LX wawi buch
Bezeichnung	Lexware buchhaltung basis	Lexware Trainingsbuch warenwirtschaft
Einheit	Stück	Stück
Gewicht	0,850 kg	0,380 kg
Text:	Das komfortable Buchhaltungs- programm aus dem Hause Lexware	-
Lagerartikel:	Ja	Ja
Mindestbestand	10	10
Zugang/akt. Bestand	15	10
Warengruppe	Software	Bücher
Preis pro:	1 Stück	1 Stück
Standardpreis 1	178,80	32,66
Lieferant	Haufe-Lexware	Haufe-Lexware
Bestellnr. = Artikelnr.	8848	2734
Lieferzeit:	4 Tage	4 Tage
Bestellmenge:	20 Stück	10 Stück
EK-Preis	120	25,00

Legen Sie außerdem eine Dienstleistung für eine Inhouse-Schulung zum Stundensatz von 120,00 € als Artikel an; Dienstleistungen bekommen kein Häkchen bei „Lagerartikel".

8. Stücklistenartikel

Stücklisten sind Artikel, die sich aus verschiedenen Einzelteilen zusammensetzen. Diese Funktion wird nicht nur von Produktionsbetrieben genutzt, auch für die Zusammenstellung von Paketen und Sonderangeboten können Stücklisten sinnvoll sein.

Dabei behandelt das Programm Stücklistenartikel grundsätzlich genauso wie andere Stammartikel auch, sie werden ebenfalls in der Artikelliste geführt und bei den Lagerbuchungen berücksichtigt.

Zum Bearbeiten dieses Moduls müssen bereits Lagerartikel im Programm angelegt sein. Wenn Sie keine Stücklisten benötigen, können Sie das Kapitel auslassen.

8.1 Was sind Stücklisten

Das Besondere bei diesen Artikeln ist, dass sie aus mehreren im Artikelstamm bereits vorhandenen Einzelteilen zusammengesetzt werden. Dabei gibt es zwei Möglichkeiten, wo Stücklisten zum Einsatz kommen können:

Die erste findet in einem Produktionsbetrieb statt. Dort werden Einzelteile gekauft und das zu verkaufende Endprodukt selbst im Betrieb gefertigt. Typisch hierfür ist ein Computergeschäft, das Einzelteile einkauft, Computer daraus herstellt und diese verkauft. Im Lager werden dann Gehäuse und Motherboard, Prozessoren und Speichermodule, Grafik- und Soundkarte usw. geführt und auch einzeln verkauft. Entsteht aus solchen Einzelteilen ein kompletter Rechner, muss auch dieser in den Artikelstammdaten geführt werden.

Eine andere Möglichkeit, die Stücklistenfunktion zu nutzen, ist die, ein Paket als Sonderangebot zu führen. So kann es beispielsweise ein Angebot „Multimedia-Computer" geben, der nicht aus den Einzelteilen (Mainboard, Grafikkarte, Soundkarte, Gehäuse usw.) zusammengesetzt ist, sondern aus einem Rechner mit Tastatur und Maus, dem Monitor, Lautsprechern und Drucker. Dieses Gesamtpaket wird dann zu einem Sonderpreis verkauft.

8.2 Anlegen eines Stücklistenartikels

Damit ein Stücklistenartikel erfasst werden kann, müssen die einzelnen Bestandteile bereits als Stammartikel angelegt sein. Bereits vorhandene Stücklistenartikel können ebenfalls als Bestandteil in eine neue Stückliste einfließen.

> **Tipp**
>
> Auch die Arbeitszeit für die Montage kann als Bestandteil der Stückliste aufgenommen werden, um in die Preisfindung einzufließen. Dann muss die Fertigungszeit jedoch als Stammartikel – ohne Lagerangaben – angelegt sein.

Es gibt keinen besonderen Menüpunkt für die Erfassung von Stücklistenartikeln. Rufen Sie den Artikelassistenten genauso auf wie bei der Erfassung eines anderen Artikels. Dazu muss zunächst die Artikelliste über **Verwaltung → Artikel** am Bildschirm dargestellt sein. Erst dann gibt es den Menüpunkt zur Neuanlage im Menü der rechten Maustaste.

Artikelnummer, Matchcode, Kurz- und Langtext werden genauso gehandhabt wie bei jedem anderen Artikel. Das Gewicht des Artikels muss noch nicht angegeben werden, wenn es aus dem Gewicht der einzelnen Elemente der Stückliste errechnet werden soll. Geben Sie dann an, dass es sich um einen Lagerartikel handelt, und aktivieren Sie das Kontrollkästchen „Stückliste anlegen". Damit wird die Seite zwei des Artikelassistenten freigegeben, auf die Sie mit der Schaltfläche „Weiter" wechseln.

*Abb. 8.1: **Stücklistenerfassung:** Über die Lupenschaltfläche ❶ können Sie die Artikelleiste öffnen, aus der Sie die Bestandteile des Artikels in die Stückliste übernehmen ❷. Lagerbestand und Preis werden ❸ angezeigt. Eine Symbolleiste ❹ in der Positionen-Liste ermöglicht die Bearbeitung der Stückliste.*

Um nun die einzelnen Bestandteile zu erfassen, geben Sie auf der rechten Seite des Fensters jeweils die Artikelnummer oder den Matchcode an. Über die Lupenschaltfläche können Sie auch in die Artikelleiste wechseln und den Artikel per Doppelklick auswählen.

Wie viele dieser Artikel benötigt werden, um den gesamten Stücklistenartikel herzustellen, geben Sie im Feld „Menge" an. Ein Fahrrad wird z. B. nur einen Lenker und einen Sattel haben, jedoch zwei Räder und zwei Pedale. Zur Information werden der Lagerbestand und der Preis des ausgewählten Stücklistenbestandteils angegeben. Erst wenn die Schaltfläche „In Stückliste übernehmen" angeklickt wurde, wird der Artikel im linken Teil des Fensters „Positionen" gelistet. Verfahren Sie so mit den weiteren Bestandteilen des neuen Artikels, bis Sie alle Einzelteile links aufgelistet sehen.

Das Programm unterstützt Sie bei der Preisfindung für den Artikel. Klicken Sie die Schaltfläche „Standardpreise" an, addiert das System die Preise der Einzelteile und bietet diese Summe auf der nächsten Seite als Standardpreis an. Dasselbe gilt für die Gewichtsangabe. Selbstverständlich sind beides nur Vorschlagswerte, die Sie wie immer einfach überschreiben können.

Ein Häkchen bei „Bestände umbuchen" gibt das Feld für die Stückzahl des gesamten Artikels frei. Geben Sie hier die Anzahl der fertigen Stücklistenartikel an, die nun ans Lager gehen. Damit werden die Lagerbestände der einzelnen Bestandteile um die entsprechende Menge reduziert und im Gegenzug die Lagermenge des Gesamtartikels erhöht. Ist Ihre Programmversion mehrlagerfähig, dann können Sie auch festlegen, auf welches Lager der neu definierte Artikel nun geht. Diesen Vorgang können Sie jederzeit wiederholen, wenn neue Artikel aus den Einzelteilen produziert werden.

> **Achtung**
> Diese Angabe der Lagerbestände wird erst beim Speichern des Artikels wirksam, sodass die nachfolgende Lagerseite zu Recht noch leer ist. Vermeiden Sie es, direkte Zugänge auf der Lagerseite anzugeben, weil damit die Lagerwerte der einzelnen Bestandteile nicht mit berücksichtigt werden!

Die nächste Seite – noch vor den Lagerangaben – ist für die Warengruppen- und Preisangaben vorgesehen. Die Einzelteile der Stückliste können in unterschiedlichen Warengruppen liegen und auch unterschiedliche Steuersätze haben. Der zusammengesetzte Stücklistenartikel selbst kann jedoch nur einer Warengruppe zugeordnet werden. In dieser wird dann die Umsatzsteuerberechnung für den gesamten Artikel festgelegt.

Haben Sie zuvor die Preisermittlung aus den Einzelartikeln angeklickt, dann finden sich in der Preistabelle bereits Werte, die aus den hinterlegten Preisen der einzelnen Bestandteile errechnet wurden. Diese Vorgabe können Sie mit den gewünschten Verkaufspreisen für den gesamten Stücklistenartikel überschreiben. Dabei stehen Ihnen Preisgruppen ebenso zur Verfügung wie Mengenstaffelpreise.

Die weiteren Seiten sind für Lager- und Lieferantenangaben vorgesehen. Diese bleiben bei Stücklisten naturgemäß leer, da die Mengen über „Bestände umbuchen" im Lager geführt werden und zudem nicht beim Lieferanten bezogen, sondern selbst hergestellt werden.

Beim Speichern des Stücklistenartikels nimmt eine Einstellung aus den Optionen Einfluss.

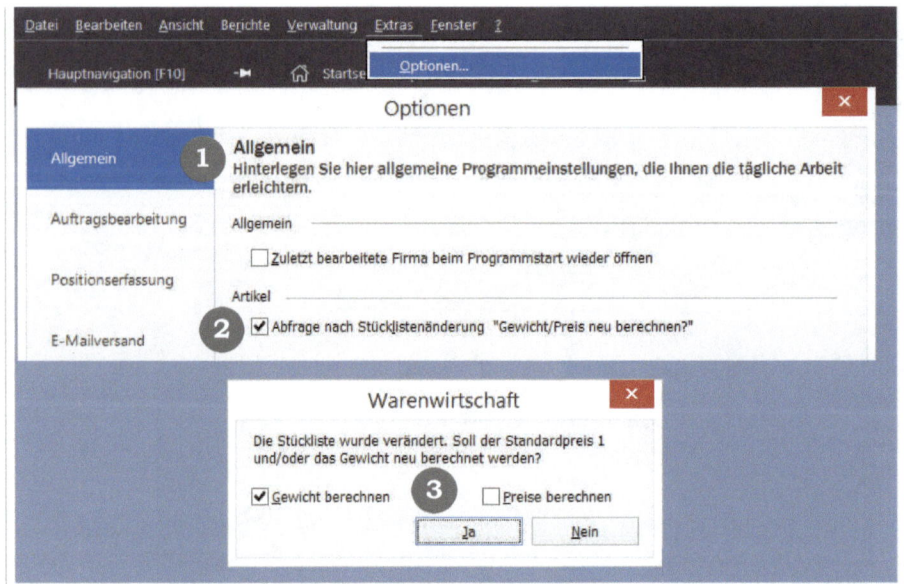

*Abb. 8.2: **Stücklistenoptionen:** Auf der Seite „Allgemein" unter **Extras → Optionen** ❶*
legen Sie fest, ob Preis und Gewicht nach der Änderung eines Stücklistenartikels
neu berechnet werden sollen ❷ . Beim Speichern des Artikels erfolgt dann eine
entsprechende Abfrage ❸ .

Das Programm übernimmt es nun, das Gesamtgewicht des Artikels aufgrund der
Einzelgewichte zu ermitteln und den Gesamtpreis erneut zu errechnen, wenn die
Häkchen entsprechend gesetzt werden und die Frage mit „Ja" beantwortet wird. Ein
„Nein" belässt die Daten so, wie sie eben eingetragen wurden.

8.3 Bearbeiten und Löschen von Stücklistenbestandteilen

Wenn Sie erneut Bestände umbuchen möchten oder wenn Sie die Bestandteile des
Stücklistenartikels ändern oder ergänzen müssen, dann öffnen Sie den Artikel per
Doppelklick aus der Artikelliste.

Auf der Seite „Stückliste" sind jetzt die Eingabefelder für neue Stücklistenbestand-
teile grau und inaktiv. Das Menü mit der rechten Maustaste hilft Ihnen jetzt ebenso
weiter wie die Symbole am Kopf der Positionen-Liste, um die Stückliste zu bearbeiten. Das rot durchkreuzte Symbol gibt Ihnen so die Möglichkeit, die einzelnen
Bestandteile aus der Liste zu entfernen. Die Artikel selbst werden dadurch nicht
berührt, sie bleiben unverändert in den Artikelstammdaten vorhanden.

Erst beim Bearbeiten eines Stücklistenartikels – nicht bei der Neuanlage – gibt es eine weitere Seite, die sogenannte „Strukturstückliste", die am Beispiel des Fahrrads hier dargestellt wird:

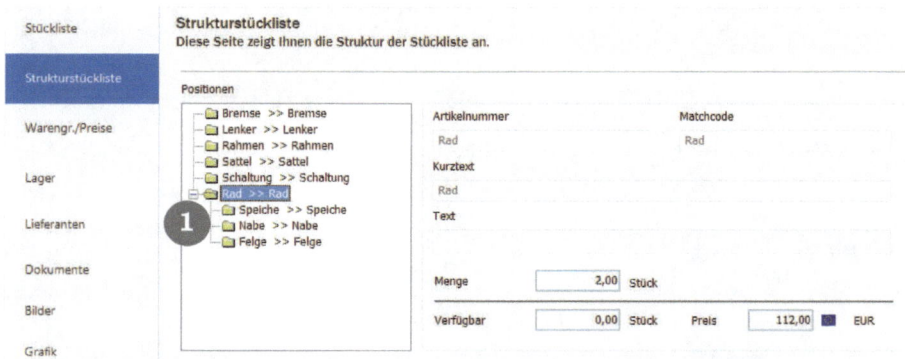

Abb. 8.3: **Strukturstückliste:** *Sind Stücklistenartikel Bestandteil einer Stückliste, werden sie auf dieser Seite mit ihren Bestandteilen dargestellt ❶ . Die Bearbeitung der Stückliste ist hier nicht möglich.*

Wird das einzelne Rad in seinen Bestandteilen selbst als Stückliste geführt, so kann es in die Stückliste eines gesamten Fahrrads einfließen und wird dort in der Strukturstückliste detailliert aufgelistet. Die Bearbeitung der Stückliste ist auf dieser Seite nicht möglich, die Symbolleiste zur Bearbeitung ist nur auf der vorigen Seite vorhanden.

8.4 Druckausgabe in Listen und Aufträgen

Für den Druck einer Artikelliste mit den Details der Stücklistenartikel gibt es unter **Datei → Drucken → Artikelliste** eigene Formulare. Wählen Sie vor dem Ausdruck einer Artikelliste ein passendes Formular aus, um alle Bestandteile mit aufzulisten.

Artikelstücklisten über alle Artikel

Stückliste für Artikel Computer

Menge	Einheit	Artikelnummer	Kurztext	Lagerort	Bestand
1,00	Stück	GH 65-3054	Gehäuse		10,00
1,00	Stück	MB 65-8532	Mainboard		6,00
2,00	Stück	P 65-7296	Prozessor		7,00
1,00	Stück	GK 65-4209	Grafikkarte		5,00
1,00	Stück	SK 65-7922	Soundkarte		3,00
1,00	Stück	HD 65-9175	Festplatte 640 GB		15,00
1,00	Stück	NT 65-4377	Netzteil		12,00

Stückliste für Artikel Fahrrad

Menge	Einheit	Artikelnummer	Bezeichnung	Lagerort	Bestand
1,00		Rahmen	Rahmen		0,00
1,00		Lenker	Lenker		0,00
1,00		Sattel	Sattel		0,00
1,00		Schaltung	Schaltung		0,00
1,00		Bremse	Bremse		0,00
2,00		Rad	Rad		0,00

Stückliste für Artikel Rad

Menge	Einheit	Artikelnummer	Bezeichnung	Lagerort	Bestand
1,00		Nabe	Nabe		0,00
1,00		Felge	Felge		0,00
64,00		Speiche	Speiche		0,00

*Abb. 8.4: **Drucken von Stücklisten:** Unterschiedliche Formulare stehen zum Ausdruck von Stücklistenbestandteilen zur Verfügung. Hier abgebildet ist die „Artikelliste Artikel mit Stückliste".*

Ob die einzelnen Bestandteile einer Stückliste auch im Auftrag mit ausgedruckt werden sollen, lässt sich im Layoutassistenten auf der Seite „Tabelle" einstellen, indem Sie „mit Bestandteilen" anhaken. Für die Anpassung von Formularen mit dem Layoutassistenten lesen Sie mehr in Kapitel 19 „Formulare anpassen".

Übung

Legen Sie einen Stücklistenartikel für das Sonderangebot des Programms Lexware warenwirtschaft und dem zugehörigen Lehrbuch an. Dieser Stücklistenartikel soll „Warenwirtschaft Komplettpaket" heißen und die Artikelnummer 91.71K und den Matchcode LX wawi K erhalten. Der Preis beträgt 420 €, der Stücklistenartikel soll in der Warengruppe Software geführt werden.

Nehmen Sie 3 Stück dieses neuen Artikels aufs Lager, die Einzelteile werden vom Lager abgebucht.

9. Leistungen

Im Menüpunkt Verwaltung → Leistungen finden Sie die beiden Bereiche Lohnleistungen und Nebenleistungen. Beides sind Positionsarten, die im Auftrag Verwendung finden und dort aus der Datenbank abgerufen werden können.

Im Grunde können Sie alle Dienstleistungen einfach als Artikel anlegen und somit alle Möglichkeiten nutzen, die die Artikelverwaltung zur Verfügung stellt.

Dennoch gibt es für Lohnleistungen einen eigenen Bereich, den Sie hier kennenlernen sollen und der bei Handwerkerleistungen für den getrennten Ausweis für die Einkommensteuer der Privatkunden wichtig ist.

9.1 Lohnleistungen

Die wichtigsten Unterschiede zwischen Artikeln und Lohnleistungen seien vorab hier aufgelistet:

- Für Lohnleistungen gibt es weder Preisgruppen noch kundenspezifische Preise oder Mengenstaffelpreise.
- Anders als bei den Artikeln müssen Umsatzsteuer und Kontierung bei jeder Lohnleistung einzeln eingetragen werden.
- Leistungen – auch die Nebenleistungen – werden bei einem Gesamtrabatt nicht mit berücksichtigt, diese Einstellung lässt sich jedoch ändern.
- Die Lohnleistungen werden als Arbeitskosten für die Geltendmachung gemäß § 35a EStG getrennt ausgewiesen, wenn das in den jeweiligen Kundendaten auf der Seite Rechnungsstellung so angehakt ist.

9.1.1 Allgemeine Angaben zu Lohnleistungen

Über den Menüpunkt **Verwaltung → Leistungen → Lohnleistung** öffnet sich eine noch leere Liste, die rechts oben die notwendigen Symbole zum Anlegen neuer Einträge aufweist. Aber auch ein Klick mit der rechten Maustaste gibt Ihnen das vertraute kontextbezogene Menü, in dem Sie ebenfalls das Erfassungsfenster für eine neue Lohnleistung öffnen können.

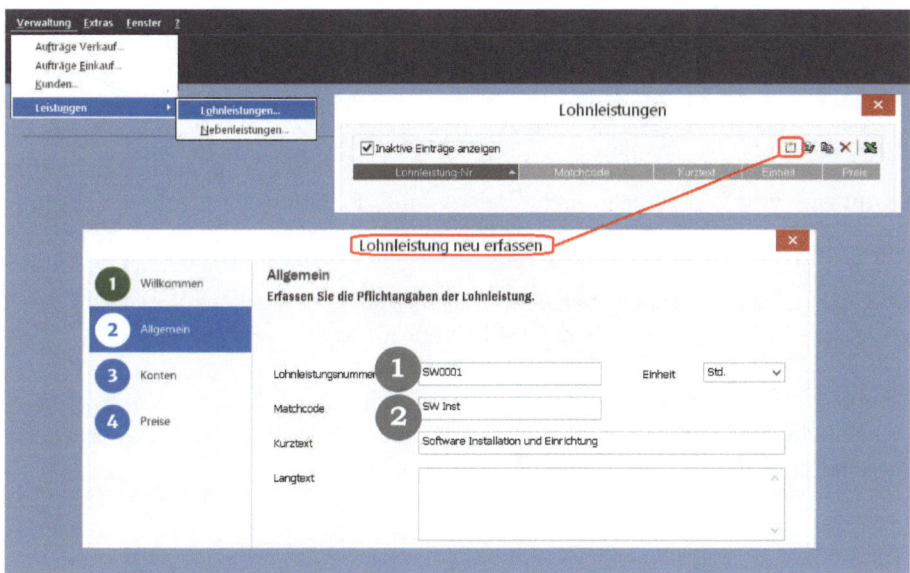

Abb. 9.1: **Anlegen einer Lohnleistung:** *Leistungsnummer* ❶ *und Matchcode* ❷ *sind Suchkriterien.*

Die grundlegenden Angaben zur Identifizierung der Leistung wie Nummer, Matchcode und Kurztext werden – analog zu den Artikeln – in der Auftragserfassung als Suchkriterium verwendet und sind zwingend notwendig. Der Langtext bietet Platz für eine ausführlichere Beschreibung der Lohnleistung, wenn das erforderlich sein sollte. Je nach dem, ob Sie Stunden- oder Tagessätze berechnen, geben Sie die Einheit entsprechend an.

9.1.2 Buchhaltungskonten

Anders als bei den Artikeln, wo die **Kontierung** in den Warengruppen jeweils übergeordnet einmal angelegt werden muss, ist bei den Lohnleistungen auf der Folgeseite „Konten" die Eingabe bei jeder Dienstleistung einzeln notwendig. Ob die Kontierung für sonstige Leistungen innerhalb der EG und/oder Bauleistungen – beide basierend auf § 13b UStG – aufgelistet werden, hängen davon ab, ob Sie in den Firmenangaben die Verwendung dieser Optionen angehakt haben. Erbringen Sie solche Leistungen, werden die Rechnungen ohne Umsatzsteuer ausgegeben und auf das Reverse-Charge-Verfahren verwiesen. Wichtig dabei ist, dass Sie auch in den betreffenden Kundendaten die Abrechnung nach § 13b angeben.

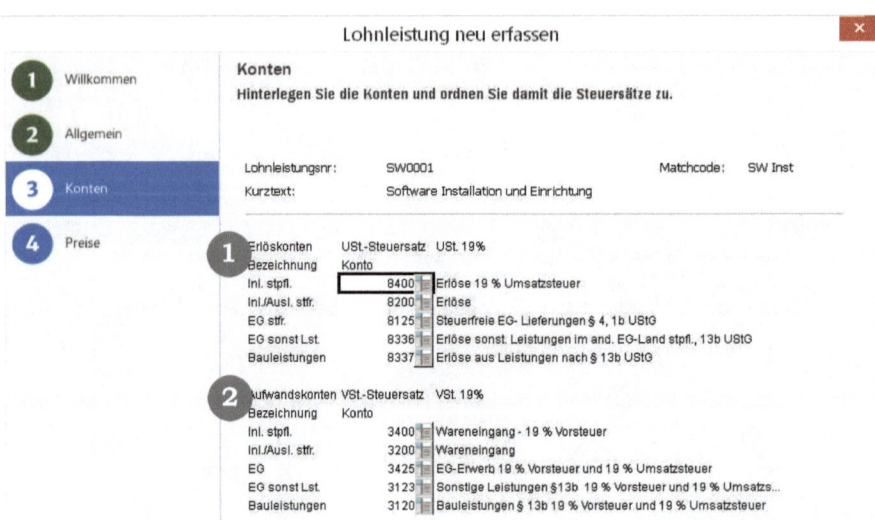

Abb. 9.2: **Konten für die Buchhaltung: Die Erlös-** ❶ **und Aufwandskonten** ❷
*werden auf einer eigenen Seite erfasst. Aufwandskonten benötigen Sie nicht
für selbst erbrachte Leistungen.*

Die Standardkonten aus dem Kontenplan sind bereits voreingestellt, können aber auch geändert werden. Die Vorgehensweise ist dieselbe wie bei den Warengruppen der Artikel. Sie klicken einfach das Symbol des Kontenplans hinter dem jeweiligen Eingabefeld für das Konto an, um den Kontenplan zu öffnen, und wählen das gewünschte Konto aus. Sollte das für Sie richtige Konto hier nicht vorhanden sein, lässt es sich ergänzen, indem Sie ein ähnliches Konto kopieren. Achten Sie darauf, dass dem Konto der richtige Umsatzsteuersatz hinterlegt ist, da Sie diesen nicht eigens eintragen können und die Lohnleistung in der Rechnung richtig ausgewiesen werden soll.

Einkaufskonten werden bei selbst erbrachten Leistungen selbstverständlich nicht benötigt, sind aber als Standardeinstellung aus den Wareneinkäufen angegeben. Diese Einträge können Sie einfach ignorieren, wenn Sie die Leistungen nicht z.B. bei einem Subunternehmer einkaufen und darüber Bestellungen aus dem Programm erstellen.

9.1.3 Preise der Lohnleistungen

Im Gegensatz zu den Artikeldaten gibt es für Leistungen nur **einen** Verkaufspreis und keine unterschiedlichen Preisgruppen. Auch eine individuelle Preisgestaltung für jeden Kunden über die Kundenpreisliste ist nicht möglich. Um den Rohertrag für

die Leistung zu ermitteln, geben Sie die Ihnen entstehenden Kosten – in der Regel sind das die Lohnkosten – hierfür an. Ein Kalkulationsmodul ermöglicht Ihnen darüber hinaus die Errechnung des „richtigen" Preises auf Grund verschiedener Lohnbestandteile.

Achtung

Wenn Sie als Handwerksbetrieb die Arbeitskosten getrennt ausweisen wollen, dann geben Sie das bei den betreffenden Kunden in den Kundendaten auf der Seite „Rechnungsstellung" an. Die Lohnleistungen werden dann als Arbeitskosten in der Rechnung getrennt aufgeführt.

Mit diesen Informationen können Sie selbst entscheiden, ob Sie mit Lohnleistungen arbeiten möchten.

9.2 Nebenleistungen

Als Nebenleistungen bezeichnet man all das, was die vollständige Abwicklung eines eigentlichen Auftrags erst ermöglicht. Typisches Beispiel hierfür sind die Kosten für Versand und Verpackung, die an den Kunden weiterberechnet werden. Aber auch Speditionskosten und eine Transportversicherung könnten hier erscheinen, wenn sie vom Kunden zu tragen sind. Umsatzsteuerrechtlich hat die Nebenleistung der Hauptleistung zu folgen, wie es im Gesetzestext heißt. Das bedeutet, die Nebenleistung wird mit demselben Steuersatz besteuert wie die anderen Positionen der Rechnung.

9.2.1 Nebenleistungen erfassen

Unter **Verwaltung → Leistungen → Nebenleistungen** können Sie häufig benötigte Nebenleistungen hinterlegen, um sie bei Bedarf in den Auftrag zu übernehmen. Dabei müssen auch in den Nebenleistungen für jeden Eintrag eigens die Buchhaltungskonten eingetragen werden, wobei die Standardkonten bereits voreingestellt sind. Die umsatzsteuerliche Behandlung der Nebenleistungen wird über die Buchhaltungskonten geregelt. Wenn Sie also sowohl Artikel mit 7 % USt. als auch solche mit 19 % USt. verkaufen, dann sollten Sie die Nebenleistungen auch doppelt hinterlegen mit jedem Umsatzsteuersatz, damit Sie je nach Hauptleistung auch den richtigen Steuersatz für die Nebenleistung zur Verfügung haben.

Berechnen Sie auch Bauleistungen oder sonstige Leistungen innerhalb der EG nach § 13b UStG, dann müssen die entsprechenden Konten wie in den Lohnleistungen auch in den Nebenleistungen angegeben werden. Die Anzeigefelder für diese Konten

sind davon abhängig, dass die Funktion in den Firmenangaben angehakt und in den betreffenden Kundendaten diese Option ausgewählt ist.

Das Fenster mit den Kontenangaben öffnet sich erst, nachdem Sie auf das Konten-symbol im Feld „Konten" geklickt haben. Jetzt haben Sie Zugriff auf die Erlöskonten im hinterlegten Kontenrahmen, aus dem Sie das gewünschte Konto auswählen können. Fehlt das benötigte Konto, dann können Sie über die Kopierfunktion ein neues Konto in den Kontenrahmen einfügen. Achten Sie darauf, dass Sie das richtige Erlöskonto kopieren, geben Sie diesem die richtige Nummer und speichern das neue Konto dann.

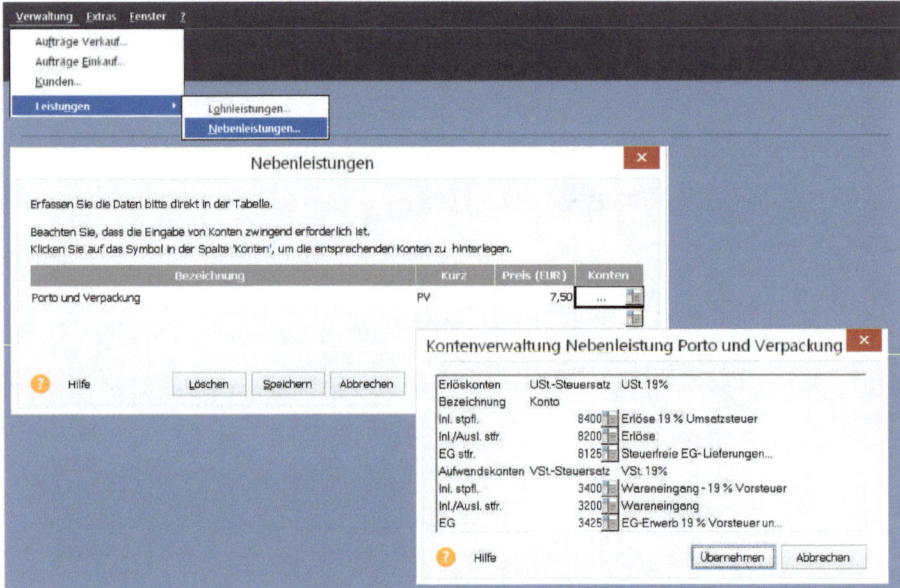

*Abb. 9.3: **Anlegen einer Nebenleistung mit den zugehörigen Konten:** In diesem Beispiel sind die Konten nach § 13b UStG nicht abgebildet, da sie in den Firmenangaben nicht angehakt sind.*

Achtung

Die Angabe der Buchhaltungskonten ist u. a. dafür verantwortlich, wo in der Buchhaltung die Erlöse aus Nebenleistungen gebucht werden. Erledigen Sie solche Einstellungen und vor allem die Neuanlage von Konten nicht ohne vorherige Rücksprache mit Ihrer Buchhaltung.

9.2.2 Nebenleistungen im Auftrag

Nebenleistungen unterscheiden sich von den anderen Positionsarten dadurch, dass sie am Ende des Auftrags nach der Summe der Positionen aufgelistet werden – egal an welcher Stelle der Positionsliste sie erfasst wurden.

Pos	Menge		Text	Einzelpreis EUR	Gesamtpreis EUR
1	5,00	Stück	Lexware faktura+auftrag Das komfortable Fakturierungsprogramm aus dem Hause Lexware.	65,00	325,00
2	1,00	Stück	Sonderanfertigung	350,00	350,00
	Zwischensumme				675,00
	zzgl. Porto und Verpackung				7,50
	Gesamt Netto				682,50
	zzgl. 19,00 % USt. auf			675,00	128,25
	zzgl. 19,00 % USt. auf Nebenleistungen			7,50	1,43
	Gesamtbetrag				812,18

*Abb. 9.4.: **Nebenleistung im Druck:** Druckbild eines Auftrages mit Nebenleistungen.*

Außerdem wird die Umsatzsteuer aus Nebenleistungen immer getrennt ausgewiesen, auch wenn es sich um denselben Steuersatz handelt.

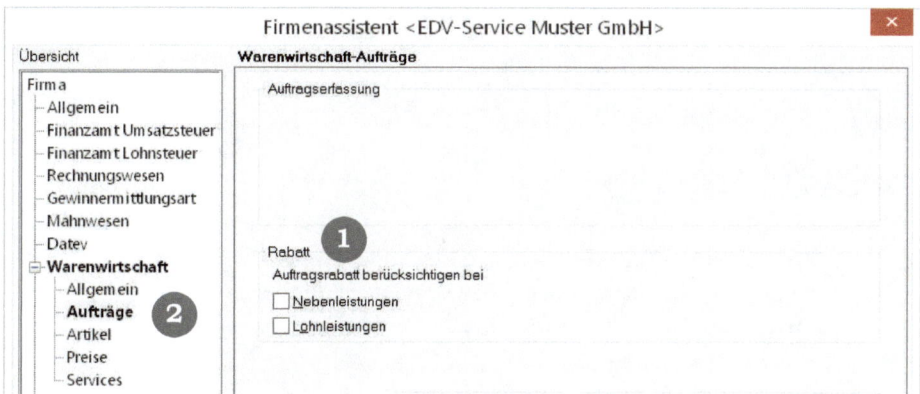

*Abb. 9.5: **Firmeneinstellungen:** Die Rabatteinstellungen ❶ für Leistungen in den Firmenangaben auf der Seite „Aufträge" ❷.*

In den Grundeinstellungen des Programms werden die Nebenleistungen bei der Berechnung eines Gesamtrabatts nicht berücksichtigt. Das lässt sich in den Firmenangaben jedoch ändern.

Übung 9/1 Lohnleistung

Legen Sie eine neue Lohnleistung mit der Lohnleistungsnummer „WS0001", dem Matchcode „WS Std" und dem Kurztext „Werkstattstunde" zum Preis je Stunde von 65,00 € an. Verwenden Sie die Konten 8400/8200/8125.

Übung 9/2 Nebenleistung

Legen Sie eine neue Nebenleistung mit dem Text „Porto und Verpackung" zum Preis von 7,50 € an. Verwenden Sie die Konten 8400/8200/8125.

10. Die Auftragserfassung

Bevor Sie den ersten Auftrag erfassen, sollten Kunden- und Artikeldaten bereits vorhanden sein. Zwar lassen sich diese auch während der Auftragserfassung noch anlegen, was für die tägliche Arbeit mit dem Programm von Vorteil ist, zum Kennenlernen der Funktionen ist es jedoch einfacher, wenn Sie sich nur mit einem Thema befassen müssen.

Sie sollten außerdem die Zusammenhänge und Querverbindungen zwischen den Stammdaten in den Grundzügen bereits kennen. Diese Daten werden genutzt, um zunächst ein Angebot zu erstellen. Bei dieser Gelegenheit lernen Sie den Umgang mit dem Auftragsassistenten kennen.

Da im Programm, in den Handbüchern oder Lehrbüchern immer wieder von „Aufträgen" die Rede ist, soll der besondere Lexware-Sprachgebrauch hier erläutert werden: Unter einem Auftrag versteht man normalerweise, dass ein Kunde Ihnen eine Aufgabe zur Erledigung erteilt. Das kann eine Dienstleistung sein, die Sie erbringen sollen oder auch die Bitte, bestimmte Waren an den Kunden zu überbringen. Eine Folge der Abwicklung dieser Auftragserteilung durch den Kunden sind dann verschiedene Dokumente: Angebote, Auftragsbestätigungen, Lieferscheine, Rechnungen, ggf. auch Rechnungskorrekturen usw. Innerhalb des Programms wird ein solcher Vorgang „Projekt" genannt und eigens verwaltet.

Die jeweiligen Dokumente jedoch – also Angebote, Auftragsbestätigungen usw. – werden in Lexware warenwirtschaft im Auftragsassistenten erfasst und daher mit dem Sammelbegriff „Auftrag" bezeichnet. Die Unterscheidung erfolgt innerhalb des Auftragsassistenten, indem die verschiedenen Auftragsarten – z. B. Rechnung – eingestellt werden. Das führt gelegentlich zu Verwirrung beim ersten Kontakt mit dieser Begrifflichkeit. Für die eigentliche Arbeit mit dem Programm spielt das keine Rolle, die Zusammenhänge sind sehr schnell klar. Lediglich wenn Sie Anleitungen nachlesen – wie z. B. diese, die Sie hier vor sich haben – sollten Sie sich der Unterschiede bewusst sein.

10.1 Der Auftragsassistent

Der Auftragsassistent unterstützt Sie bei der Erfassung Ihrer Aufträge für Verkauf und Einkauf. Er ist das Zentrum des Programms, in das alle bisherigen Eingaben und Voreinstellungen münden. Außerdem können Sie von hier aus Kunden, Artikel, Textbausteine, Projekte – also nahezu alle Stammdaten – neu erfassen und bearbeiten.

Die Auftragserfassung wird die Funktion sein, die Sie am häufigsten verwenden. Deshalb sind die Aufrufe von Angebot, Auftragsbestätigung, Lieferschein und Rechnung für den Verkauf und die Bestellung für den Einkauf als große Schaltflächen direkt auf der Startseite platziert. Sobald Sie eine Liste geöffnet haben, finden Sie das Symbol, um einen neuen Auftrag anzulegen, in der Symbolleiste und natürlich auch über das Menü mit der rechten Maustaste. Befinden Sie sich in der Kunden-, Lieferanten- oder Projektliste, dann werden die Adresse und die Einstellungen des jeweils markierten Datensatzes direkt in den Auftragsassistenten übernommen.

Darüber hinaus öffnet auch die Tastenkombination <Strg>+<N> den Assistenten, um einen Auftrag zu erfassen.

10.2 Erfassen eines Angebotes

Je nach dem, von wo aus Sie die Auftragserfassung aufrufen, ist die gewünschte Auftragsart vielleicht schon voreingestellt. Die zur Verfügung stehenden Auftragsarten werden in der Auswahlliste angezeigt. Um schnell und einfach den voreingestellten Eintrag zu ändern, genügt es, den jeweiligen Anfangsbuchstaben der gewünschten Auftragsart einzugeben; es ist nicht notwendig, die Auswahlliste mit der Maus zu öffnen.

Um sich mit dem Auftragsassistenten vertraut zu machen, erfassen Sie zunächst ein Angebot. Was Sie hierbei lernen, kann auf die meisten anderen Auftragsarten übertragen werden.

10.2.1 Seite 1 – Die Kundendaten

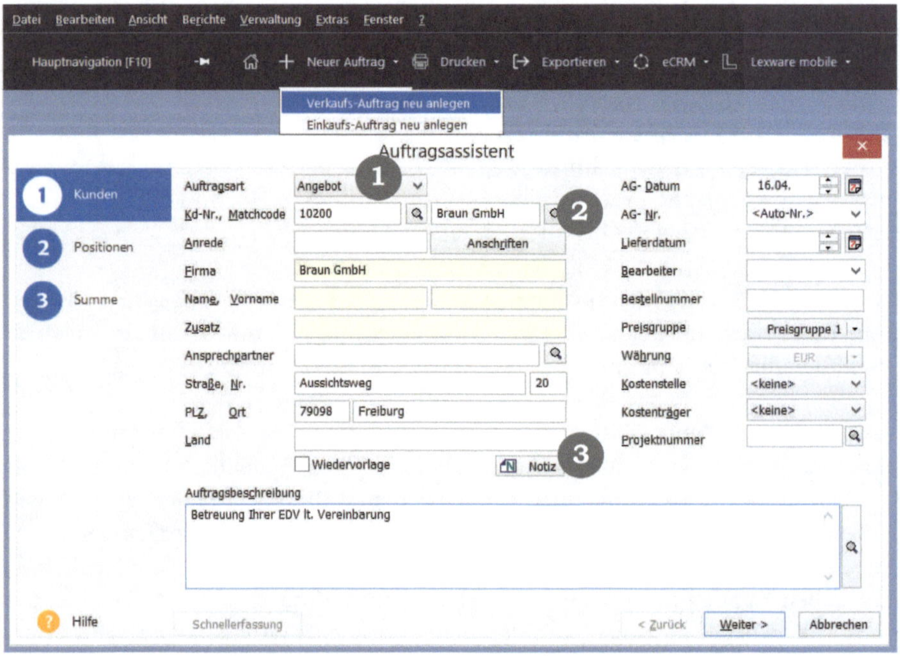

*Abb. 10.1: **Auftragserfassung:** Die erste Seite des Auftragsassistenten am Beispiel eines Angebotes ❶ . Ein Klick auf eine der Lupenschaltflächen ❷ öffnet die Kundenliste, wo der Kunde ausgewählt oder ggf. neu erfasst werden kann. Auch Notizen zum Auftrag können hier hinterlegt werden ❸ .*

Die erste Seite des Auftragsassistenten ist vorwiegend den Kundendaten gewidmet. Bevor diese jedoch eingetragen werden, legen Sie die **Auftragsart** – Angebot – und das Datum fest. Das aktuelle Tagesdatum wird vorgeschlagen; es kann überschrieben werden, wenn Sie ein Angebot vor- oder nachdatieren müssen.

Die **Auftragsnummer** ist die nächste fortlaufende Nummer der eingegebenen Auftragsart. Das hier abgebildete Angebot wird mit der Nummer 1 geführt, es ist das erste Angebot in der neu angelegten Firma. Die Nummerierung im Programm erfolgt automatisch. Sie können jedoch über den Eintrag in **Verwaltung → Nummernkreise** selbst festlegen, bei welcher Nummer die Zählung beginnen soll. Zwar handelt es sich um ein alphanumerisches Feld, eine sinnvolle Zählung entsprechend der steuerlichen Vorschriften ist jedoch nur gegeben, wenn Sie lediglich Ziffern verwenden.

Das **Lieferdatum** spielt in einem Angebot meist noch keine Rolle. Für Rechnungen ist die Angabe eines Liefer- oder Leistungsdatums jedoch vorgeschrieben, deshalb findet sich hier ein Feld für diese Angabe. Das Tagesdatum ist voreingestellt, kann jedoch sowohl überschrieben als auch gelöscht werden.

Wer in Ihrem Hause diesen Auftrag bearbeitet, kann im Feld „Bearbeiter" hinterlegt werden. Diese Angabe wird im Auftrag ausgedruckt und Ihr Geschäftspartner weiß, an welchen Ansprechpartner er sich wenden kann. Eine Voreinstellung für dieses Feld kann unter **Extras → Optionen** hinterlegt werden.

Gibt Ihnen Ihr Kunde eine **Bestellnummer**, unter der dieser Auftrag geführt wird, so können Sie diese im entsprechenden Feld eingeben. Sie wird dann im Ausdruck zusammen mit Kundennummer und Datum im Infoblock mit ausgegeben.

Kundennummer und **Matchcode** stehen zur Verfügung, um die Kundendaten schnell in den Auftrag zu übernehmen. Über die Lupen-Schaltfläche können Sie die Kundenliste am Bildschirm aufrufen, ohne den Auftragsassistenten zu verlassen. Suchen Sie nun den gewünschten Kunden aus der Liste aus und übernehmen Sie die Daten per Doppelklick oder mithilfe der Schaltfläche „Übernehmen" in den Auftrag. Gibt es den Kunden noch nicht in der Liste, dann nutzen Sie das Menü der rechten Maustaste in der Kundenliste, um den neuen Kunden zu erfassen und dann in den Auftrag zu übernehmen.

Abb. 10.2: **Suchfunktion im Auftragsassistenten:** *Der eingegebene Suchbegriff* ❶ *muss nicht am Anfang stehen, auch wenn der Begriff innerhalb des Feldes auftaucht, wird die Adresse angezeigt* ❷ *.*

Noch bequemer geht es, wenn Sie Teile der Firmenbezeichnung, des Namens oder Vornamens oder des Zusatzes in das jeweilige gelb unterlegte Feld in der Adresse eintragen. Die komfortable Suche in diesen Feldern zeigt Ihnen eine Liste der Adres-

sen, in denen der eingegebene Teil des Namens vorkommt. Wählen Sie die gewünschten Kundendaten aus und übernehmen Sie sie per Doppelklick oder Enter-Taste in den Auftrag. Gibt es mehrere Kontaktpersonen bei Ihrem Kunden, dann wählen Sie den richtigen aus der Liste aus, die sich mit einem Klick auf die Lupenschaltfläche hinter dem Feld Ansprechpartner öffnet.

Bei der Übernahme der Kundendaten aus der Liste handelt es sich keineswegs nur um die Adresse. Auf welche Preisgruppe zugegriffen wird, wird ebenso aus den Kundendaten als Voreinstellung in den Auftragsassistenten übernommen wie die Liefer- und Zahlungsbedingungen.

Kostenstellen und **-träger** können nur dann verwendet werden, wenn diese in den Stammdaten über **Verwaltung → Kostenstellen** bzw. **Kostenträger** bereits vorhanden sind. Wurden diese zuvor bei den Kundendaten hinterlegt, dann werden diese Eintragungen ebenfalls in den Auftrag übernommen. Eine Auswertung von Kostenstellen und Kostenträger sind nur innerhalb Lexware financial office in der Buchhaltung möglich.

All diese Angaben sind nur Vorschläge, die im aktuellen Auftrag umgestellt oder überschrieben werden können. Haben Sie ein Projekt angelegt, dann können auch die dort hinterlegten Daten direkt in den Auftrag übernommen werden.

Das Feld „Wiedervorlage" beinhaltet eine Erinnerungsfunktion. Ein Häkchen in diesem Feld zusammen mit der Datumseingabe erzeugt an diesem Tag einen Eintrag unter „Aufgaben" im Termine + Aufgaben Manager.

Das Feld **Auftragsbeschreibung** bietet Platz für eine genauere Beschreibung des Auftrags – den Betrefftext. Wenn Sie an dieser Stelle häufig wiederkehrende Texte benötigen, können Sie sich die Arbeit erleichtern, indem Sie diese als Textbausteine hinterlegen. Textbausteine werden in Kategorien eingeteilt und bei der Auftragserfassung dann entsprechend dieser Kategorien vorgeschlagen. Sie können aber an jeder Stelle auch Bausteine aus einem anderen Bereich auswählen. Mehr dazu finden Sie in Kapitel 13 „Textbausteine".

Das Programm nimmt Zeilenumbrüche selbstständig vor, sodass Sie den gewünschten Text in einer „Bandwurmzeile" erfassen können. Manuelle Zeilenumbrüche fügen Sie mit der Tastenkombination <Strg>+<Enter> ein.

Wurden für den Auftrag unter **Verwaltung → Einstellungen → Freifelder** eigene Felder definiert, tauchen diese unterhalb der Auftragsbeschreibung auf.

10.2.2 Seite 2 – Die Positionsliste

Auf der folgenden Seite des Auftragsassistenten werden die einzelnen Bestandteile des Angebots zusammengestellt. Dabei gibt es unterschiedliche Positionsarten, aus denen Sie auswählen können. Einige davon müssen bereits im Programm vorhanden sein, bevor Sie hier genutzt werden können, andere werden an dieser Stelle erst erfasst.

10.2.2.1 Die Positionsarten

Beim Wechsel auf die zweite Seite ist im Auswahlfenster die Positionsart markiert. Neben dem Stammartikel – das sind die Artikel oder Dienstleistungen, die zuvor in der Artikelliste angelegt wurden – gibt es weitere Positionsarten:

- manuelle Artikel
- Katalogartikel (setzt voraus, dass Sie Datanormdaten von Ihrem Lieferanten erhalten und importiert haben)
- Lohnleistung
- Nebenleistung
- Textposition
- Zwischensumme
- Kommentar
- Seitenumbruch

Der Erfassungsbereich des Auftragsassistenten sieht unterschiedlich aus, je nachdem, welche Positionsart Sie gewählt haben.

Abb. 10.3: **Positionen:** *Ein Stammartikel wird mittels „AutoSuggest"* ❶ *in der Datenbank gesucht. Die Eingabe „wawi"* ❷ *listet alle Artikel auf, die diesen Begriff in Artikelnummer, Matchcode oder Kurztext beinhalten. Mit der Lupen-Schaltfläche* ❸ *rufen Sie die Artikelleiste am Bildschirmrand auf. Ein Klick auf das grüne Häkchen* ❹ *übernimmt den Artikel in die Positionsliste.*

Für die Auswahl eines **Stammartikels** aus der Datenbank stehen die Felder Artikel-nummer, Matchcode und Bezeichnung zur Verfügung. Das bevorzugte Eingabefeld bleibt so lange als Vorgabe erhalten, bis es geändert wird. Möchten Sie sich nicht auf eine dieser Angaben beschränken, dann wählen Sie die Suche über alle Felder (Auto-Suggest). Damit können Sie einen Teil des Ihnen bekannten Begriffs in das Suchfeld eintragen und erhalten eine Liste aller Artikel, die diesen Teil beinhalten. Übernehmen Sie den gewünschten Artikel per Doppelklick oder mit der <Enter>-Taste in die Positionsliste des hier zu erfassenden Angebotes.

Wissen Sie jedoch weder Artikelnummer, -bezeichnung noch Matchcode, oder wissen Sie nicht, ob der Artikel überhaupt schon angelegt ist, dann können Sie den Artikel auch in der Leiste am Bildschirmrand suchen, die Sie ggf. mit der Lupen-schaltfläche öffnen. Jetzt profitieren Sie von klug angelegten Warengruppen (in der Handwerkerversion: Materialgruppen), die Ihnen helfen, die Artikel schnell zu fin-den. Wissen Sie nicht, unter welcher Warengruppe der gesuchte Artikel abgelegt wurde, klicken Sie das Wort „Warengruppe" an, um eine Auflistung aller im Pro-gramm hinterlegten Artikel zu erhalten. Ein Klick auf die Spaltenüberschrift sortiert auch jetzt die Artikelleiste nach diesem Feld, sodass Sie – immer noch im Auftrags-assistenten – die volle Funktion der Artikelleiste nutzen können, um einen bestimm-ten Artikel zu finden und einen fehlenden Artikel neu zu erfassen. Per Doppelklick wird dieser dann in den Auftrag übernommen.

Da Einheit und Warengruppe bereits in der Datenbank hinterlegt sind und sich hier nicht mehr ändern lassen, brauchen Sie nur noch die gewünschte Menge anzugeben. Dabei steht Ihnen über die Schaltfläche hinter dem Feld „Menge" auch ein Rechen-modul zur Verfügung, das in der Handwerkerversion des Programms das Aufmaß errechnen kann. Welche Rechenwege dabei gegangen werden sollen, legen Sie selbst in verschiedenen Formeln fest. Gängige Formeln – z. B. zur Flächenberechnung – sind bereits hinterlegt.

Der Preis für den Artikel wird vom Programm aus den Vorgaben ermittelt. Natürlich können Sie diesen Preis manuell ändern. Dabei unterstützt Sie auch hier – wie bei der Verkaufspreisermittlung im Artikel selbst – das Kalkulationsmodul, um den Einzelpreis des Artikels eigens für diesen Auftrag nach Ihren Vorgaben zu errechnen. Da das Programm unterschiedliche Möglichkeiten zur Preisgestaltung zur Verfü-gung stellt – Mengenstaffelpreise, kundenspezifische Preise, Preisaktionen – gibt die Schaltfläche über dem Preis an, wie der angegebene Preis zustande kommt.

Achtung

Beachten Sie, dass Rabattangaben für manuelle und Stammartikel immer in Prozent angegeben werden müssen. Für den Fall, dass im Programm eine Preisaktion hinterlegt ist oder der Kunde Sonderpreise hat, erscheint folgender Hinweis, wenn zudem ein Positionsrabatt vergeben wird: „Für diesen Artikel wurde bereits ein Sonderrabatt gewährt. Soll dennoch ein Positionsrabatt vergeben werden?". Über die Schaltflächen „Ja" oder „Nein" wird die gewünschte Berechnung veranlasst.

Ein Häkchen im Feld „Alternativ" setzen Sie, wenn Sie Ihrem Kunden die Auswahl zwischen mehreren Möglichkeiten lassen möchten. Alternativpositionen werden bei der Berechnung der gesamten Angebotssumme nicht berücksichtigt. Dementsprechend steht diese Möglichkeit nur in Angeboten zur Verfügung und wird im Druck auch als solche gekennzeichnet.

Abb. 10.4: **Positionen:** *Ein manueller Artikel wird direkt im Auftrag erfasst. Häufig verwendete Texte können als Textbaustein hinterlegt und hier* ❶ *eingefügt werden, hinter dem unteren Symbol* ❷ *verbirgt sich eine Rechtschreibkontrolle.*

Einen **manuellen Artikel** erfassen Sie nur für diesen Auftrag. Er wird nicht in die Artikeldatenbank geschrieben und benötigt deshalb auch weder Artikelnummer noch Matchcode. Damit vergrößern Sie die Artikeldatei nicht unnötig mit Positionen, die Sie nur einmal brauchen. Für Sonderanfertigungen oder individuelle Leistungen, die in derselben Form nicht wieder vorkommen werden, sind die manuellen Artikel gedacht. Auch hier gibt es im Angebot die Möglichkeit, nicht einzurechnende Alternativen anzubieten.

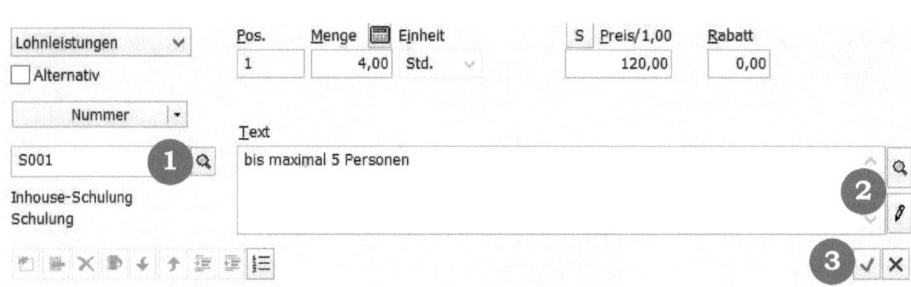

Abb. 10.5: **Lohnleistungen:** *Die AutoSuggest-Funktion gibt es bei den Lohnleistungen nicht. Wählen Sie die gewünschte Leistung über die Liste mit der Lupenschaltfläche* ❶ *aus. Auch hier stehen Textbausteine und Rechtschreibkontrolle* ❷ *zur Verfügung. Ein Klick auf das grüne Häkchen* ❸ *übergibt die Daten in den Auftrag.*

Lohnleistungen werden wie Stammartikel aus der Datenbank abgerufen, indem Sie Nummer, Matchcode oder Bezeichnung angeben oder über die Lupenschaltfläche die Liste zur Auswahl aufrufen und dort die gewünschte Leistung auswählen.

Abb. 10.6: **Positionen:** *Eine Nebenleistung muss bereits unter* **Verwaltung** → **Leistung** → **Nebenleistung** *hinterlegt sein, um sie in einen Auftrag zu übernehmen.*

Als **Nebenleistung** gelten z. B. Porto und Verpackung. Egal, wo im Auftrag Sie eine Nebenleistung erfassen, sie wird immer ganz am Ende nach dem Gesamtnettobetrag ausgegeben.

Eine **Textposition** wird im Auftrag ohne Positionsnummer geführt und bietet Ihnen Gelegenheit, weitere Hinweise und Erläuterungen einzugeben. Wie immer, wenn Textfelder im Auftrag zur Verfügung stehen, können Sie auf die Textbausteine zugreifen, um häufig benötigte Sätze nicht jedes Mal neu schreiben zu müssen. Dabei werden hier zunächst die Texte aus der Kategorie „Auftragspositionen" angeboten.

Die **Zwischensumme** schließlich ermöglicht es, die Preise mehrerer Positionen zu addieren und in einer Zeile auszugeben. Dabei werden immer die Positionen addiert,

die vom Anfang der Positionsliste bis zur Zwischensumme erfasst wurden, oder die Positionen, die zwischen zwei Zwischensummenzeilen in der Positionsliste erscheinen.

Außerdem gibt es noch die Möglichkeit, einen **Kommentar** zu hinterlegen. Dieses Textfeld wird nur dann gedruckt, wenn Sie das im Druckfenster explizit auswählen. So haben Sie die Möglichkeit, interne Hinweise direkt im Auftrag zu hinterlegen, ohne diese ausdrucken zu müssen.

Wenn an einer bestimmten Stelle ein **Seitenumbruch** gewünscht ist, können Sie diesen gezielt selbst wählen. Zwischensumme und Übertrag bei mehrseitigen Aufträgen werden jedoch vom Programm automatisch errechnet und ausgegeben.

10.2.2.2 Erfassen von Positionen im Auftrag

Nach den Erläuterungen der einzelnen Positionsarten bieten Sie nun einen einfachen Stammartikel an, der bereits in den Stammdaten vorhanden ist.

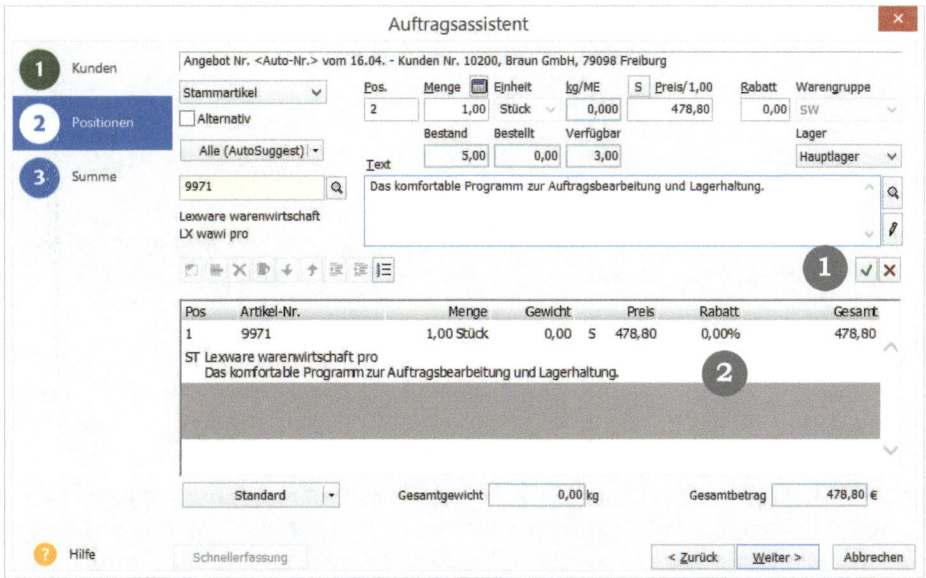

*Abb. 10.7: **Die Positionserfassung im Auftragsassistenten:** Das grüne Häkchen ❶ sorgt für die Übergabe des Artikels in die Positionsliste ❷ .*

Mit der Eingabe der Artikelnummer wird der Artikel in den Auftrag übernommen. Sie sehen die vorhandene Lagermenge und – bei den mehrlagerfähigen Programmversionen – in welchem Lager die angezeigte Menge liegt. Geben Sie nun noch die

anzubietende Menge an und bestätigen Sie diese Eingabe durch einen Klick auf das grüne Häkchen. Sollten Sie sich bei der Positionserfassung einmal völlig vertan haben, löscht ein Klick auf das rote Kreuz die noch nicht in die Liste übergebenen Daten wieder weg und Sie können die Eingabe erneut vornehmen.

Sobald das grüne Häkchen ausgelöst wurde – das geht auch mit der Enter-Taste, wenn Sie zuvor mit der Tab-Taste das Feld erreicht haben –, erscheint die eingegebene Position im unteren Teil des Fensters, der obere Bereich ist leer und für die Erfassung der nächsten Position bereit.

Um den Auftragsassistenten kennenzulernen, genügt diese eine Position. Deshalb gehen Sie weiter auf die letzte Seite des Auftragsassistenten.

10.2.3 Seite 3 – Summen, Umsatzsteuer und Schlusstext

Zuletzt erhalten Sie eine Summen-Übersicht und haben die Möglichkeit, abweichende Einstellungen und Texte anzugeben.

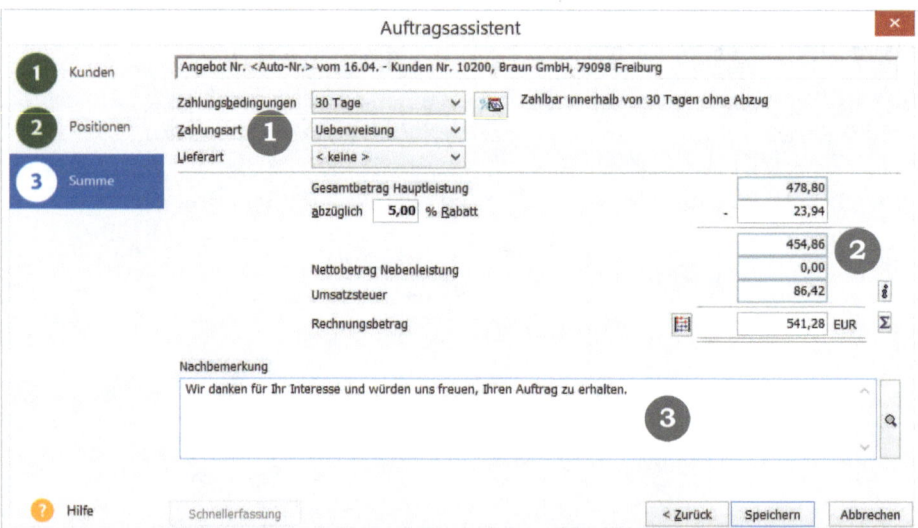

Abb. 10.8: **Auftragserfassung:** *Die letzte Seite mit Zahlungsbedingungen, Zahlungsart und Lieferart ❶, den Summen ❷ und dem Feld für die Schlusstexte ❸.*

Die Summen-Seite des Auftragsassistenten zeigt die Zahlungsbedingungen, die Zahlungsart und die Lieferart, die aus den Kundendaten übernommen werden. Bei Bedarf können Sie die Angaben gerne ändern, die Kundendaten bleiben davon unberührt.

117

Der Gesamtbetrag, die Umsatzsteuer und ggf. die Nebenleistung werden nun aufgelistet. An dieser Stelle des Auftrags kann erneut ein Rabatt vergeben werden. Hier ist die Eingabe als Betrag ebenso möglich wie als Prozentwert. Wurde in den Kundendaten bereits ein Gesamtrabatt hinterlegt, wird dieser hier automatisch voreingestellt.

Und auch am Ende eines Auftrags können Sie noch einmal den Endpreis nach verschiedenen Vorgaben kalkulieren und die so ermittelten Preise oder Einzelrabatte zurück in die Positionen übergeben. Ein Assistent für die Neuberechnung öffnet sich, wenn Sie die Schaltfläche „Endpreiskalkulation" anklicken, und führt durch die verschiedenen Möglichkeiten der Berechnung. Ziehen Sie die Programmhilfe zu Rate, die Sie über die Hilfe-Schaltfläche links unten im Fenster erreichen.

Zuletzt haben Sie auch hier Gelegenheit, zusätzliche Texte anzufügen, für die Sie – wie zu Beginn in der Auftragsbeschreibung – Textbausteine nutzen können. Über die Schaltfläche „Speichern" wird der erfasste Auftrag in die Auftragsliste geschrieben.

10.3 Die Druckausgabe

Je nach Programmeinstellung können nun unterschiedliche Meldungen erscheinen. In der Regel fragt das Programm danach, ob der nun gespeicherte Auftrag gedruckt oder per E-Mail versendet werden soll. Setzen Sie das Häkchen bei der Frage „Soll der Auftrag direkt ausgedruckt werden?" erscheint das Fenster „Druck Auftrag".

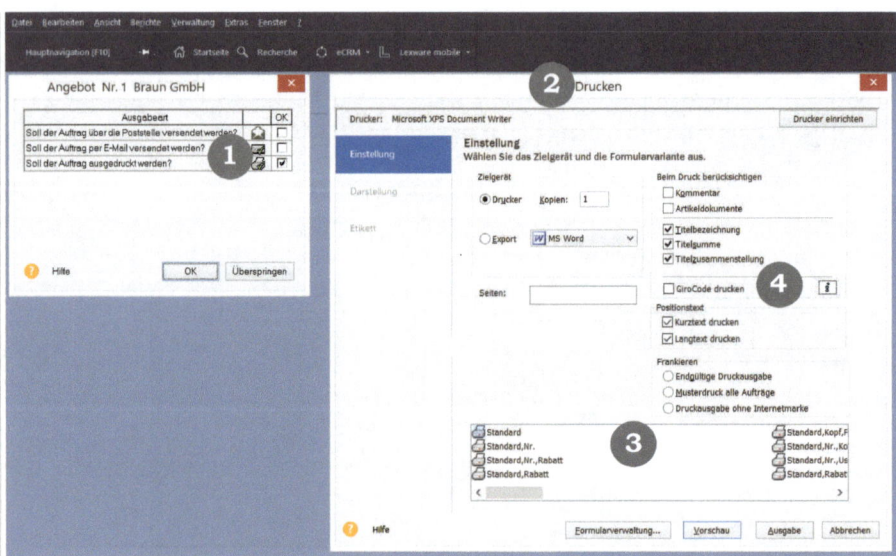

Abb. 10.9: **Druck:** *Die Drucken-Abfrage* ❶ *nach der Erfassung eines Auftrags und das Drucken-Fenster* ❷ *mit der Auswahl aus verschiedenen Formularen* ❸ *. Auch einen Girocode* ❹ *können Sie mit ausgeben.*

Im Drucken-Fenster gibt es mehrere Einstellungsmöglichkeiten. So können Sie gezielt bestimmte Seiten auswählen, dafür sorgen, dass in den Positionstexten nur der Kurztext oder auch der Langtext gedruckt wird, oder aber festlegen, ob Kommentare oder die in den Artikeln hinterlegten Artikeldokumente (nur PDF-Dateien) mit gedruckt werden sollen.

Der Druck des Girocodes auf einer **Rechnung** ermöglicht Ihrem Kunden die bequeme Zahlung per Banking-App. Dazu muss in den Kundendaten die Zahlungsart Überweisung angegeben sein. Die erste von Ihnen hinterlegte Bankverbindung wird für den Girocode verwendet, auf dieses Konto erfolgt dann die Überweisung Ihres Kunden.

Über „Ausgabe" kann das nun erfasste Angebot auf dem Drucker ausgegeben werden. Eine Bildschirmvorschau finden Sie unter der Schaltfläche „Vorschau". In der Liste sind mehrere Formulare hinterlegt, die für den Druck von Aufträgen verwendet werden können. Außerdem ist dieses Fenster mit der Schaltfläche „Formularverwaltung" Grundlage für die Bearbeitung der Druckformulare.

10.4 Der Versand per E-Mail

Setzen Sie nach dem Speichern das Häkchen beim E-Mail-Versand, wird eine PDF-Datei erzeugt, die als Anhang an eine Mail verschickt wird.

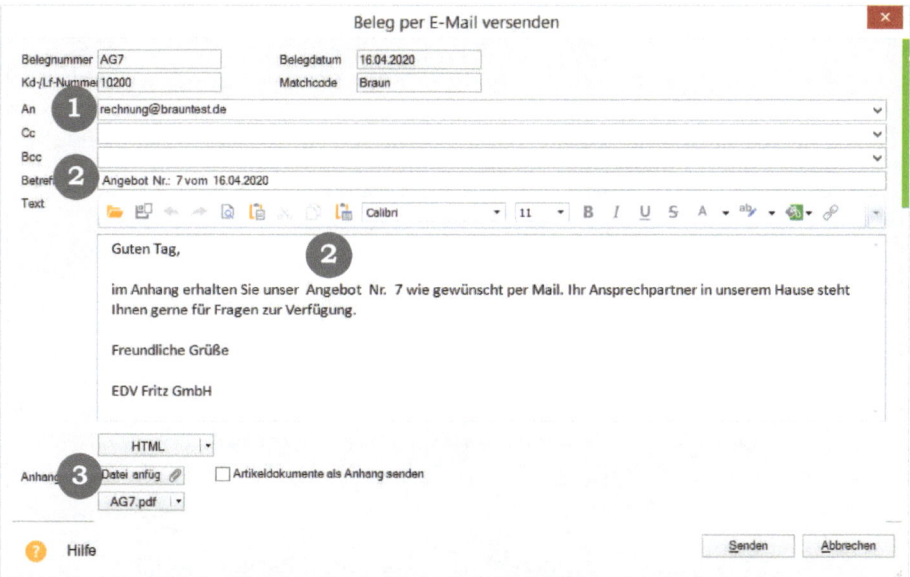

Abb. 10.10: **Mailversand:** *Die Mailadresse* ❶ *stammt aus den Kundendaten. Betreff und Mailtext* ❷ *lassen sich mittels Standardtexten automatisieren. Weitere Mailanhänge* ❸ *können hier veranlasst werden.*

Die im Programm hinterlegte Mailadresse des Kunden wird bereits eingetragen. Außerdem stehen die Mailadressen der Kontaktpersonen zur Auswahl. Aber Sie können die Mailadresse auch einfach überschreiben.

Ist die Mail im HTML-Format, dann haben Sie alle üblichen Bearbeitungsmöglichkeiten wie z. B. das Ändern von Schriftart und -größe.

Nicht nur die evtl. vorhandenen Artikeldokumente können Sie mit einem Häkchen an die Mail anhängen. Auch weitere Dateien lassen sich an dieser Stelle ergänzen, sodass alle erforderlichen Dokumente mit der Rechnung zusammen in einem Arbeitsgang gesendet werden können.

Eine große Arbeitserleichterung bieten Textbausteine, die sich als Standardtext automatisch in jeden Mailversand einsteuern lassen. Genauere Anleitung hierzu finden Sie im Kapitel 13.3.2.

Wie sich das Programm verhalten soll, wenn Sie Auftragsdokumente per E-Mail versenden, lässt sich unter **Extras → Optionen** festlegen. In der linken Liste des Optionen-Fensters finden Sie die Seite E-Mail-Versand . Klicken Sie diese an, haben Sie Gelegenheit, einige Standardeinstellungen vorzunehmen.

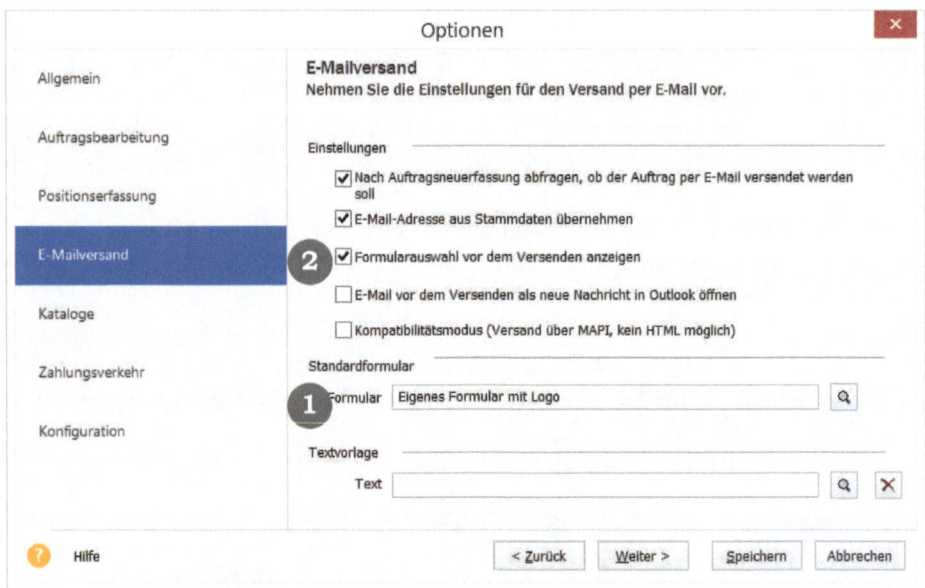

Abb. 10.11: **Einstellungen für den Mailversand:** *Das Standardformular* **1** *lässt sich hier ebenso festlegen wie die Möglichkeit, vor jedem Versand eigens das Formular auszuwählen* **2** *.*

Das Kontrollkästchen „Nach Auftragsneuerfassung abfragen, ob der Auftrag per E-Mail versendet werden soll", ist bei Programmauslieferung aktiviert. Möchten Sie diese Abfrage nicht automatisch erhalten, entfernen Sie das Häkchen an dieser Stelle. Selbstverständlich haben Sie dennoch die Möglichkeit, Aufträge per E-Mail zu versenden; nutzen Sie dazu das Menü in der Auftragsliste.

Haben Sie in den Kundendaten die E-Mail-Adresse hinterlegt, kann das Programm diese Adresse beim Versand des Auftrags automatisch einstellen. Klicken Sie dazu die Option „E-Mail-Adresse aus Stammdaten übernehmen" an. Darüber hinaus stehen beim

Mailen eines Auftrags auch die Mailadressen der verschiedenen Kontaktpersonen zur Auswahl; zudem können Sie die voreingestellte E-Mail-Adresse einfach überschreiben.

Auch für den Mailversand stehen unterschiedliche Formulare zur Verfügung, die auf Wunsch vor dem Versenden eines Auftrags zur Auswahl gestellt werden. Diesen Arbeitsschritt sparen Sie sich, wenn Sie hier ein Formular mit Kopf- und Fußzeilenangabe als Standard festlegen. Über die Lupenschaltfläche gelangen Sie in die Formularauswahl, wo Sie das Geeignete aussuchen und ggf. an Ihre Vorstellungen anpassen können. Die Schaltfläche „Formularverwaltung" öffnet das Fenster, das die Bearbeitung ermöglicht. Die Vorgehensweise entspricht vollständig der Formularbearbeitung beim Drucken.

Wenn Sie mit MS Outlook arbeiten, dann können Sie die erzeugte Mail vor dem Versenden als neue Nachricht öffnen lassen.

Der Kompatibilitätsmodus hilft häufig, wenn es Probleme beim Mailversand gibt. Mit dieser Einstellung wird mit eingeschränktem Funktionsumfang gesendet, HTML ist so nicht möglich.

Außerdem lässt sich die Verknüpfung zu einer Text-Datei hinterlegen, die zum Beispiel Ihre Signatur enthalten kann und bei jedem Mailversand aus dem Programm in den Mailtext übernommen wird.

Übung

Erfassen Sie in der Firma EDV Fritz GmbH nun ebenfalls ein Angebot an den Kunden Braun GmbH und orientieren Sie sich dabei an den Erklärungen aus diesem Kapitel.

Erfassen Sie dann ein Angebot an die Kundin Sabine Anders über folgende Positionen:

• 1 Lexware warenwirtschaft pro
• 1 Lehrbuch für das Programm

Geben Sie als Schlusstext an: „Wir danken für Ihr Interesse und würden uns freuen, Ihren Auftrag zu erhalten." Drucken Sie dieses Angebot aus.

Erfassen Sie ein weiteres Angebot an die Primaventure sarl über folgende Positionen:

• 1 Lexware buchhaltung
• Porto und Verpackung als Nebenleistung zum Preis von 7,50 €

Drucken Sie dieses Angebot ebenfalls aus.

Diese Angebote sind Basis für die weitere Bearbeitung, die in Kapitel 12 erläutert wird.

11. Listengestaltung und Ausgabe

Listen spielen in der täglichen Arbeit eine wichtige Rolle, sowohl als Anzeige am Bildschirm als auch in gedruckter Form. Da die Bedürfnisse oft unterschiedlich sind, lassen sich die Bildschirmansichten mittels Listeneinstellungen sehr variabel darstellen. Die Ausgabe erfolgt entweder direkt auf den Drucker oder aber nach MS-Excel®, wo sich weitere Bearbeitungs- und Auswertungsmöglichkeiten eröffnen.

Eine besondere Rolle spielt dabei die Auftragsliste, die an unterschiedlichen Stellen eingesehen werden kann. Hier können Sie mithilfe der Sortier- und Filterfunktionen auch einfache Auswertungen erstellen.

Um die Listenfunktion nutzen zu können, müssen aufzulistende Daten – wie Kunden, Artikel und Aufträge – bereits im Programm vorhanden sein. Sie können dazu auch die Musterfirma verwenden.

11.1 Listeneinstellungen

In jeder Bildschirmliste erreichen Sie mit der rechten Maustaste den Menüeintrag **Listeneinstellungen**. Die Einstellungsmöglichkeiten beinhalten immer sämtliche zur Verfügung stehenden Datenbankfelder, aus denen Sie die für Ihre Ansprüche Notwendigen aussuchen können. Darüber hinaus gibt es weitere Einstellungsmöglichkeiten, die jedoch je nach Liste differieren können.

Die Einstellungen bei Kunden-, Auftrags- oder Artikellisten beziehen sich auf die jeweiligen Funktionen und die Sortier- und Eingabefelder. Sehen Sie hier beispielhaft die Kundenliste.

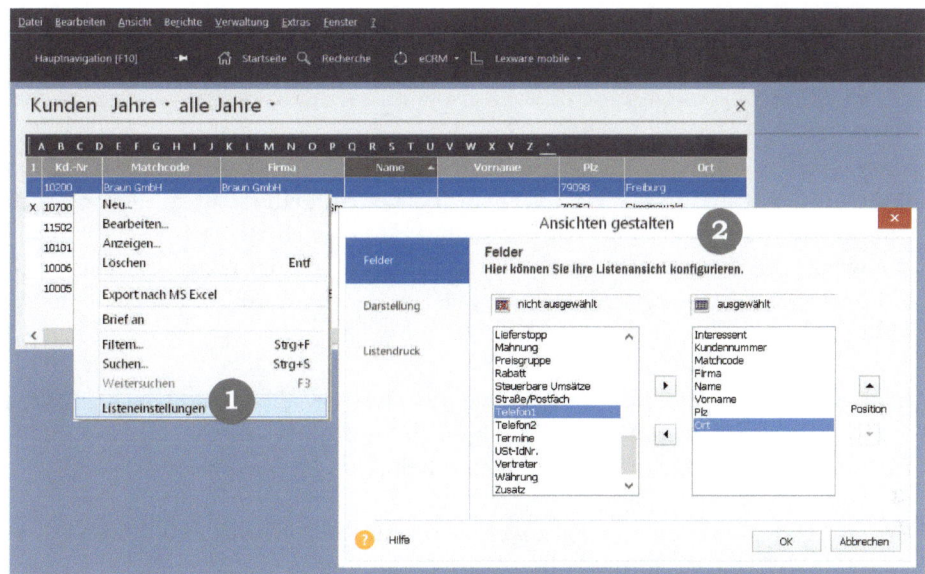

Abb. 11.1: **Kundenliste:** *Über das Menü der rechten Maustaste* ❶ *gelangen Sie in das Fenster zu den Listeneinstellungen* ❷ *.*

Im linken Teil der Listeneinstellungen sind alle Felder (Spalten) aufgeführt, die in der Liste angezeigt werden können, aber bisher nicht ausgewählt wurden. Auf der rechten Seite sind die für die Darstellung derzeit verwendeten Felder in der Reihenfolge aufgeführt, in der sie auch dargestellt werden.

Die Pfeiltasten zwischen dem rechten und linken Fensterausschnitt ermöglichen die individuelle Gestaltung der Liste. Soll beispielsweise die Spalte für die Telefonnummer des Kunden in die Liste mit aufgenommen werden, markieren Sie diesen Eintrag links. Klicken Sie danach auf die obere Pfeiltaste, die nach rechts weist, um „Telefon1" in die Liste der ausgewählten Spalten zu verschieben.

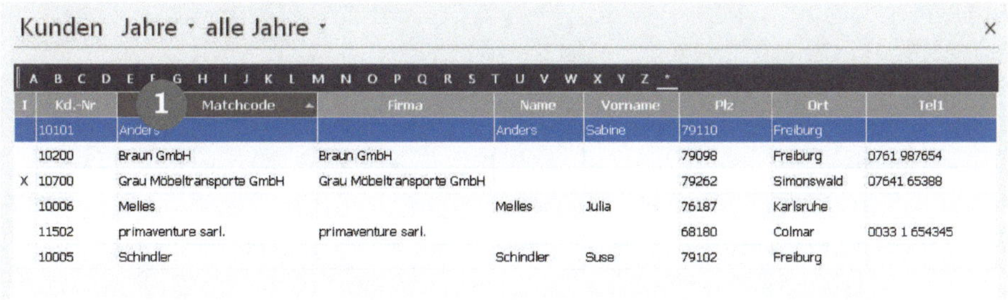

Abb. 11.2: **Kundenliste:** *Hier ist die Liste sortiert nach dem Matchcode* ❶ *.*

Wie bei vielen Windows-Programmen haben Sie auch in Lexware warenwirtschaft die Möglichkeit, die angezeigte Liste nach der Spalte sortieren zu lassen, deren Überschrift angeklickt ist. In der Abbildung ist das die Spalte „Matchcode". Ein Klick auf die graue Spaltenüberschrift „Kd.-Nr." würde die Liste aufsteigend nach der Kundennummer anzeigen.

Diese Art der Sortierung unterstützt Sie bei der schnellen Suche nach bestimmten Kunden. Tippen Sie einfach den gesuchten Begriff auf der Tastatur und der gesuchte Eintrag wird markiert. Auf diese Weise benötigen Sie kein Suchfenster, in dem der Suchbegriff und die Spalte eingegeben werden müssen – was umständlich und zeitaufwendig ist. Sie öffnen lediglich die Liste und klicken irgendeinen Eintrag an, dann funktioniert die Schnellsuche unkompliziert innerhalb der Spalte, nach der sortiert wurde. Im obigen Bild wäre das also der Matchcode.

Der Menüpunkt Listeneinstellungen mit den beschriebenen Möglichkeiten der Listengestaltung steht nicht nur in der Kundenliste, sondern auch in der Artikel-, der Lieferanten-, der Auftrags- und der Projektliste zur Verfügung. Dort bestehen auch dieselben Suchmöglichkeiten über einen Klick auf die jeweiligen Spaltenüberschriften. Die zweite Seite der Listeneinstellungen „Darstellung" sorgt dafür, dass nur die gewünschten Einträge in der nachfolgenden Liste angezeigt werden. Dabei gibt es Unterschiede zwischen Kunden- und Artikellisten.

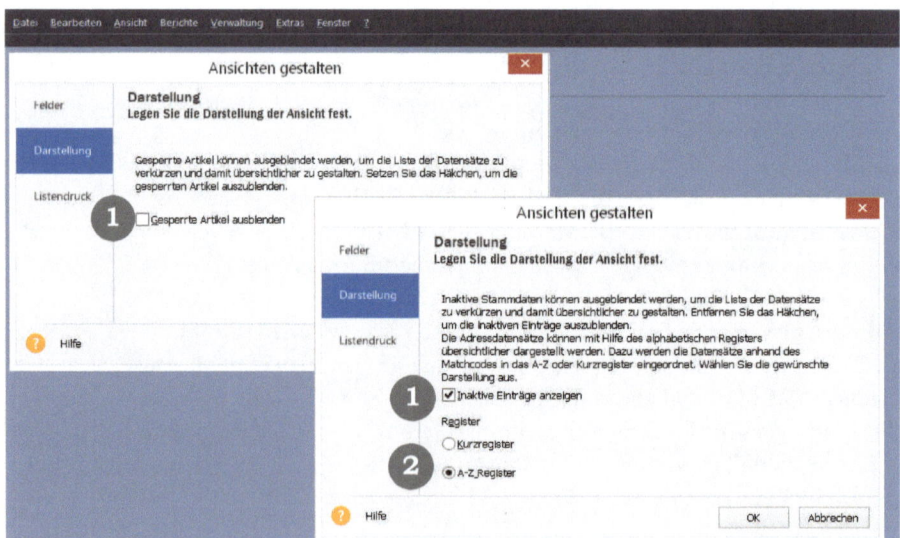

Abb. 11.3: **Listeneinstellungen:** *Die Seite „Darstellung" in den Listeneinstellungen, wo man Einträge ein- und ausblenden* ❶ *und in der Kundenliste auch das Register* ❷ *einstellen kann.*

Diese Seite ermöglicht es, die gesperrten Artikel aus der Artikelliste auszublenden. In der Kundenliste veranlasst das Häkchen bei „inaktive Einträge anzeigen" das Programm dazu, auch als gelöscht markierte und inaktiv gesetzte Kundenadressen anzuzeigen. Außerdem lässt sich das alphabetische Register entweder ausführlich mit allen Buchstaben aufführen oder als Kurzregister, bei dem mehrere Buchstaben zusammengeführt werden.

> **Tipp**
>
> Die Standardeinstellung bei Programmauslieferung zeigt gesperrte Artikel und gelöschte bzw. inaktive Kunden in der Liste an. Möchten Sie das nicht, dann setzen Sie die Häkchen entsprechend.

11.2 Ausgeben von Listen

Der schnellste Weg, um eine am Bildschirm dargestellte Liste auszugeben, ist der Druck mittels des Symbols „Drucken" in der Symbolleiste. Die Seite „Listendruck" in den Listeneinstellungen erfordert hierfür wenige grundsätzliche Angaben. Sie müssen lediglich die Schriftart auswählen und festlegen, ob im Hoch- oder Querformat gedruckt werden soll.

Wählen Sie stattdessen den Weg über **Datei → Drucken**, dann lassen sich wesentlich mehr Einstellungen vornehmen. So können für die Artikelliste zum Beispiel einzelne Warengruppen zum Druck bestimmt werden und die Kundenliste kann nur mit den Adressen erfolgen, die nach einem bestimmten Zeitpunkt erfasst wurden. Außerdem stehen mehrere Formulare zur Verfügung, die jedoch unabhängig davon sind, was im Augenblick am Bildschirm angezeigt wird.

Eine weitere, sehr interessante und oft hilfreiche Variante ist die Ausgabe von Bildschirmlisten nach MS Excel®. Meist ist dieser Menüpunkt über die rechte Maustaste zu finden oder über die Aktionsleiste am rechten Bildschirmrand.

Auf diesem Weg erhalten Sie eine identische Liste, wie Sie am Bildschirm angezeigt wird. Dieselben Spalten, dieselbe Sortierung findet sich dann in der Excel-Datei wieder. In Zusammenhang mit den Listeneinstellungen – innerhalb der Auftragsliste auch mit den Auswahlkriterien – kombiniert mit den Rechenfunktionen in Excel gibt es so eine Fülle von individuellen Auswertungsmöglichkeiten, die sonst im Programm nicht immer vorhanden sind.

Auch unter dem Symbol „Exportieren" in der Symbolleiste des Programms ist die Ausgabe nach Excel hinterlegt. Darüber hinaus lassen sich die Listen – exakt so, wie sie am Bildschirm dargestellt sind – auch als pdf oder xml-Datei ausgeben.

11.3 Die Auftragsliste

Wenn Aufträge noch einmal angesehen oder geändert werden müssen, wenn sie auszudrucken sind, wenn aus einem Angebot ein Lieferschein generiert werden soll, wenn eine Rechnung storniert werden muss, immer dann brauchen Sie die Auftragsliste als Grundlage. Da die Auftragsliste ein wichtiges Element des Programms ist und häufig benötigt wird, gibt es unterschiedliche Wege, sie aufzurufen:

- Aus dem Hauptmenü über **Verwaltung → Aufträge Verkauf...** (oder **Aufträge Einkauf...**).
- Aus der Hauptnavigationsleiste links über **Aufträge Verkauf** oder **Aufträge Einkauf**.
- Vorselektiert nach Auftragsart über die Schaltflächen auf der **Startseite** und „**Übersicht öffnen**".
- Außerdem gibt es eine gefilterte Auftragsliste **innerhalb der Kundenliste**. Dort werden im unteren Bereich unter „Aufträge" die Aufträge des jeweils markierten Kunden angezeigt.
- Dasselbe gibt es auch **in der Artikelliste**. Dort finden Sie die Aufträge, die den markierten Artikel beinhalten.

Maßgeblich für die aufgelisteten Aufträge ist immer der oberhalb der Liste angegebene Zeitraum.

11.3.1 Auswahlkriterien

Über das Menü **Verwaltung → Aufträge Verkauf...** erscheint zunächst die Abfrage der Auswahlkriterien. Öffnen Sie die Auftragsliste jedoch über den Eintrag in der Hauptnavigation links am Bildschirm, erscheint die Liste mit denselben Einstellungen, mit denen sie zuletzt aufgerufen wurde. Ein Listenaufruf über die Auftragssymbole auf der Startseite ergibt eine nach Auftragsart selektierte Liste.

Auch bei bereits geöffneter Liste können Sie die Auswahlkriterien ändern über das Auswahlfenster „Anzeigen" links oben über der Liste. Dort lassen sich schnell auch bestimmte Auftragsarten zusammenstellen – z. B. alle Rechnungen und Rechnungskorrekturen für den gegebenen Zeitraum.

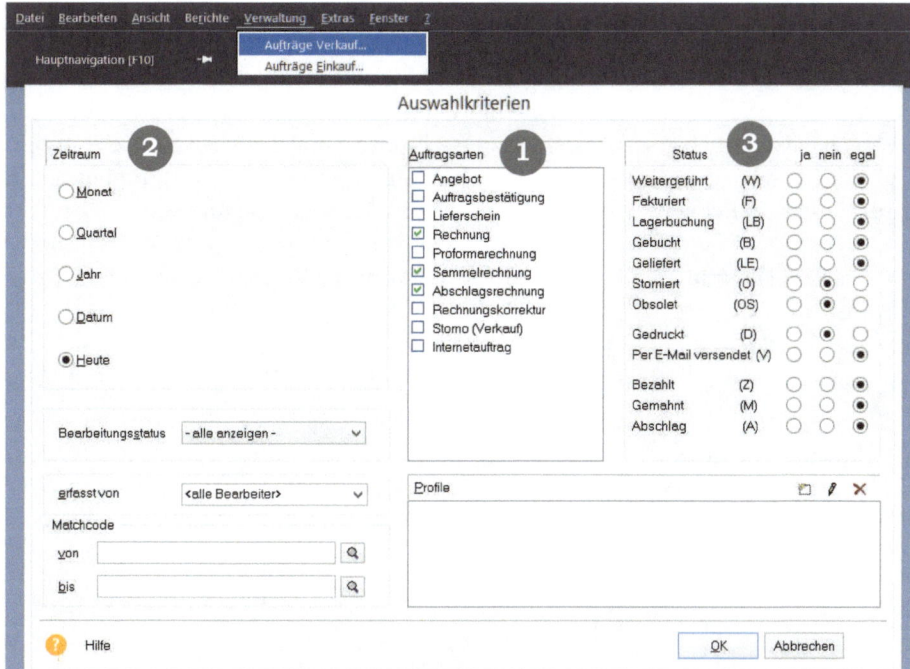

Abb. 11.4: **Die wichtigsten Auswahlkriterien der Auftragsliste:** *Auftragsarten* ❶
und Zeitraum ❷ *ebenso wie der Status* ❸ *der Aufträge.*

Die Liste der Auftragsarten ist je nach Programmversion unterschiedlich und kann bei Ihnen anders aussehen. Von den Angaben in diesem Fenster hängt es ab, welche Einträge die sich nun öffnende Liste haben wird.

Bestimmen Sie, welche Auftragsarten angezeigt werden sollen. Wenn Sie eine bestimmte Rechnung sehen möchten, muss also ein Häkchen im Feld „Rechnung" vorhanden sein, damit sie in der Liste auch angezeigt wird. Außerdem können Sie den Zeitraum definieren. Wenn die Liste nur Aufträge eines bestimmten Bearbeiters beinhalten soll, geben Sie diesen an. Und wenn nur Aufträge eines bestimmten Kunden aufgelistet werden sollen, dann nutzen Sie die Felder „Matchcode" „von" und „bis". Diese Auswahl bezieht sich auf den Matchcode in den Kunden- bzw. Lieferantendaten.

> **Achtung**
> Achten Sie darauf, die Auswahlkriterien sinnvoll auszufüllen. Insbesondere wenn Sie einen bestimmten oder mehrere Einträge vermissen, sollten Sie sich die Auswahlkriterien kritisch ansehen. In den allermeisten Fällen liegt hier die Ursache für vermeintlich nicht gespeicherte Aufträge.

Eine weitere Auswahlmöglichkeit gibt es mit dem Status. Bevor Sie sich mit dieser Möglichkeit befassen, sehen Sie sich eine Auftragsliste zunächst einmal an.

Die Einträge der Liste sind weitgehend selbsterklärend. Mit Datum, der Auftragsart, Belegnummer und Matchcode können Sie jedes Angebot sicher identifizieren. Was aber bedeuten die Kürzel im Feld „Status"? Diese Buchstaben sollten aussagefähig sein, zur Verdeutlichung seien sie hier jedoch einmal aufgelistet.

Liste der Statuskürzel	
W	Der Auftrag wurde weitergeführt (siehe Kapitel 12).
F	Dieser Lieferschein wurde entweder über eine Sammelrechnung fakturiert oder in eine Rechnung weitergeführt.
LB	Die Lagerbuchung wurde durchgeführt, die abgegangenen Artikel werden in der Mengenstatistik berücksichtigt.
LE	Eine offene Bestellung/Auftragsbestätigung wurde vollständig geliefert und als erledigt gekennzeichnet.
O	Dieser Auftrag wurde storniert.
OS	Dieser nicht weitergeführte Auftrag (z. B. Angebot oder Auftragsbestätigung) wird nicht weiter bearbeitet und ist deshalb obsolet.
D	Der Auftrag wurde gedruckt.
V	Der Auftrag wurde per E-Mail versendet.
A	Von dieser Rechnung wurden Abschlagsrechnungen abgezogen.
FSG	Der buchungsrelevante Auftrag wurde beim DATEV-Export festgeschrieben.

Abhängig von der Programmversion und den Einstellungen in der jeweiligen Firma gibt es folgende Einträge:	
M	Diese Rechnung wurde bereits gemahnt.
Z	Diese Rechnung ist bezahlt.
S	Der Auftrag wurde mit einer Internetmarke frankiert.
Nur in Lexware financial office steht dieser Eintrag zur Verfügung:	
B	Diese Rechnung oder Rechnungskorrektur wurde über die Buchen-Abfrage nach dem Speichern des Auftrags oder über **Extras → Buchungsliste übertragen** in Lexware buchhaltung exportiert.

Die Auftragsliste zeigt also mit der Statusangabe, was mit diesem Auftrag geschehen ist. Diese Angabe kann ebenfalls genutzt werden, um die Liste einzugrenzen.

Sämtliche Statusangaben sind zur Auswahl angeboten. Die Voreinstellung ist jeweils „egal". Das bedeutet, dass die Auftragsliste alle Aufträge auflistet, die den Kriterien entsprechen, unabhängig davon, welchen Status sie haben.

Beispiel

Angenommen, Sie möchten eine Liste aller Lieferscheine – unabhängig vom Datum – die bisher nicht weiterberechnet wurden. Dann wählen Sie zunächst **Verwaltung →** **Aufträge Verkauf...**, um die Auswahlkriterien einzugeben.

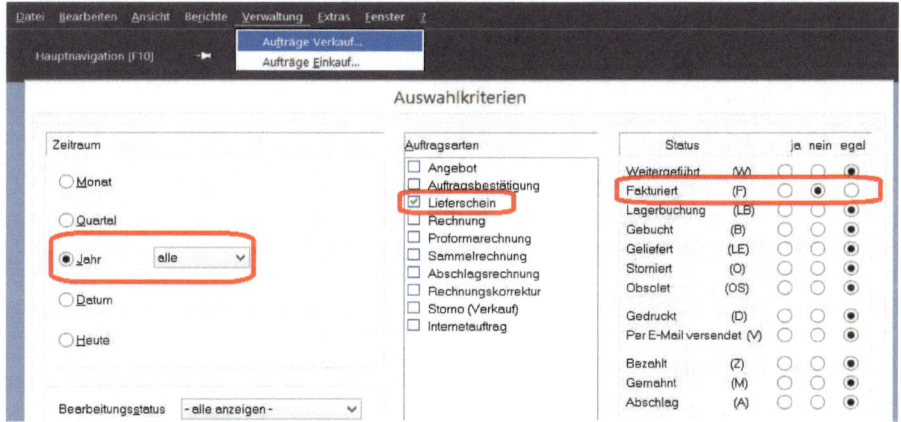

Abb. 11.5: **Beispiel:** *Die Einstellungen, um nicht weiterberechnete Lieferscheine anzuzeigen.*

Um nur die bisher nicht fakturierten Lieferscheine zu sehen, klicken Sie in der Zeile „fakturiert" die mittlere Spalte „nein" an.

Die folgende Auftragsliste zeigt nun ausschließlich Lieferscheine, die nicht weiterberechnet wurden. Sie erkennen das daran, dass in der Status-Spalte nirgends ein „F" zu finden ist.

11.3.2 Profile

In der Regel benötigen Sie bei der täglichen Arbeit immer wieder dieselben Einstellungen der Auftragsliste. Diese Einstellungen lassen sich in einem Profil hinterlegen. Dazu geben Sie zuerst die Auswahlkriterien für die Liste an – auch die Statuseinstellungen werden im Profil berücksichtigt. Danach klicken Sie die Schaltfläche „neues Profil" an.

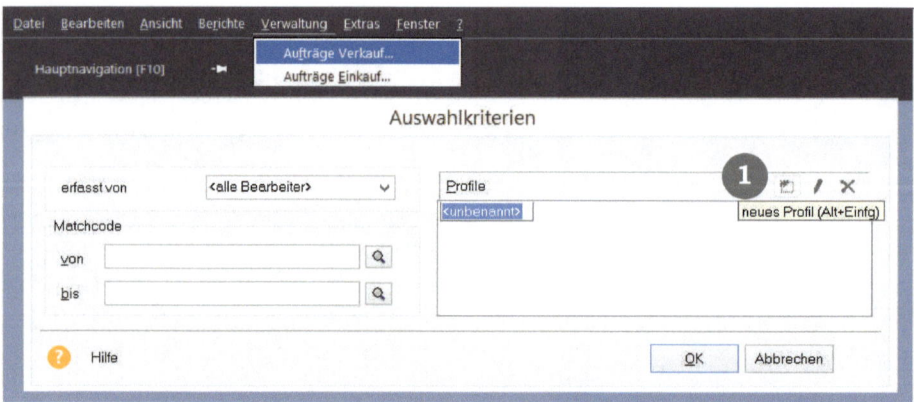

*Abb. 11.6: **Profil für Listeneinstellungen:** Anlegen eines Profils für häufig verwendete Listeneinstellungen mithilfe der Schaltflächen ❶ .*

Nun wird eine Zeile mit der Bezeichnung <unbekannt> angegeben. Dort tragen Sie den Namen des Profils ein, der damit auch in die Auswahlliste unter „Anzeigen" übernommen wird. So stehen Ihre individuellen Einstellungen jederzeit schnell wieder zur Verfügung. Löschen lässt sich ein Profil, indem Sie es markieren und danach die Schaltfläche „Löschen" anklicken.

Übung

Legen Sie ein Profil für alle noch nicht gedruckten Aufträge von heute an.

Diese Einstellung ist vor allem dann hilfreich, wenn beispielsweise mehrere Rechnungen hintereinander erfasst werden, die später in einem Arbeitsgang zusammen ausgedruckt werden sollen.

12. Bearbeiten von Aufträgen

Mit dem Erfassen von Aufträgen allein ist es nicht getan – diese müssen auch gedruckt, gelegentlich geändert oder kopiert und manchmal auch storniert werden. Und wenn Sie die Abläufe im Programm nutzen, dann werden Angebote auch weitergeführt in Auftragsbestätigungen, Lieferscheine und Rechnungen. Welche Funktionen Lexware warenwirtschaft in diesem Zusammenhang bietet, zeigt das Menü mit der rechten Maustaste in der Auftragsliste.

Für die Übungen in diesem Kapitel sollten noch nicht weitergeführte Aufträge vorhanden sein. Die hier gezeigten Beispiele beziehen sich auf die Übungsaufgaben aus Kapitel 10.

12.1 Vorhandene Aufträge bearbeiten

Was immer Sie mit einem Auftrag machen möchten, Voraussetzung ist stets, dass der betreffende Auftrag in der Liste markiert ist. Das bedeutet, Sie brauchen zunächst eine Auftragsliste am Bildschirm, die den betreffenden Auftrag anzeigt. Dabei spielt es keine Rolle, ob die Aufträge beispielsweise innerhalb der Kundenliste angezeigt werden oder in der reinen Auftragsliste.

12.1.1 Änderungen vornehmen

Wenn es sich **nicht** um eine Rechnung oder einen Lieferschein handelt, kann ein einmal gespeicherter Auftrag, der nicht weitergeführt wurde, abgeändert werden. Rufen Sie dazu den Auftrag per Doppelklick oder über das kontextbezogene Menü aus der Auftragsliste zum Bearbeiten auf. Auf der ersten Seite können sowohl Adressangaben als auch die Preisgruppe geändert werden. Das Ändern der Preisgruppe hat eine Neuberechnung der Positionen zur Folge. Das Programm informiert Sie mit einer Meldung darüber. Wurden im betreffenden Auftrag kundenspezifische Preise berücksichtigt, hat eine Preisgruppenänderung jedoch keine Auswirkung, da die kundenspezifischen Preise Vorrang vor allen anderen Angaben haben, wenn Sie diese Einstellung in den Firmenangaben nicht geändert haben.

Die zweite Seite des Auftragsassistenten kennen Sie schon. Dort können Sie weitere Artikel oder Dienstleistungen hinzufügen, wie zuvor beim Neuanlegen eines Auftrags beschrieben.

Etwas mehr Aufmerksamkeit erfordert das Ändern bereits bestehender Positionen. Zunächst klicken Sie die Position, die verändert werden soll, in der Positionsliste im unteren Teil des Fensters an. Die Position wird nun blau markiert und die Daten werden nach oben in die Erfassungsfelder gestellt, wo die gewünschten Änderungen vorgenommen werden können.

In der folgenden Abbildung wurde die angebotene Stückzahl geändert. Danach muss diese mit dem grünen Häkchen in die Positionsliste übergeben werden. Erst dann ist die Schaltfläche „Speichern" wieder frei.

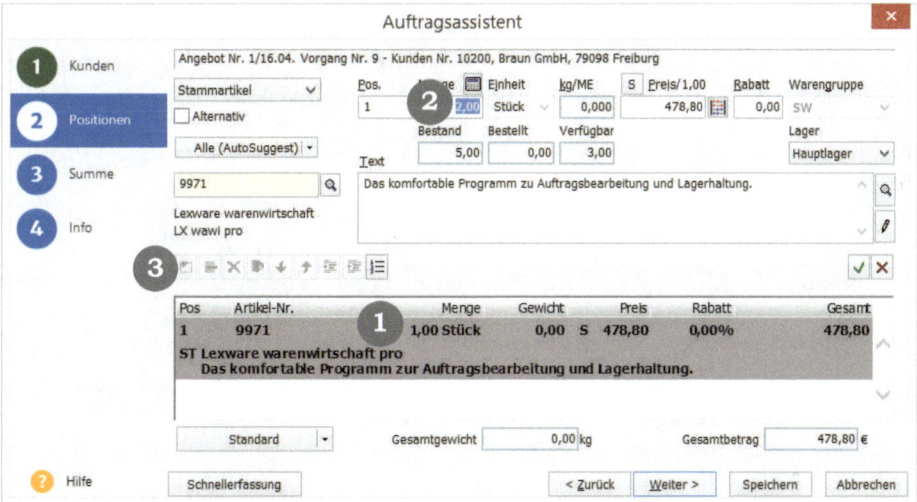

Abb. 12.1: **Änderungen in der Positionserfassung:** *Änderung der angebotenen Positionsmenge von 1 Stück* ① *auf 2 Stück* ② *. Die Schaltflächenzeile* ③ *zeigt die Bearbeitungsmöglichkeiten.*

Außerdem stehen nach dem Markieren einer Position die Schaltflächen in der Mitte des Fensters zur Verfügung. Halten Sie die Maus einen Augenblick auf dem jeweiligen Symbol, dann erscheint ein erläuternder Text. Wählen Sie so, was mit der markierten Position geschehen soll:

- Das erste Symbol „**Einfügen**" sorgt dafür, dass die nun neu zu erfassende Position vor der Markierten eingefügt wird.
- Das zweite Symbol „**Kopieren**" veranlasst das Programm, dieselbe Position noch einmal in die Positionsliste aufzunehmen.
- Das rot durchkreuzte Symbol dient dem **Entfernen** einer Position aus dem Auftrag.

- Die Pfeilschaltflächen ermöglichen es, die **Reihenfolge** der Positionen zu **ändern**.
- Die weiteren Symbole sind notwendig, wenn die Positionsliste **gruppiert** werden soll. Nur wenn dies in den Firmenangaben mit dem Häkchen unter „**Titel verwenden**" so festgelegt ist, gibt es diese Symbole im Auftragsassistenten.

> **Achtung**
> Mit den Standardeinstellungen des Programms können Rechnungen, Rechnungskorrekturen und Lieferscheine nicht mehr bearbeitet werden, wenn Sie bereits gedruckt wurden. Nutzen Sie deshalb die Druckvorschau zur Kontrolle. In den Firmenangaben gibt es die Möglichkeit, diese Einstellung zu ändern.

Zum Ansehen und Kontrollieren der Eingaben können Sie sowohl das Bearbeiten nutzen als auch die reine Anzeige ohne Bearbeitungsmöglichkeit. Wählen Sie den Menüpunkt **Anzeigen**, wird der Auftrag inaktiv angezeigt und es gibt keine „Speichern"-Schaltfläche. So verhindern Sie eine versehentliche Änderung.

12.1.2 Aufträge ausgeben

Auf dem Menü mit der rechten Maustaste finden Sie mehrere Möglichkeiten, einen Auftrag auszugeben. Als ersten und wichtigsten Punkt ist sicher das Drucken zu nennen. Und da die Auftragsliste multiselektionsfähig ist – also mehrere Einträge markiert werden können – lassen sich auf diesem Weg auch mehrere Aufträge in einem Arbeitsgang ausdrucken.

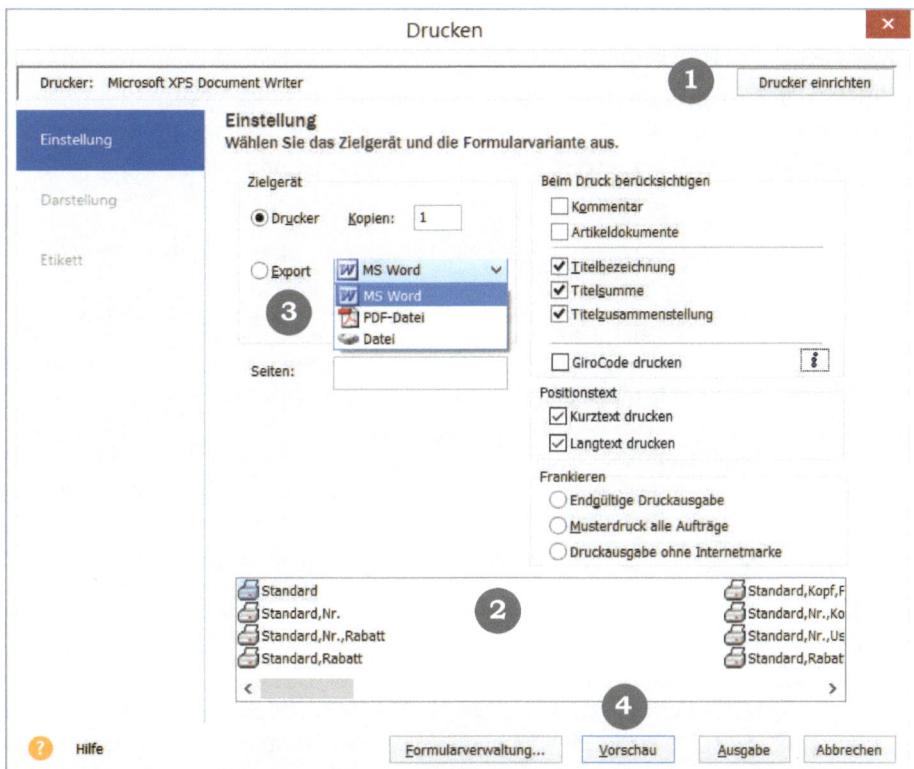

Abb. 12.2: **Auftrag drucken:** *Wählen Sie den gewünschten Drucker* ❶ *und das passende Formular* ❷ *zur Ausgabe aus; erzeugen Sie eine PDF- oder Word-Datei* ❸ *des Auftrags und sehen Sie sich die Druckvorschau* ❹ *an.*

Hier gibt es nicht nur verschiedene Einstellungsmöglichkeiten; das Drucken-Fenster ist auch die Basis für die Bearbeitung des Formular-Designs (siehe Kapitel 19).

Tipp

Um alle in der Bildschirmliste angezeigten Aufträge auf einmal auszudrucken, gibt es den Menüpunkt **Berichte → Aufträge**. Ist keine Liste geöffnet, fragt das Programm nach den Auswahlkriterien für die Liste. So können Sie genau die Aufträge anzeigen und drucken lassen, die Sie benötigen. Haben Sie beispielsweise einen Ablauf durchgeführt und möchten nun alle erzeugten Rechnungen drucken, geben Sie in den Auswahlkriterien als Datum „Heute" an und im Status „nicht gedruckt", um alle Abrechnungen für den Druck aufzulisten.

Neben dem Drucken spielt sicher auch der Versand per E-Mail eine Rolle, den Sie auf demselben Weg vornehmen können. Die Einstellungen für den Mailversand nehmen Sie unter **Extras → Optionen** vor (siehe Kapitel 14).

Haben Sie sich für die Poststelle im Programm angemeldet, finden Sie nun im Menü die Funktion, Aufträge über einen Lettershop preiswert zu versenden und zertifizierte eRechnungen an den Kunden zu mailen. Mehr Informationen zu diesem Service finden Sie im Netz unter https://shop.lexware.de/lexware-poststelle und natürlich in der Programmhilfe, wenn Sie das Stichwort „Poststelle" eingeben.

Buchungsrelevante Aufträge – also Rechnungen, Sammelrechnungen und Rechnungskorrekturen und außerdem Stornos zu Rechnungen und Rechnungskorrekturen werden innerhalb Lexware financial office zur Ausgabe an die Buchhaltung bereitgestellt. In diesem Fall finden Sie einen Menüpunkt **Buchen** im Menü der rechten Maustaste.

12.1.3 Obsolet setzen und Stornieren

Gelegentlich finden Sie Aufträge in der Auftragsliste, die Sie nicht mehr benötigen, aus datenschutzrechtlichen Gründen jedoch auch nicht einfach löschen können. Hierfür gibt es den Obsolet-Status. Klicken Sie den Auftrag mit der rechten Maustaste an und wählen Sie „Obsolet-Status setzen". Dieser Statuseintrag sorgt dafür, dass solche Aufträge aus der Listenanzeige herausgefiltert werden können. Sehr hilfreich ist das bei Angeboten, für die Sie keinen Auftrag erhielten. Diese Kennzeichnung lässt sich auf demselben Weg wieder zurücksetzen. Mehr zu den Statuseinträgen finden Sie in Kapitel 11.

Rechnungen und Rechnungskorrekturen werden sowohl in der Statistik als auch bei der Übertragung in die Buchhaltung berücksichtigt. Diese müssen deshalb storniert werden, wenn Sie fehlerhaft sind. Damit werden die Beträge aus der Statistik wieder herausgerechnet. Dasselbe gilt für Lieferscheine, wo beim Stornieren die Ware im Lager wieder zugebucht wird. Das Programm informiert Sie mit einer Meldung.

Für die Stornierung wird ein Stornobeleg erstellt, der im Betreff auf den ursprünglichen Auftrag verweist und dieselben Positionen nun mit negativem Vorzeichen abbildet.

12.2 Weiterführen und Kopieren (Duplizieren) von Aufträgen

Um aus einem bestehenden Angebot eine Auftragsbestätigung zu erzeugen, muss zunächst die Auftragsliste am Bildschirm angezeigt werden. Diese können Sie entweder über **Verwaltung → Aufträge** oder über die Schaltfläche „Angebote/Übersicht öffnen" auf der Startseite aufrufen. Ist der Zeitrahmen für die Liste richtig angegeben, dann finden Sie das zuvor erstellte Angebot nun in der Bildschirmliste.

Klicken Sie das gewünschte Angebot mit der rechten Maustaste an. Im Menü wählen Sie **weiterführen**. Danach öffnet sich der Auftragsassistent mit dem zuvor erfassten Auftrag, das aktuelle Datum ist eingestellt. Der nun vorliegende Auftrag ist eine Kopie des Angebots mit den identischen Daten. Das ursprüngliche Angebot bleibt im System erhalten.

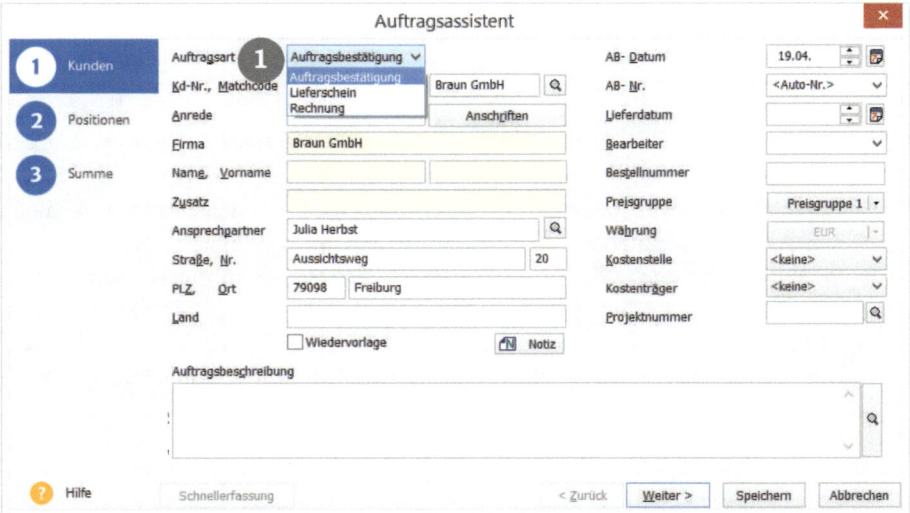

Abb. 12.3: ***Auftrag weiterführen:*** *Weitergeführter Auftrag mit der Auswahl der Auftragsarten* ❶ *.*

Die vorgegebene Auftragsart ist „Auftragsbestätigung". Öffnen Sie dieses Auswahlfenster, dann finden Sie weitere Auftragsarten, in die Sie dieses Angebot weiterführen könnten. Das bedeutet, Sie können aus einem Angebot auch direkt eine Rechnung erzeugen, wenn das der Vorgehensweise in Ihrem Hause entspricht. Sie sind nicht daran gebunden, alle Auftragsarten der Reihe nach zu erstellen.

Kontrollieren Sie nun das Lieferdatum und passen Sie gegebenenfalls die Auftragsbeschreibung an. Sind Angebot und Auftragsbestätigung identisch, brauchen Sie nur

noch „Speichern" anzuklicken. Oft liegen zwischen Angebot und Auftragsbestätigung jedoch Verhandlungen, in deren Folge Änderungen erforderlich sind. Diese Änderungen nehmen Sie dann in der Auftragsbestätigung vor. Das ursprüngliche Angebot bleibt unverändert und bekommt nach dem Speichern in der Auftragsliste den Status „W" wie Weitergeführt.

Führen Sie ein Angebot weiter, das Alternativpositionen beinhaltet, ist die Bearbeitung der Positionsliste notwendig. Möchten Sie ein solches Angebot unverändert weiterführen, erhalten Sie beim Speichern die Meldung, dass noch Alternativpositionen im Angebot vorhanden sind, die im nun gewählten Auftrag nicht erlaubt sind. Der weitere Hinweis, dass die Alternativen vor dem Speichern zu löschen seien, ist so nicht richtig.

Ihr Kunde hat sich aufgrund des Angebots entschieden, welche Positionen bzw. Artikel er wirklich möchte. Beim Weiterführen überarbeiten Sie die Positionsliste im Zielauftrag (also nicht im Angebot!) so, wie es den Vereinbarungen mit Ihrem Kunden entspricht. Wählt dieser die von Ihnen angebotene Alternativposition, bearbeiten Sie diese und entfernen das Häkchen im Feld „Alternativ", sodass dieser Artikel nun in die Gesamtsumme mit eingerechnet wird. Eventuell müssen Sie nun eine andere Position hierfür löschen, was mit den Schaltflächen leicht zu erledigen ist. Nur wenn Ihr Kunde die angebotene Alternative nicht möchte, löschen Sie diese aus dem weitergeführten Auftrag.

Öffnen Sie einen der beiden zusammengehörenden Aufträge – also entweder Angebot oder Auftragsbestätigung – finden Sie auf der letzten Seite des Auftragsassistenten „Info" die Anzeige, aus welchem oder in welchen Beleg der jeweilige Auftrag erzeugt wurde.

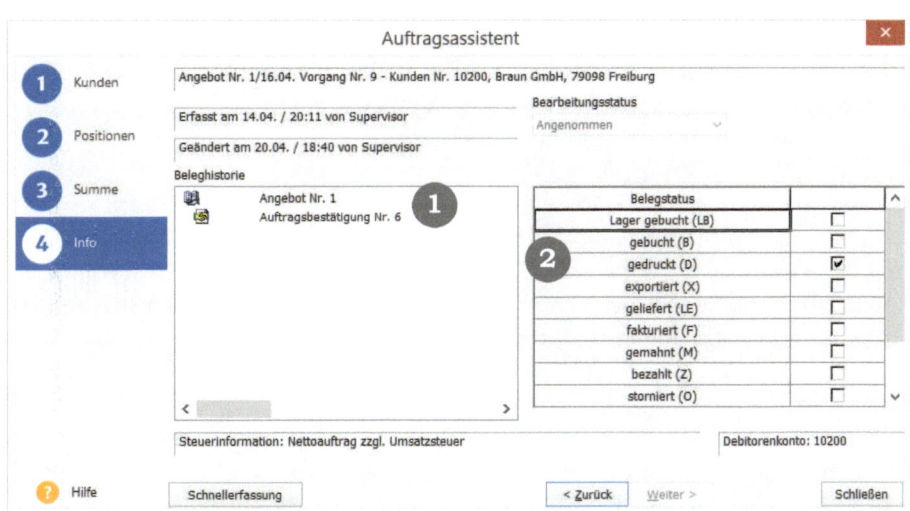

Abb. 12.4: **Die Info-Seite im Auftragsassistenten:** *Hier finden Sie die Historie* ❶ *und die Angabe des Status* ❷ *des Auftrags.*

Ein Doppelklick auf den Eintrag in dieser Liste wechselt direkt in den jeweiligen Auftrag. Klicken Sie also im Infofeld wie in der obigen Abbildung auf den Eintrag „Angebot Nr. 1", wechselt das Programm in dieses Angebot. Das Fenster selbst ändert sich nicht, Sie können das jedoch in der Seitenüberschrift nachvollziehen – und natürlich dann, wenn Sie auf die vorigen Seiten wechseln.

> **Achtung**
>
> Ein einmal weitergeführter Auftrag kann weder bearbeitet noch erneut weitergeführt werden. Ausnahme hiervon ist eine Auftragsbestätigung, deren Positionen nur teilweise geliefert wurden. Hier ist ein erneutes Weiterführen in einen Lieferschein mit den noch nicht gelieferten Artikeln möglich.

Besonders bei häufig wiederkehrenden gleichen Aufträgen ist das **Duplizieren** äußerst hilfreich. Damit erzeugen Sie ein Duplikat des bestehenden Auftrags mit aktuellem Datum. Selbstverständlich stehen die verschiedenen Bearbeitungswege offen, sodass jederzeit Anpassungen an neue Gegebenheiten vorgenommen werden können.

> **Tipp**
>
> Wenn Sie regelmäßig wiederkehrende gleiche Aufträge – wie z. B. Quartalsrechnungen für bestimmte Leistungen – schreiben müssen, dann gibt es mit der Funktion Abo/Wartung die Möglichkeit, solche Rechnungen bequemer zu erzeugen als über das Duplizieren.

12.3 Wechsel zwischen Ein- und Verkauf: Wandeln

Das Wandeln eines Auftrages ermöglicht es, einmal erfasste Auftragsdaten aus dem **Ver**kauf in den **Ein**kauf zu übernehmen und umgekehrt. So können Sie aus einer Auftragsbestätigung an den Kunden die entsprechende Bestellung beim Lieferanten erzeugen, ohne die einzelnen Positionen erneut erfassen zu müssen. In diesem Fall werden die Einkaufspreise aus dem Artikel in die Bestellung übernommen. Das setzt jedoch voraus, dass der Lieferant und die Preise im Artikel auch hinterlegt sind. Prüfen Sie deshalb nach dem Wandeln eines Auftrages die Preisangaben.

Da die Artikel aus einer Auftragsbestätigung eventuell auch bei unterschiedlichen Lieferanten bestellt werden müssen, lässt sich ein Auftrag auch mehrmals wandeln.

Der Weg ist auch umgekehrt möglich. Aus einer Bestellung an den Lieferanten kann mit demselben Menüpunkt ein Verkaufsauftrag – also Angebot, Auftragsbestätigung, Lieferschein oder Rechnung – erzeugt werden.

12.4 Besondere Auftragsarten

Die Erfassung und Bearbeitung aller Auftragsarten ist weitgehend identisch. An Lieferscheine, Rechnungen und Rechnungskorrekturen sind jedoch besondere Funktionen im Hintergrund geknüpft. Für diese Auftragsarten gilt, dass sie nicht mehr bearbeitet werden können, wenn sie einmal ausgedruckt wurden. Das kann in den Firmenoptionen jedoch auch geändert werden.

Beachten Sie dazu jedoch unbedingt die steuerlichen Vorschriften!

Innerhalb financial office ist eine nachträgliche Bearbeitung buchungsrelevanter Aufträge nicht mehr möglich, wenn diese gebucht sind. Rechnungskorrektur oder Storno und Neuerfassung sind dann die richtigen Wege, um Änderungen vorzunehmen.

12.4.1 Lieferscheine

Der Lieferschein ist die Grundlage für die Lagerbuchungen. Sobald ein Lieferschein gespeichert wird, der als Lagerartikel definierte Artikel beinhaltet, werden die gelieferten Artikel von der Lagermenge im angegebenen Lager abgebucht. Die Auswertungen im Artikelstamm und über das Menü **Extras → Statistik** werden aufgrund dieser Lagerbuchungen geführt.

Für das Thema „Lagerhaltung" gibt es ein eigenes Kapitel. Dort sind die Vorgehensweise und die Einflussmöglichkeiten genauer beschrieben.

12.4.2 Rechnungen und Rechnungskorrekturen

Rechnungen, Sammelrechnungen und Rechnungskorrekturen sind buchungsrelevante Vorgänge. Sie werden immer in der Buchungsliste berücksichtigt, wenn sie nicht vor dem Buchen bereits storniert wurden. Darüber hinaus finden sie sich im Rechnungsausgangsbuch wieder.

Innerhalb Lexware financial office finden Sie bei buchungsrelevanten Aufträgen den Eintrag **Buchen** im Menü mit der rechten Maustaste. Auf diesem Weg können Sie eine einzelne Rechnung oder Rechnungskorrektur – oder mehrere als Sammelbuchung über **Extras → Buchungsliste übertragen** – an die Buchhaltung übergeben. Dort findet sich die Buchung dann im Buchungsstapel.

Die Beträge aus den Rechnungen, Rechnungskorrekturen und ggf. Stornos werden im Hintergrund in den Kunden- und Artikeldaten geführt. So entstehen die Umsatzlisten und Grafiken in den Kunden- und Artikelstammdaten, außerdem werden sie für die Berechnung der Statistik herangezogen.

Haben Sie die Möglichkeit, Rechnungsbeträge bei Ihren Kunden mittels SEPA-Lastschrift einzuziehen, dann müssen Sie den Kunden rechtzeitig hierüber informieren. Für diesen Fall können Sie die vorgeschriebene Pre-Notification (Vorankündigung) direkt auf der Rechnung ausgeben. Voraussetzung hierfür ist, dass Sie in den Kundendaten das Lastschriftmandat hinterlegt haben, in den Firmenangaben auf der ersten Seite die Gläubiger-ID eingetragen ist und dass in den Firmenangaben auf der Seite „Aufträge" die SEPA-Option für die Pre-Notification angehakt ist. Ein vorgefertigter Hinweis auf den Einzug des Rechnungsbetrags unter Berücksichtigung der Daten des Lastschriftmandats wird dann am Ende der Rechnung gedruckt.

Sehen Sie sich eine Rechnung im Auftragsassistenten genauer an – zum Beispiel die in eine Rechnung weitergeführte Auftragsbestätigung aus dem Anfang dieses Kapitels – dann fällt das andere Aussehen der Summenseite auf.

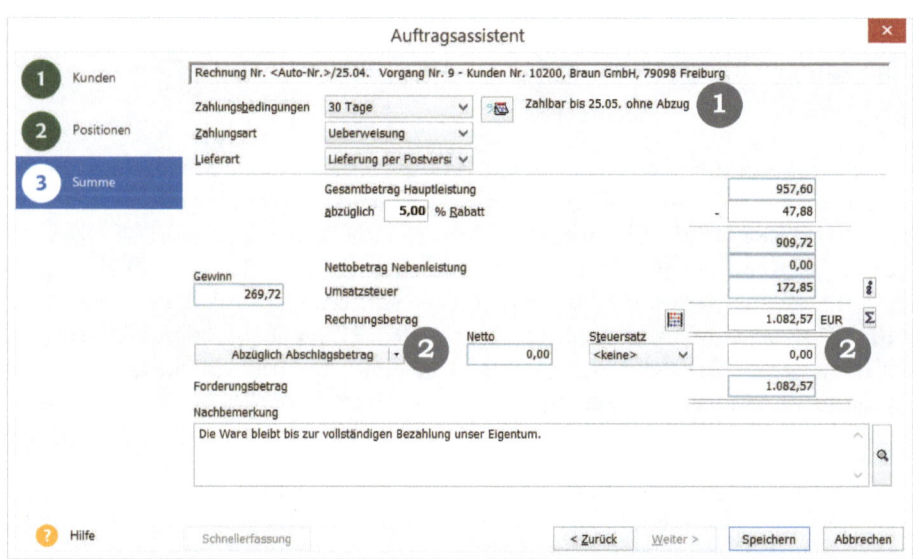

Abb. 12.5: **Die Summenseite:** *In der Rechnungserfassung steht das Datum* ❶ *des Zahlungsziels. Erhaltene Zahlungen können abgezogen werden* ❷ .

Es gibt nun die Möglichkeit, bereits erhaltene Abschlagszahlungen in der Rechnung anzugeben und verrechnen zu lassen. Diese Funktion ist auch hilfreich bei eventuellen Überzahlungen oder wenn Sie eine Rechnungskorrektur verrechnen möchten. Geben Sie neben dem Betrag, den Sie bereits erhalten haben, unbedingt auch den Umsatzsteuersatz an, mit dem dieser Betrag verbucht wurde. Der aus der Differenz resultierende Forderungsbetrag wird errechnet und angezeigt.

> **Achtung**
> Bei erhaltenen Anzahlungen sind verschiedene Rechtsvorschriften einzuhalten, insbesondere die des Umsatzsteuerrechts. Außerdem wird immer der gesamte Rechnungsbetrag in die Buchhaltung übergeben, nicht der Restbetrag, was den Vorschriften für Abschlagszahlungen entspricht.

Weniger offensichtlich als die zusätzlichen Eingabemöglichkeiten im Assistenten ist die veränderte Angabe der Zahlungsbedingungen. Hier zeigt sich die Unterscheidung zwischen Zahlungsbedingungen „allgemein" und für „Rechnungen". Das exakte Fälligkeitsdatum wird vom Programm errechnet und angegeben. Das Fälligkeitsdatum ist Basis für das Mahnwesen.

Eine besondere Form der Rechnungen sind Sammelrechnungen, die aus mehreren Lieferscheinen erzeugt werden. Diese werden im Kapitel 16 zum Thema Lagerhaltung behandelt.

Rechnungskorrekturen werden ebenso erfasst wie alle anderen Aufträge. Zudem besteht die Möglichkeit, eine Rechnung in eine Rechnungskorrektur weiterzuführen, um einen Beleg für die Rechnungskorrektur einer gesamten Rechnung zu erzeugen. Aber auch wenn lediglich ein Teil einer Rechnung gutgeschrieben werden muss, kann diese Funktion genutzt werden. Löschen Sie in diesem Fall einfach die in der Rechnungskorrektur nicht benötigten Positionen. Über die Funktion Weiterführen wird der Bezug zur Rechnung in den betroffenen Aufträgen gespeichert und kann später noch nachvollzogen werden.

> **Achtung**
> Die Beträge in der Rechnungskorrektur werden immer positiv angegeben. In der Buchhaltung wird eine Rechnungskorrektur ebenfalls mit positiven Beträgen verbucht, dann steht jedoch das Erlöskonto im Soll und das Debitorenkonto im Haben.

Innerhalb financial office stehen Rechnungen, Rechnungskorrekturen und ggf. die Stornos dazu für die Buchhaltung zur Verfügung. Speichern Sie die zuvor weitergeführte Rechnung, erscheint in der folgenden Meldung nicht nur die Frage nach Druck oder E-Mail-Versand, sondern auch die Frage, ob die Rechnung nun gebucht werden soll. Setzen Sie ein Häkchen im Feld „OK", wird der aus der Rechnung resultierende Buchungssatz an Lexware buchhaltung übergeben. Tun Sie das nicht, sammelt das Programm diese mit allen noch nicht gebuchten Rechnungen in einer Liste, die über den Menüpunkt **Extras → Buchungsliste übertragen** in einem Arbeitsgang an die Buchhaltung übergeben werden können.

In der unabhängigen Einzelversion des Programms können Sie die aus Rechnungen resultierenden Daten als Datei an Ihren Steuerberater geben, der die Buchungen in sein DATEV-Programm einlesen kann. Beim DATEV-Export bietet Ihnen das Programm die Festschreibung der Daten an. Damit sind Änderungen ebenfalls nicht mehr möglich und Sie stellen damit sicher, dass Ihre Arbeitsweise den GobD entspricht und dass Sie denselben Datenstand haben wie Ihr Steuerberater.

Welche Daten übergeben werden, kann in der Buchungsliste geprüft werden, die Sie über **Berichte → Journale → Buchungsliste** drucken können.

Übung

Wenn Sie nicht ohnehin bereits die Angebote aus den vorigen Übungen in der Auftragsliste haben, schreiben Sie zunächst eines mit verschiedenen Artikeln aus den Stammdaten. Führen Sie dieses Angebot in eine Auftragsbestätigung weiter und ändern Sie eine Position vor dem Speichern. Führen Sie die Auftragsbestätigung weiter in eine Rechnung.

Sehen Sie sich die letzte Seite „Info" der Rechnung im Auftragsassistenten an und wechseln über die Ansicht der Historie in die Auftragsbestätigung und das Angebot.

Drucken Sie die Rechnung aus und sehen Sie sich die Statuseinträge in der Auftragsliste an.

Versuchen Sie nun, die Rechnung erneut zum Bearbeiten zu öffnen.

13. Textbausteine

Häufig benötigt man für den Schluss eines Auftrags dieselben Texte. So werden Sie sich bei einem Angebot am Ende für das gezeigte Interesse bedanken, am Ende einer Rechnung findet sich häufig der Dank für den Auftrag oder Hinweis auf Aufbewahrungspflichten und Eigentumsvorbehalte.

Möglicherweise gibt es bei Ihnen auch Standardtexte für die Auftragsbeschreibung. Solche Standardtexte können hinterlegt werden, um sie nicht immer wieder neu eingeben zu müssen.

Aber auch in den Auftragspositionen oder in der Projektbeschreibung können standardisierte Texte Verwendung finden.

13.1 Erfassen von Textbausteinen

Bevor Sie vorgefertigte Standardtexte nutzen können, müssen diese erst im Programm hinterlegt werden. Die Liste dazu finden Sie unter dem Menüpunkt **Verwaltung → Texte → Textbausteine**. Die Einteilung der Texte in vorgegebene Kategorien sorgt dafür, dass an jeder Stelle im Auftrag zunächst nur die Texte angezeigt werden, die für das jeweilige Eingabefeld vorgesehen sind.

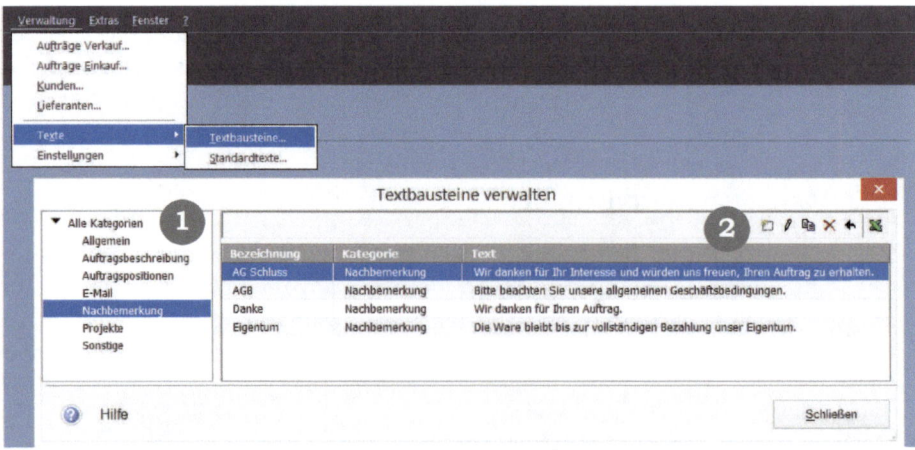

*Abb. 13.1: **Textbausteine:** Verschiedene Kategorien ❶ helfen später bei der Auswahl der Textbausteine im Auftrag. Symbole ❷ über der Liste erlauben die Neuanlage und Bearbeitung der Bausteine.*

Außer der Symbolleiste bietet wie immer auch das Menü mit der rechten Maustaste sämtliche Bearbeitungsmöglichkeiten. Wählen Sie hier **Neu**, öffnet sich ein Fenster, in dem ein neuer Textbaustein erfasst werden kann.

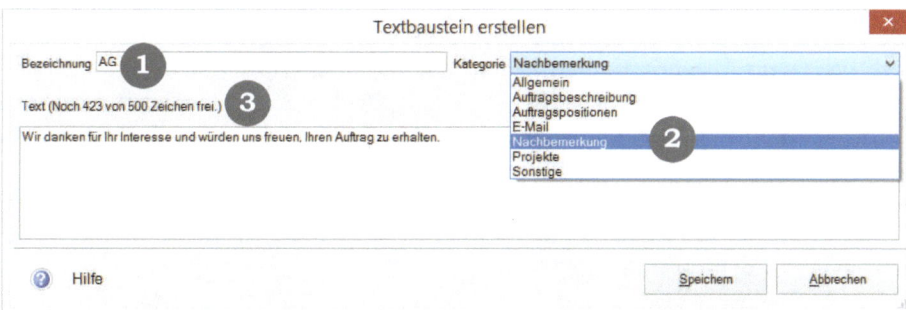

Abb. 13.2: ***Neuerfassung eines Textbausteines*** *für Angebote mit der Bezeichnung* ❶ *und der Auswahl aus den Kategorien* ❷*. Das Textfeld* ❸ *nimmt 500 Zeichen auf.*

Geben Sie eine Bezeichnung für den neuen Textbaustein an. Die Bezeichnung sollten Sie so wählen, dass sich der Textbaustein leicht auffinden oder eingeben lässt und der Vereinfachungseffekt nicht durch Suchen oder Eintippen komplizierter Begriffe zunichte gemacht wird. Die Kategorie können Sie aus der Liste auswählen. Haben Sie sich vertan, lässt sich der Textbaustein im Nachhinein auch in eine andere Kategorie verschieben.

Maximal 500 Zeichen stehen für den Text zur Verfügung. Zeilenumbrüche nimmt das Programm sowohl im Erfassungsfenster als auch später im Druck selbst vor, sodass der Text in einer „Bandwurmzeile" hintereinander weg eingegeben wird.

13.2 Manuelle Zuordnung der Textbausteine

Es gibt mehrere Wege, die Texte in den Auftrag zu übernehmen. Den bequemsten Weg, die automatische Einsteuerung bei bestimmten Auftragsarten, finden Sie im nachfolgenden Kapitel beschrieben. Die manuelle Zuordnung bietet den Vorteil, dass mehrere Textbausteine gleichzeitig in den Auftrag übernommen werden können.

Im Auftragsassistenten können Sie den Aufruf der Textbausteinliste wie immer über die Lupenschaltfläche hinter dem Eingabefeld erreichen. Je nachdem, aus welchem Feld Sie die Textbausteinliste aufrufen, ist die passende Kategorie bereits voreingestellt. Klicken Sie also auf die Lupenschaltfläche beim Feld Nachbemerkungen auf

der dritten Seite des Auftragsassistenten, sehen Sie zunächst nur die Texte, die Sie selbst für diese Stelle vorgesehen haben. Natürlich stehen alle anderen Kategorien auch zur Verfügung, sie sind nur einen Mausklick entfernt.

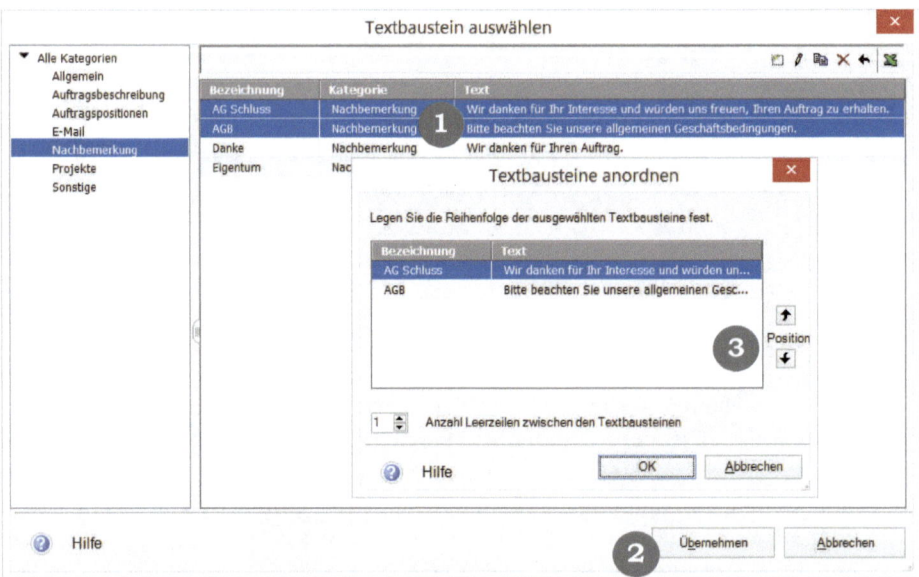

*Abb. 13.3: **Auswahl der Textbausteine:** Mehrere Textbausteine sind markiert ❶ .
Die Schaltfläche Übernehmen ❷ öffnet das Fenster zum Anordnen der
Texte ❸ . Reihenfolge und Leerzeilen können festgelegt werden.*

Um nun mehrere Textbausteine gleichzeitig zu übernehmen, markieren Sie die gewünschten Einträge in der Liste, indem Sie die <Strg>-Taste drücken und die Textbausteine anklicken. Klicken Sie dann auf die Schaltfläche Übernehmen, öffnet sich ein weiteres Fenster. Geben Sie hier die Reihenfolge und die Anzahl der Leerzeilen zwischen den Texten an, bevor Sie die Auswahl mit OK bestätigen.

Die Texte der Nachbemerkungen erscheinen im Ausdruck immer am Ende nach den Zahlungsbedingungen und ggf. der Lieferart. Sehen Sie, wie sich die oben abgebildeten Einstellungen im Druck auswirken:

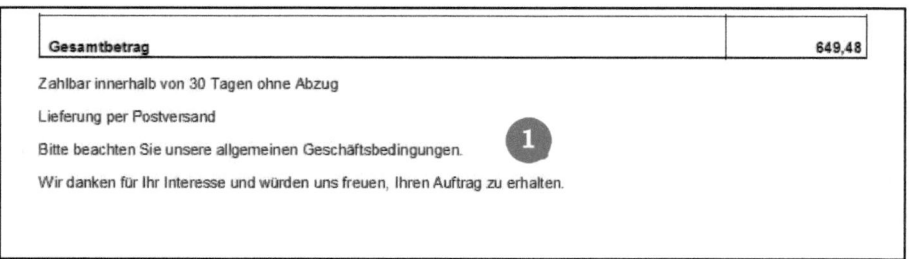

| Gesamtbetrag | 649,48 |

Zahlbar innerhalb von 30 Tagen ohne Abzug

Lieferung per Postversand

Bitte beachten Sie unsere allgemeinen Geschäftsbedingungen.

Wir danken für Ihr Interesse und würden uns freuen, Ihren Auftrag zu erhalten.

Abb. 13.4: **Textbausteine im Druck:** *Zwei ausgewählte Texte erscheinen mit der eingestellten Leerzeile am Ende eines Angebotes* ❶ *.*

Wie immer lassen sich Änderungen oder Neuerfassungen direkt aus dem Fenster erledigen, ohne die Auftragserfassung zu unterbrechen. Nutzen Sie dazu die Symbolleiste in der Textbausteinliste oder das Menü mit der rechten Maustaste.

Es gibt einen weiteren – schnelleren – Weg, Texte im Auftrag aufzurufen. Voraussetzung hierfür ist jedoch, dass Sie die bezeichnenden Kürzel auswendig wissen. Dann geben Sie erst das Zeichen „#" ein und danach das Kürzel. Im selben Augenblick, in dem die Bezeichnung des Textbausteins fertig getippt ist, verschwindet Ihre Eingabe und wird durch den Textbaustein ersetzt. Auch auf diesem Weg können mehrere Textbausteine hintereinander eingegeben werden. Um dasselbe Ergebnis wie zuvor zu erreichen, gehen Sie so vor:

- Eingabe: #AB
- Es erscheint der vollständige Text des Bausteins „AB".
- Erzeugen einer Leerzeile mit <Strg>+<Enter>.
- Eingabe: #AG
- Der vollständige Text des Bausteins AG erscheint.

Achtung

Die schnelle Auswahl eines Textes mit # und der Bezeichnung ist nur bei der Auftrags- und Projektbeschreibung sowie bei den Nachbemerkungen möglich. Nutzen Sie Textbausteine auch in den Auftragspositionen, müssen Sie zunächst die Liste öffnen und die gewünschten Texte dort per Mausklick auswählen.

13.3 Standardtexte automatisieren

Eine besonders effektive Art, Textbausteine zu nutzen, ist die automatische Zuordnung von Standardtexten. So lassen sich nicht nur vorhandene Textbausteine in Abhängigkeit von der jeweils angegebenen Auftragsart automatisch einfügen; auch für den E-Mail-Versand können Mailbetreff und Mailtext automatisch eingesteuert werden.

13.3.1 Standardtexte für die Auftragsarten

Um die Textbausteine zu automatisieren, wählen Sie den Menüpunkt **Verwaltung** → **Texte** → **Standardtexte**. Im folgenden Fenster sind die Texte für den Verkauf und den Einkauf auf getrennten Seiten aufgelistet.

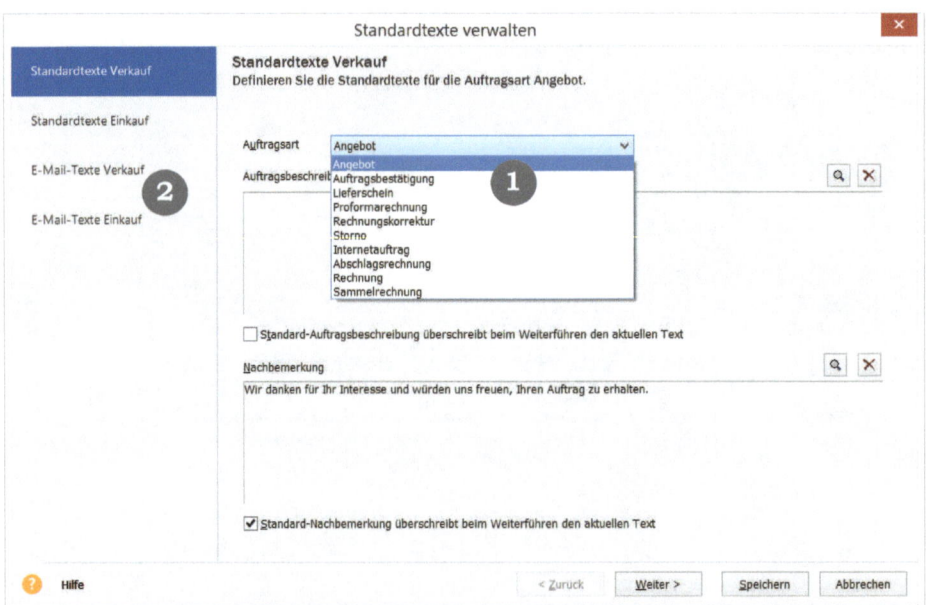

*Abb. 13.5: **Standardtexte festlegen:** Das Einrichten von automatischen Standardtexten ist für die unterschiedlichen Auftragsarten ❶ oder für den Mailverkehr ❷ möglich.*

Mehrere Funktionen, die sich nicht auf den ersten Blick erschließen, sind mit dieser Seite verbunden.

Für jede Auftragsart können andere Einstellungen vorgenommen werden, ohne dass Sie die Seite speichern oder verlassen müssen. Durch Umstellen der Auftragsart werden auf derselben Seite andere Angaben gezeigt. Speichern können Sie die Angaben für die verschiedenen Auftragsarten nur insgesamt. Sobald Sie „Speichern" anklicken, schließt sich das Fenster und alle zuvor eingegebenen Einstellungen werden festgehalten. Wählen Sie jedoch „Abbrechen", gehen alle geänderten Einstellungen der aktuellen Arbeitssitzung verloren – auch wenn die Angaben beispielsweise für das Angebot richtig waren und Sie sich nur bei den Lieferscheinen vertan hatten. Eine teilweise Speicherung der Daten ist nicht möglich.

Nun können Sie für jede Auftragsart eigene Texte bestimmen, die automatisch am Beginn oder am Ende des Auftrags erscheinen sollen. Dazu nutzen Sie die zuvor erfassten Textbausteine, die über die Lupenschaltfläche hinter dem jeweiligen grauen Anzeigefeld zur Verfügung stehen. Dabei ist das obere Feld für die Auftragsbeschreibung vorgesehen, das untere nimmt die Texte der dritten Seite des Auftragsassistenten auf.

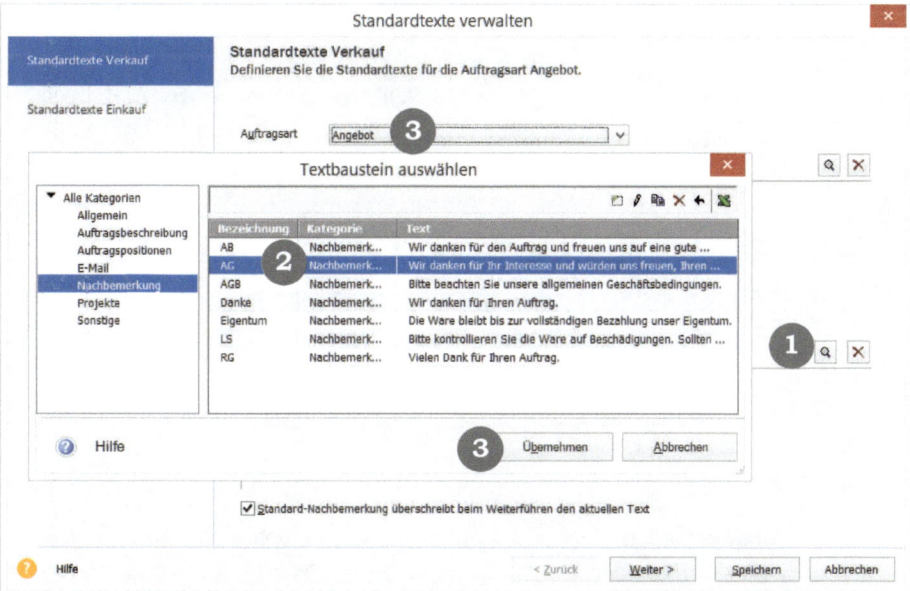

Abb. 13.6: *Zuordnung von Standardtexten:* *Öffnen der Textbausteinliste über die Lupenschaltfläche* ❶ *, Auswahl durch Markieren* ❷ *und Übernehmen in die jeweilige Auftragsart* ❸ *.*

In dieser Abbildung geht es um die Angebote, denen der Dank für das Interesse automatisch angefügt werden soll. Markieren Sie den dafür vorgesehenen Textbaustein AG und klicken Sie auf „Übernehmen".

Tipp

Wie nahezu überall im Programm besteht auch hier die Möglichkeit, mit einem Klick der rechten Maustaste auf die Textbausteinliste ein kontextbezogenes Menü zu erhalten, mit dem auch neue Textbausteine erfasst werden können.

Haben Sie sich bei der Zuordnung geirrt, genügt ein Klick auf die rot durchkreuzte Schaltfläche, um diese wieder aufzuheben. Anschließend ist das Feld leer.

Einer Erklärung bedürfen sicher auch die folgenden Kontrollfelder:

☐ Standard-Auftragsbeschr. überschreibt beim Weiterführen den aktuellen Text

☑ Standard-Nachbemerkung überschreibt beim Weiterführen den aktuellen Text

„Weiterführen" bedeutet: Ein vorhandener Auftrag wird in eine nachgelagerte Auftragsart weitergeführt. Dabei bleibt der ursprüngliche Auftrag erhalten. Ein weitergeführter Auftrag ist demnach nichts anderes als eine Kopie mit einer anderen Überschrift, es sei denn, Sie nehmen Änderungen vor. In diesem neuen Auftrag stehen zunächst dieselben Texte in der Auftragsbeschreibung und in den Nachbemerkungen wie im ursprünglichen Auftrag.

Die beiden oben gezeigten Kontrollfelder sorgen nun dafür, dass der vorhandene Text des Ursprungsauftrags automatisch mit dem hinterlegten Standardtext überschrieben wird.

Achtung

Ist ein Kontrollfeld angehakt, das zuzuordnende Textfeld jedoch leer, werden beim Weiterführen die bestehenden Texte mit dem hier vorhandenen Leerfeld überschrieben, Ihre Eingaben also gelöscht. Denken Sie daran, das Häkchen zu entfernen, wenn der Text des Ursprungsauftrages in den weitergeführten Aufträgen erhalten bleiben soll.

Zumeist gibt es passende Standardtexte für den Schluss eines Auftrags. Dort ist es sinnvoll, beim Weiterführen einen anderen Text einzusteuern. Sie können beispielsweise beim Lieferschein um eine sofortige Kontrolle der Ware ersuchen. Führen Sie den Lieferschein dann in eine Rechnung weiter, sollte dieser Text nicht mehr mit

ausgedruckt werden, ein Dank für den erteilten Auftrag beispielsweise wäre hier eher angebracht.

Achtung

Lediglich bei der Neuerfassung oder beim Weiterführen eines Auftrags können die Felder Auftragsbeschreibung und Nachbemerkungen automatisch mit dem festgelegten Standardtext ausgegeben werden. Der im ursprünglichen Auftrag erfasste Text wird dann überschrieben. Sobald Sie einen bereits vorhandenen Auftrag duplizieren, haben die bisherigen Eintragungen Vorrang vor den hinterlegten Standardtexten.

13.3.2 Standardtexte für den Mailverkehr

Im selben Fenster unter Menüpunkt **Verwaltung → Texte → Standardtexte** gibt es auch zwei Seiten für die Texte im Mailverkehr, ebenfalls getrennt nach Verkauf und Einkauf.

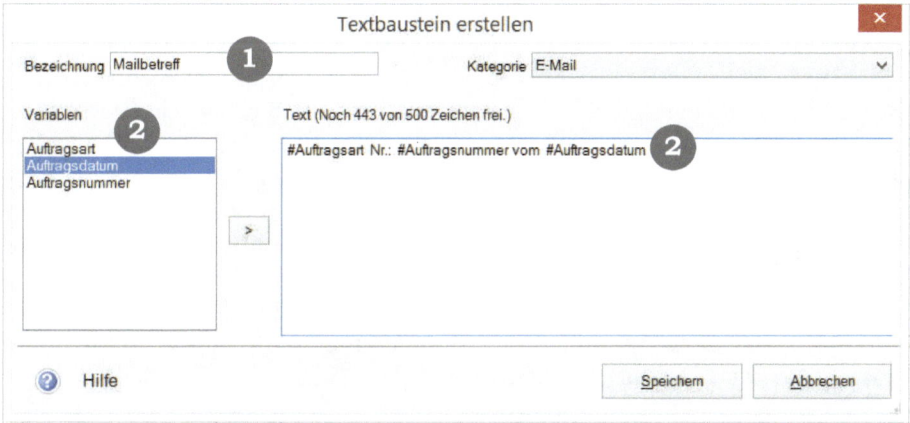

*Abb. 13.7: **Mailtexte:** Ein Textbaustein für den Mailbetreff* ❶ *unter Verwendung der Variablen* ❷ *.*

Um diese Funktion sinnvoll nutzen zu können, benötigen Sie Textbausteine, die mithilfe von Variablen zum Beispiel einen Mailbetreff erzeugen. Die zur Verfügung stehenden Variablen werden links aufgelistet und mit der Pfeilschaltfläche zwischen den beiden Feldern – oder einfach per Doppelklick – in den eigentlichen Text übergeben.

Natürlich können Sie auch für den eigentlichen Mailtext einen Textbaustein hinterlegen und die Variablen auch dort verwenden.

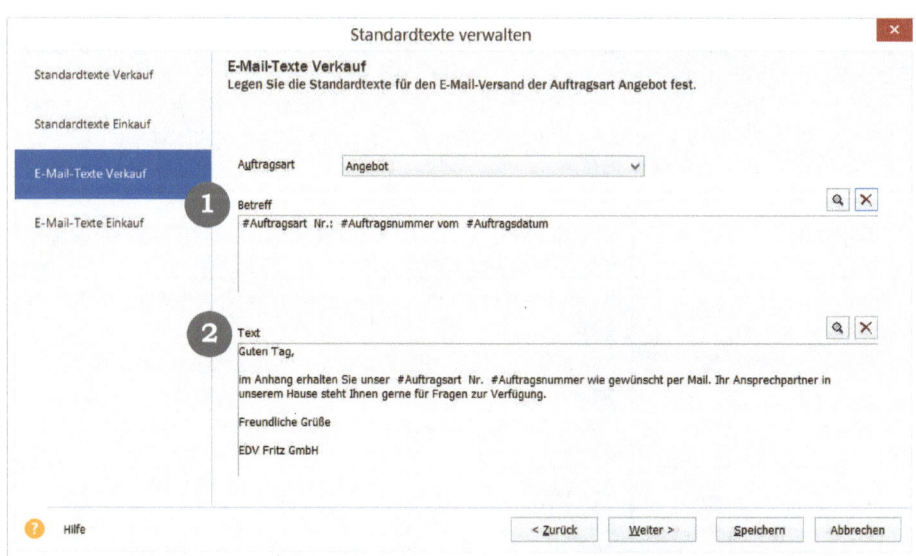

Abb. 13.8: **Mailtexte:** *Zugeordnete Mailtexte für Betreff* ❶ *und Mailtext* ❷ *hier für die Auftragsart Angebot.*

Im Bereich „E-Mail-Texte" unter **Verwaltung → Standardtexte** finden Sie die beiden Felder „Betreff" und „Text", wo Sie die Bausteine einfügen können. Das Verfahren ist dasselbe wie bei den anderen Textbausteinen für die Aufträge auch. Sie öffnen die Liste über die Lupenschaltfläche, markieren den gewünschten Text und klicken auf „Übernehmen".

Beim Mailen von Aufträgen werden die Variablen durch die jeweiligen Auftragsdaten ersetzt. Sie haben außerdem die Möglichkeit, die vorgegebenen Texte zu ergänzen oder zu verändern, bevor Sie die Mail verschicken.

Übung 13/1 Standardtext Auftragsart

Legen Sie für die verschiedenen Auftragsarten passende Textbausteine an und ordnen Sie diese als Standardtexte für die Nachbemerkung zu. Nutzen Sie als Bezeichnung das Kürzel der Auftragsart. Also AG für Angebot, LS für Lieferschein usw. Sie können folgende Beispieltexte verwenden:

Angebot:	Wir danken für Ihre Anfrage und würden uns freuen, Ihren Auftrag zu erhalten
Auftragsbestätigung:	Bitte beachten Sie unsere allgemeinen Geschäftsbedingungen.
Lieferschein:	Kontrollieren Sie die Ware auf Vollständigkeit und Beschädigungen. Sollten Sie Grund zur Beanstandung haben, setzen Sie sich bitte umgehend mit uns in Verbindung.
Rechnung:	Die Ware bleibt bis zur vollständigen Bezahlung unser Eigentum.

Übung 13/2 Standardtext Mailbetreff

Legen Sie einen Textbaustein für den Mailbetreff an, orientieren Sie sich an der Beschreibung im Kapitel 13 unter 13.3.2. Ordnen Sie den Mailbetreff den Standardtexten zu.

14. Einstellungen für die Auftrags-bearbeitung

Das Programm wird mit verschiedenen Standardeinstellungen ausgeliefert, die die Abläufe definieren. Aber genau wie in jeder anderen Software haben Sie auch in Lexware warenwirtschaft diverse Möglichkeiten, die vorgegebenen Abläufe durch individuelle Einstellungen optimal an Ihre Bedürfnisse anzupassen. Unterschieden wird dabei zwischen Einstellungen, die für alle Programmnutzer gelten und solchen, die auf jedem Arbeitsplatz individuell hinterlegt werden.

Die wichtigsten übergeordneten Einstellungen finden Sie in den Firmenangaben, die bereits bei der Firmenanlage angegeben werden und in der Programmzentrale liegen. Bis auf wenige Ausnahmen können diese Einträge im Nachhinein geändert werden.

Weitere Möglichkeiten sind dann in Lexware warenwirtschaft selbst im Menü Verwaltung und – wie in den meisten Programmen – unter Extras → Optionen angesiedelt.

Für die Übung in diesem Kapitel sollten Ihnen die Grundlagen der Auftrags-erfassung bereits bekannt sein.

14.1 Firmenangaben

Grundlegende Einstellungen für die Programmabläufe werden in den Firmenangaben hinterlegt. Diese erreichen Sie im Bereich „Zentrale" des Programms. Dort unter „Warenwirtschaft" auf der Seite „Aufträge" gibt es einige Einstellungen, die für die gesamte Firma Gültigkeit haben. Werden hier Anpassungen vorgenommen, dann wirken sich diese bei jedem Benutzer auf jedem Arbeitsplatz aus.

Der erste Block auf dieser Seite dient den Einstellungen der **Auftragserfassung**.

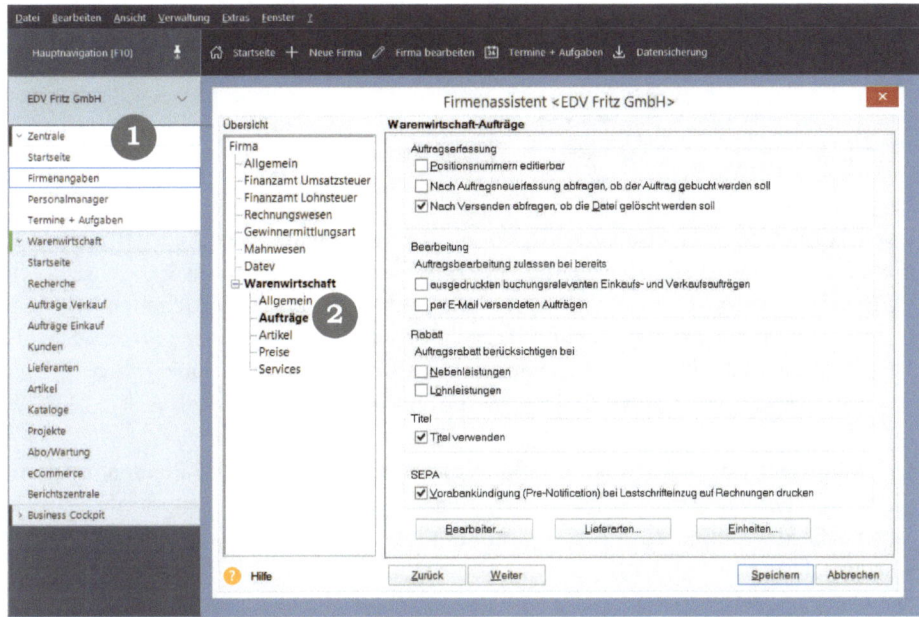

*Abb. 14.1: **Firmenangaben:** Die Firmenangaben sind im Bereich Zentrale ❶ zu finden. Hier die Seite mit den Einstellungen für die „Aufträge" ❷ .*

In einzelnen Branchen können **Positionsnummern** nicht als fortlaufende Nummerierung verwendet werden. Dann geben Sie an, dass diese editierbar sein sollen. Dadurch wird zwar die jeweils nächste Nummer vorgeschlagen, sie kann jedoch überschrieben werden.

Nur wenn Lexware buchhaltung pro ebenfalls verwendet wird und nur für buchungsrelevante Aufträge, spielt die Frage nach dem **Buchen** des Auftrags eine Rolle. Mit dem Häkchen an dieser Stelle fragt das Programm nach dem Speichern einer Rechnung oder Rechnungskorrektur (früher: Gutschrift), ob diese gebucht werden soll. Da eine einmal gebuchte Rechnung oder Rechnungskorrektur nicht mehr geändert werden kann, sollten Sie dieses Häkchen entfernen. Über den Menüpunkt **Extras → Buchungsliste übertragen** ist die Verbuchung der Rechnungen und Rechnungskorrekturen jederzeit möglich.

Um einen Auftrag per E-Mail versenden zu können, wird eine PDF-Datei erzeugt. Diese PDF-Datei wird innerhalb des Programms gespeichert. Wenn Sie das jedoch unterbinden möchten, klicken Sie „**Nach Versenden abfragen, ob Datei gelöscht werden soll**" an. Dadurch erfolgt nach dem Versand eine entsprechende Abfrage, die Sie wahlweise mit „Ja" oder „Nein" beantworten können.

Der zweite Block bietet Zugriff auf die **Bearbeitung buchungsrelevanter Aufträge** – also Rechnungen und Rechnungskorrekturen. Diese dürfen in der Standardeinstellung des Programms nach dem Drucken nicht mehr geändert werden. Dasselbe gilt auch für Lieferscheine. Da es aber dennoch vorkommen kann, dass eine bereits ausgedruckte Rechnung korrigiert werden muss, gibt es hier die „Notbremse" für solche Fälle. Nachdem Sie die Korrektur vorgenommen haben, sollten Sie diese Einstellung sicherheitshalber wieder zurücksetzen. Dasselbe gilt für per Mail an den Kunden versandte Aufträge. Muss eine Änderung im Einzelfall sein, dann lässt sich die Bearbeitung hier freigeben.

> **Achtung**
> Beachten Sie unbedingt die Grundsätze ordnungsmäßiger Buchführung! Dokumente, die dem Kunden bereits vorliegen, sollten nicht mehr geändert, sondern gegebenenfalls storniert und neu ausgestellt oder über eine Rechnungskorrektur auf den richtigen Stand gebracht werden. Die hier beschriebene Vorgehensweise ist vor allem dann hilfreich, wenn Sie sich lediglich vertippt haben oder Fehler korrigieren wollen, **bevor** eine Rechnung zum Kunden geht.
> Arbeiten Sie mit Lexware buchhaltung innerhalb financial office, dann lassen sich Rechnungen und Rechnungskorrekturen nach dem Buchen ohnehin nicht mehr ändern.
> Geben Sie die Buchungen per DATEV-Export weiter, dann sorgt das Festschreibungskennzeichen dafür, dass Sie nach der Datenübergabe keine Änderungen mehr vornehmen können.

Auch **Rabatteinstellungen** für Leistungen lassen sich abweichend festlegen. Normalerweise werden Nebenleistungen und Lohnleistungen von einem Gesamtrabatt im Auftrag nicht berücksichtigt. Möchten Sie den Rabatt auf diese Beträge dennoch, dann setzen Sie das Häkchen an dieser Stelle.

Sollen Positionsnummern untergliedert werden, dann klicken Sie das Optionenfeld „**Titel verwenden**" an. Jetzt gibt es in der Positionserfassung drei zusätzliche Schaltflächen, mit denen eine Titelüberschrift, Zwischensummen für die Titel und damit eine hierarchische Unterteilung der Positionen möglich ist.

Der letzte Eintrag schließlich sorgt dafür, dass die vorgeschriebene **Vorankündigung (Pre-Notification)** auf all jenen Rechnungen ausgedruckt wird, die Sie per SEPA-Lastschrift vom Bankkonto Ihres Kunden einziehen dürfen. Voraussetzung hierfür ist ein gültiges Lastschriftmandat, das bei den Kundendaten hinterlegt ist, und eine Gläubiger-ID, die auf der ersten Seite der Firmenangaben eingetragen sein muss.

Unter der Schaltfläche „**Bearbeiter**" verbirgt sich die Liste der im Programm verfügbaren Bearbeiter. Hier in den Firmenstammdaten können diese Angaben überarbeitet werden. So lassen sich nicht nur Tippfehler korrigieren, sondern auch

Namensänderungen bearbeiten oder ausgeschiedene Mitarbeiter aus der Liste löschen. Entsprechendes gilt für die Schaltflächen „**Einheiten**" und „**Lieferarten**". Hier können diese bearbeitet, ergänzt oder gelöscht werden.

Der Vollständigkeit halber sei auch der Eintrag „Belegkreis" ganz oben auf der Seite „**Allgemein" in den Firmenstammdaten** aufgeführt, der für die Programmversion financial office von Wichtigkeit ist. Sollen die Rechnungen in einem eigenen Nummernkreis der Buchhaltung geführt werden (z. B. AR für Ausgangsrechnungen), geben Sie diesen hier an.

14.2 Nummernkreise

Für jede Auftragsart – unterteilt in Einkaufs- und Verkaufsaufträge, genauso wie für die auf der Seite „Stammdaten" geführten Projekte, Kunden, Lieferanten und Artikel – gibt es eigene, voneinander unabhängige Nummernkreise. Diese sind innerhalb der Warenwirtschaft in Tabellen unter **Verwaltung → Einstellungen → Nummernkreise** abzurufen, wo sie auch geändert werden können.

In den Feldern der aktuellen Nummern befindet sich jeweils die höchste Zahl, die für diesen Nummernkreis bisher im Programm verwendet wurde. Schreiben Sie heute ein Angebot mit der Nummer 411, so wird diese Nummer gespeichert und beim nächsten Angebot wird die Nummer 412 vergeben. Um zu verhindern, dass mehrmals dieselbe Auftragsnummer in einem Nummernkreis angegeben wird, ist eine Rückstufung dieser Einträge in der Liste nicht möglich. Zwar akzeptiert die Liste auf den ersten Blick eine kleinere als die zuvor automatisch ermittelte Zahl; beim Erfassen des Auftrags wird jedoch dennoch die nächste fortlaufende Zahl angegeben, auf die Sie keine Einflussmöglichkeit haben. Möchten Sie nun aber zu Beginn eines Jahres die Nummerierung neu starten, lässt sich dies realisieren, indem Sie eine höhere als die vorgegebene Nummer eingeben. Stellen Sie beispielsweise die Jahreszahl vor die laufende Nummerierung, dann zählt das Programm wie gewünscht weiter.

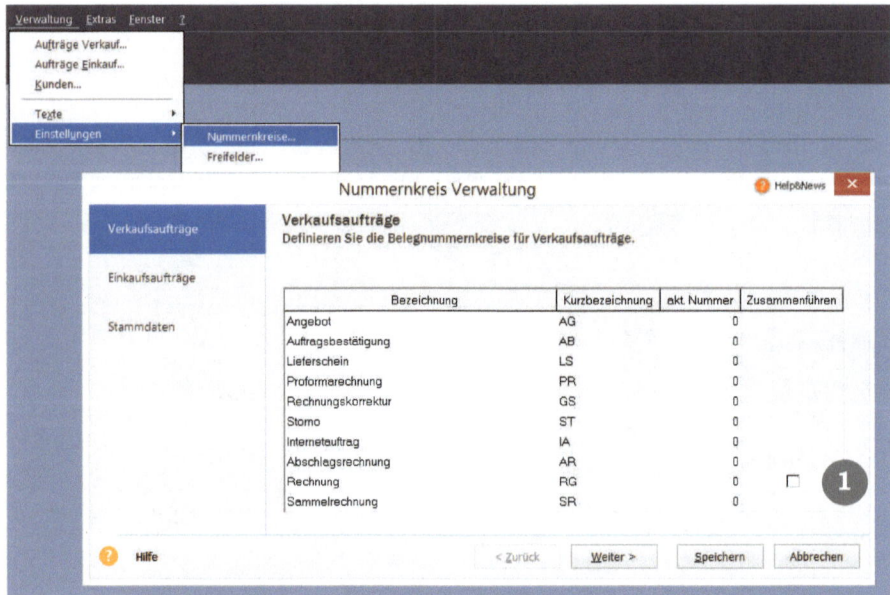

Abb. 14.2: **Nummernkreise:** *Die Einstellung der Nummernkreise bei einer neu angelegten Firma. Rechnungen und Sammelrechnungen können zu einem Kreis zusammengeführt werden* **1** *.*

Das Programm verwendet für Rechnungen und Sammelrechnungen zwei getrennte Nummernkreise, sodass es vorkommen kann, dass dieselbe Rechnungsnummer zweimal vorkommt. Das Häkchen bei „Rechnung" und „Zusammenführen" verhindert das, indem beide Rechnungsarten nur einen Nummernkreis verwenden.

14.3 Einstellungen am jeweiligen Arbeitsplatz

Über **Extras → Optionen** lassen sich die Angaben einstellen, die der persönlichen Arbeitsweise entsprechen. Dabei sind die angebotenen Möglichkeiten von den in den Firmenangaben hinterlegten Vorgaben abhängig. Haben Sie dort zum Beispiel die Verwendung von eRechnungen in den Services nicht angehakt, dann wird diese Möglichkeit in den Optionen auch nicht angeboten. Vermissen Sie hier eine Einstellung, dann prüfen Sie die übergeordneten Einträge in den Firmenangaben.

Die Einstellungen in den Optionen werden auf dem jeweiligen Rechner hinterlegt und gelten nur an diesem Arbeitsplatz. Wenn Sie sich an einem anderen Arbeitsplatz in Lexware warenwirtschaft einloggen, werden nicht die von Ihnen festgelegten Abläufe und Vorgaben greifen, sondern diejenigen, die an dem aktuellen Rechner festgelegt wurden.

14.3.1 Auftragsoptionen

Öffnen Sie zunächst den Assistenten über **Extras → Optionen**. In der linken Liste klicken Sie dann den Bereich an, in dem Sie Änderungen vornehmen möchten. Die Seite „Auftragsbearbeitung" ermöglicht die Einstellung verschiedener Arbeitsabläufe. Außerdem können hier Voreinstellungen für die Auftragserfassung geändert werden.

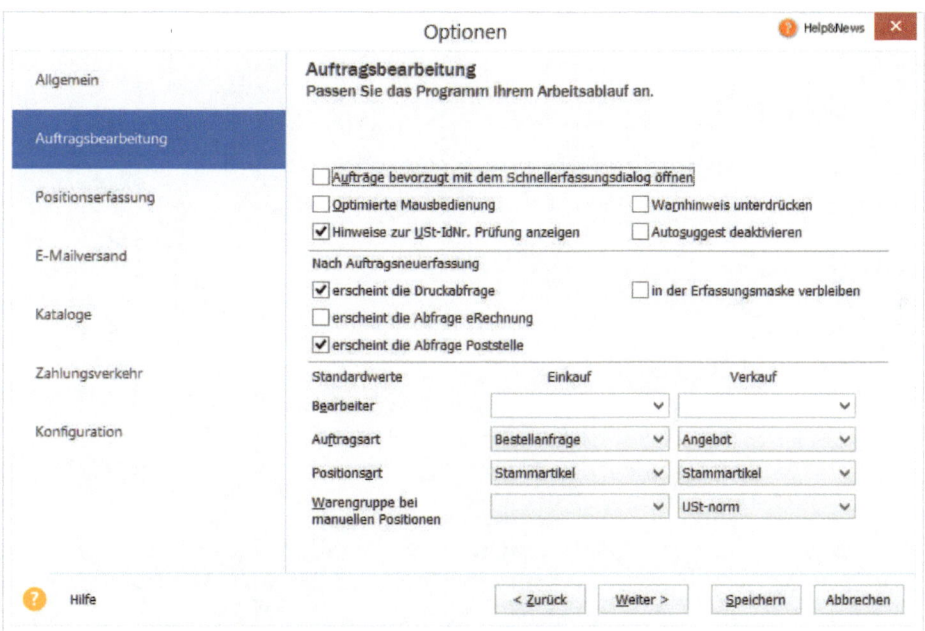

Abb. 14.3: **Optionen:** *Die Optionen der Auftragsbearbeitung gelten nur am jeweiligen Arbeitsplatz.*

Die Schnellerfassung reduziert den Auftragsassistenten auf nur eine Seite. So können Sie keine Ergänzungen in der Kundenadresse mehr vornehmen und die Textfelder im Auftrag werden nicht angezeigt. Wenn das für Sie hilfreich ist, dann haken Sie an, dass Sie „**Aufträge bevorzugt mit dem Schnellerfassungsdialog öffnen**" möchten.

Die **optimierte Mausbedienung** unterstützt Sie bei der Positionserfassung im Auftragsassistenten. Ist dieses Feld aktiviert, dann werden Artikel mit nur einem Mausklick – statt einem Doppelklick – in die Positionsliste übernommen. Mehrfaches Klicken auf denselben Artikel erhöht die Mengenangabe. Sobald ein anderer Artikel angeklickt wird, wird der vorige Artikel in die Positionsliste übernommen.

Stören Sie die verschiedenen Warnhinweise im Programm, dann können diese mit einem Häkchen bei „**Warnhinweise unterdrücken**" reduziert werden. Dabei bleiben wichtige Meldungen, wie beispielsweise das Unterschreiten des Lagerbestands, erhalten.

Falls Sie die Anfragen zur USt-IdNr. beim Bundeszentralamt für Steuern außerhalb der Warenwirtschaft verwalten, können Sie die Anzeige von Meldungen der **USt-IdNr. Prüfung** auch abschalten.

Innerhalb der Positionserfassung im Auftrag gibt es die Suchfunktion über alle Suchfelder bei Stammartikeln mit der Einstellung „**Autosuggest**". Diese Funktion können Sie **deaktivieren**.

Geben Sie immer mehrere Aufträge hintereinander ein, hilft es Ihnen, wenn sich nach dem Speichern des Auftrags der Auftragsassistent ohne weiteres Zutun wieder öffnet. Aktivieren Sie dann das Kontrollkästchen „**Nach Auftragsneuerfassung in der Erfassungsmaske verbleiben**".

Um dann an einer durchgängigen Arbeitsweise nicht durch die Drucken-Meldung unterbrochen zu werden, sollten Sie diese ausschalten. Das Häkchen „**Nach Auftragsneuerfassung erscheint die Druckabfrage**" ist verantwortlich dafür, dass nach jedem Speichern die entsprechende Frage erscheint. Die Funktion „**Poststelle**" ermöglicht den Postversand der Aufträge über einen Lettershop direkt aus dem Programm. Bei einer Rechnung ist dann auch die Frage nach der Verarbeitung als **Lexware-eRechnung** verbunden. Um diese Optionen in der Abfrage nach dem Speichern eines Auftrags zu unterbinden, entfernen Sie einfach die Häkchen an dieser Stelle.

Die Frage nach dem **E-Mail-Versand** – die bei einer solchen Arbeitsweise ebenfalls hinderlich ist – kann auf der eigenen Optionen-Seite für den E-Mailversand unterdrückt werden.

Der nächste Block dieser Seite befasst sich mit den Vorgaben im Auftragsassistenten. Geben Sie die Standardeinstellungen an, die bereits vorhanden sein sollen, wenn der Auftragsassistent an Ihrem Arbeitsplatz geöffnet wird. Hinterlegen Sie hier Ihren Namen im Feld „Bearbeiter", ersparen Sie sich diese manuelle Eingabe beim Erfassen der Aufträge. Insbesondere wenn Sie die Schnellerfassung nutzen, ist das eine deutliche Erleichterung.

Arbeiten Sie auch mit manuellen Artikeln, legen Sie bereits hier die **Warengruppe** fest, unter der diese verbucht werden sollen und ersparen sich damit die einzelne Eingabe im Auftrag. Diese Vorgehensweise ergibt allerdings nur dann einen Sinn, wenn bei unterschiedlichen manuellen Artikeln keine Warengruppenunterscheidung bezüglich der Umsatzsteuer oder der Erlöskonten notwendig ist.

Sowohl die Auftragsart als auch die Positionsart für Einkaufsaufträge ebenso wie für Verkaufsaufträge können hier an jedem Arbeitsplatz individuell hinterlegt werden. Diese Angaben werden als Voreinstellung im Auftragsassistenten angeboten, wenn dieser geöffnet wird. Schreiben Sie beispielsweise mit dem Programm vorwiegend Rechnungen, ist es sicher sinnvoll, dies als Standardauftragsart zu hinterlegen. Alle anderen Auftragsarten stehen dennoch unverändert zur Verfügung und lassen sich jederzeit im Assistenten selbst aufrufen. Dasselbe gilt für die Positionsart.

14.3.2 Positionserfassung

Haben Sie einmal gezählt, wie oft Sie bei der Erfassung einer Position die Tab-Taste drücken müssen, um einen Artikel einzutragen? Es sind bis zu acht Mal. Dabei sind die Angaben meist aus den Stammdaten ohnehin vorhanden oder aufgrund Ihrer Arbeitsweise gar nicht notwendig. Mit der Positionserfassung bietet Lexware warenwirtschaft die Möglichkeit, selbst zu bestimmen, wo der Tabsprung stoppen soll.

Beispiel

Sie haben alle Ihre Artikel in der Datenbank und wissen die Artikelnummern auswendig oder nutzen Autosuggest, um die gewünschten Artikel zu finden. Wenn Sie nun im Auftragsassistenten die Artikelnummer eingeben, werden die gesamten Artikeldaten angezeigt. Dennoch müssen Sie neben der notwendigen Menge auch Preis und Rabatt bestätigen. Wenn Sie nun in der Schnellerfassung das Häkchen bei Preis, Rabatt und Text herausnehmen, brauchen Sie diese Felder nicht mehr zu bestätigen, weil dann mit dem nächsten Tabsprung gleich das grüne Häkchen aufgerufen wird, das Sie mit der <Enter>-Taste auslösen. Sie sparen sich dreimal den lästigen Tastendruck.

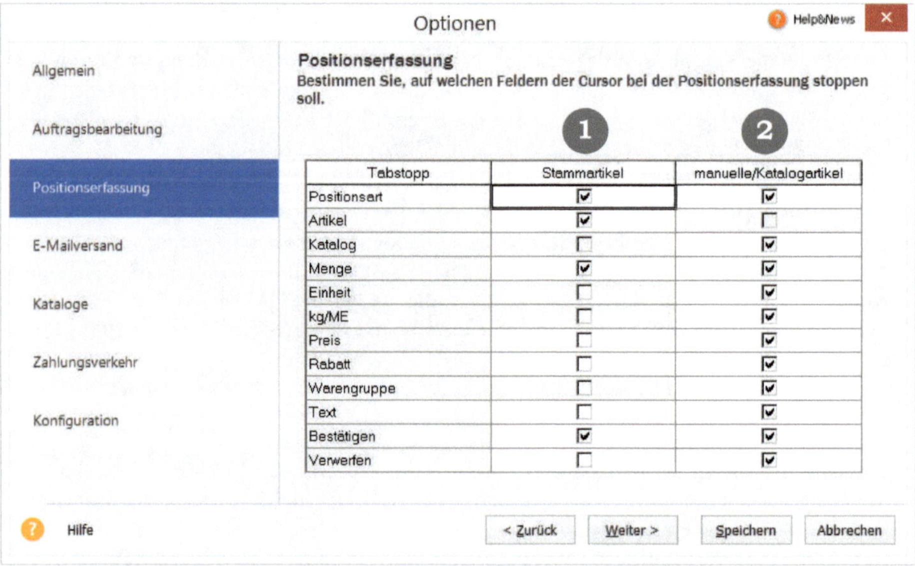

Abb. 14.4: **Positionserfassung:** *Einstellungen zur Vereinfachung der Erfassung ohne Maus für Stammartikel* ❶ *und für manuelle Artikel* ❷ *.*

Über **Extras → Optionen** „Positionserfassung" gelangen Sie in dieses Fenster, in dem sämtliche aktiven Felder angehakt sind. Die grau hinterlegten Felder werden in der Erfassung nicht angeboten, weil die Daten aus den Stammartikeln kommen – zum Beispiel die Warengruppen – oder weil es diese Felder bei manuellen Artikeln gar nicht gibt.

Übung 14/1 Schnelleres Arbeiten ohne Maus

Ändern Sie die Vorgaben in der Positionserfassung wie auf der Abbildung und rufen Sie den Auftragsassistenten auf, um die Auswirkung anzusehen. Geben Sie einen beliebigen Kunden ein und wechseln Sie dann auf die zweite Seite des Assistenten. Legen Sie die Maus außer Reichweite, arbeiten Sie ausschließlich mit der Tab-Taste.

Wählen Sie nun die Positionsart „Stammartikel" z.B. mit den Pfeiltasten auf der Tastatur. Arbeiten Sie nur mit der Tastatur, ist ein Artikel nun mit nur drei bzw. vier Stopps erfasst. Dennoch sind alle Felder jederzeit vorhanden und können – wenn sie doch einmal benötigt werden – mit der Maus angeklickt werden, um entsprechende Eingaben vorzunehmen. Auch für das grüne Häkchen, das den Artikel in die Positionsliste übergibt, brauchen Sie keine Maus. Tippen Sie einfach die <Enter>-Taste und Sie sind sofort bereit für die nächste Position

Übung 14/2 Persönliche Einstellungen hinterlegen

Hinterlegen Sie Ihren Namen als Bearbeiter der Aufträge und ändern Sie die Standardauftragsart von Angebot in Rechnung.

Legen Sie fest, mit welchem Auftragsformular Ihre Aufträge gemailt werden sollen.

15. Projekte

Die Projektverwaltung ist ursprünglich dafür vorgesehen, Laufzeiten für bestimmte Projekte zu verwalten und die verschiedenen Dokumente (Aufträge im Lexware-Sprachgebrauch) unter einer übergeordneten Nummer und Bezeichnung zusammenzufassen. Das hilft Ihnen, die verschiedenen Auftragsarten in Ver- und Einkauf und deren Abhängigkeit voneinander zu erkennen. So verschaffen Sie sich einen guten Überblick über größere „Aufträge" (=Projekte), die mehrere Angebote, Auftragsbestätigungen, Lieferungen und Rechnungen, eventuell auch Rechnungskorrekturen (kaufmännische Gutschrift) und Bestellungen, umfassen.

Sobald Sie ein Projekt anlegen, haben Sie eine übergeordnete Einheit, die Sie selbst festlegen können und die diese zusammengehörigen Aufträge verbindet. Außerdem findet sich in der Statistik auch die Möglichkeit, Projekte auszuwerten.

Wie immer können Sie alle notwendigen Daten aus der Projekterfassung heraus erfassen; einfacher ist es jedoch, wenn bereits Kundendaten vorhanden sind.

Die Anwendungsmöglichkeiten sind vielfältig und weitgehend von unterschiedlichen Arbeitsweisen, Branchen oder Vorgaben abhängig. Prüfen Sie, wo sich Projekte bei Ihnen einsetzen lassen, um Ihnen die Arbeit zu erleichtern.

Möchten Sie nicht mit Projekten arbeiten, dann können Sie dieses Kapitel einfach auslassen.

15.1 Anlegen eines Projekts

Nachdem Sie die zweigeteilte Projektliste über **Verwaltung → Projekte** aufgerufen haben, finden Sie die Menüpunkte zur Neuanlage eines Projekts im Bearbeiten-Menü und mit der rechten Maustaste.

Die Projektnummer ist alphanumerisch, kann also neben Ziffern auch Buchstaben und Satzzeichen enthalten. Das bedeutet, dass – ebenso wie bei den Kundennummern – unterschiedlich lange Projektnummern mit führenden Nullen eingegeben werden sollten, um eine mathematisch korrekte Reihenfolge in der Anzeige zu erhalten. Diese Nummer ist Sortierkriterium und kann nur einmal vergeben werden. Dasselbe gilt für die Projektbezeichnung. Nur diese beiden Angaben sind zwingend notwendig, um ein Projekt anzulegen. Alle anderen Felder können frei bleiben.

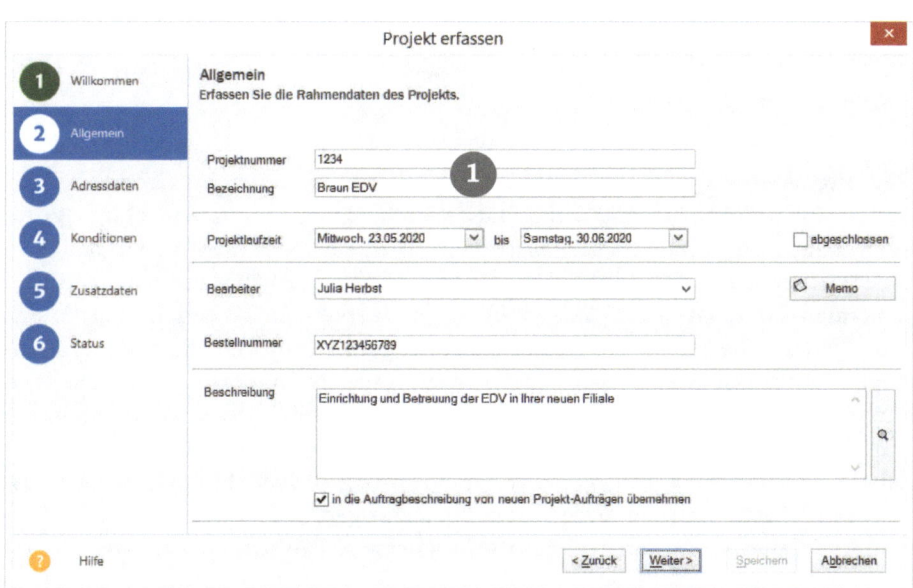

Abb. 15.1: **Projekt anlegen:** *Nur Projektnummer und -bezeichnung* ❶ *müssen zwingend angegeben werden, die anderen Angaben sind freiwillig.*

Projektbeginn und -ende dienen Ihrer Information. Es lassen sich jedoch auch außerhalb des definierten Zeitraums Aufträge zu diesem Projekt erfassen. Erst das Häkchen im Feld „Projekt abgeschlossen" verhindert weitere Aufträge hierzu.

Das Feld „Bearbeiter" steht wie im Auftragsassistenten für den Namen des zuständigen Sachbearbeiters in Ihrem Hause. Die Bestellnummer teilt Ihnen Ihr Kunde mit, wenn er eine solche benötigt, um die Aufträge bei sich leichter zuordnen zu können.

Das große Textfeld am Ende bietet Platz für eine Beschreibung des Projekts. Das Feld entspricht der Auftragsbeschreibung im Auftragsassistenten. Möchten Sie, dass die Projektbeschreibung in die Aufträge zu diesem Projekt übernommen wird, legen Sie das mit dem Häkchen bei „in die Auftragsbeschreibung übernehmen" fest. Selbstverständlich können diese Angaben im Auftrag jederzeit überschrieben oder ergänzt werden.

Die Schaltfläche „Memo" erlaubt weitere Informationen zu diesem Projekt, die in einem freien Textfeld erfasst werden können.

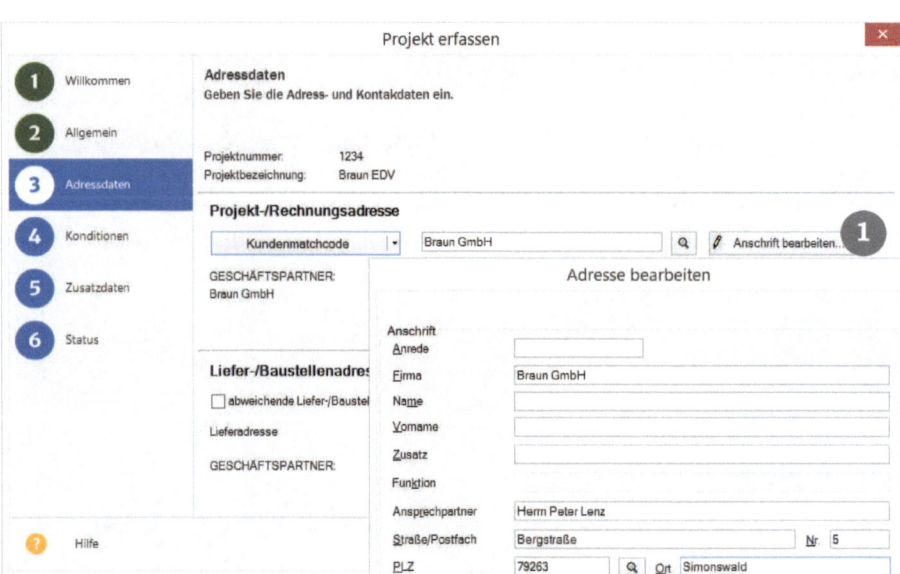

Abb. 15.2: **Projektadressen:** *Abweichende Adressdaten werden über „Anschrift bearbeiten"* ❶ *erfasst.*

Die Adresse Ihres Kunden übernehmen Sie aus den Stammdaten. Ein Klick auf die Lupenschaltfläche listet alle Kunden zur Auswahl auf. Die Schaltfläche „Anschrift bearbeiten" lässt eine Änderung der Adresse nur für dieses Projekt zu, ohne die Kundenstammdaten zu beeinflussen. So steht Ihnen die Möglichkeit offen, beispielsweise ein Projekt für einen Filialbetrieb des Kunden abzuwickeln, ohne diese Filiale als eigenen Kunden anlegen zu müssen. Sollen Waren an eine andere Anschrift geliefert werden, wählen Sie aus den Lieferanschriften des Kunden die diesem Projekt zugehörige als abweichende Liefer-/Baustellenadresse aus. Eine solche Lieferanschrift kann nur für dieses Projekt bearbeitet werden.

Sie sind jedoch nicht gezwungen, überhaupt eine Adresse im Projekt festzulegen. Somit lassen sich Aufträge zusammenfassen, die an unterschiedliche Adressaten gerichtet sind. Dadurch erhöhen sich die Flexibilität und Einsatzmöglichkeiten der Projektverwaltung.

Auf der Folgeseite „Konditionen" werden die Vereinbarungen zu Preis, Rabatt und Zahlungs- und Lieferkonditionen hinterlegt. Außerdem gibt es die Möglichkeit, den Kreditrahmen für das Projekt und ggf. auch einen Lieferstopp zu vermerken. Wenn für dieses Projekt Kostenstellen und/oder Kostenträger festgelegt sind, lassen sich auch diese Angaben hier schon einstellen. Das Ziel dieser Angaben ist es, solche von

den Stammdaten abweichenden Vereinbarungen bei jedem Auftrag automatisch zu übernehmen.

Eine besonders interessante Möglichkeit findet sich auf der Seite „Zusatzdaten". Hier können Sie auf dem jeweiligen Rechner bzw. Netzwerk hinterlegte Dateien zum Projekt verlinken. Damit haben Sie alle relevanten Daten an einer Stelle zur Verfügung, wo sie per Doppelklick auf das jeweilige Datei-Symbol direkt geöffnet werden können.

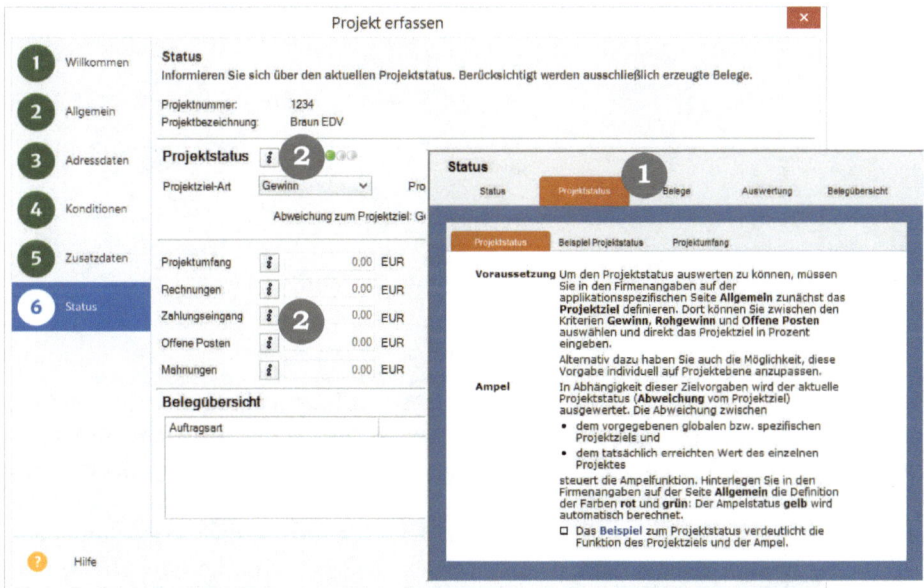

Abb. 15.3: **Projektstatus:** *Die Programmhilfe* ❶ *, die über die blauen Informations-Schaltflächen* ❷ *aufgerufen wird, erläutert die Vorgehensweise.*

Die letzte Seite des Projektes „Status" zeigt verschiedene Auswertungen. Damit diese Seite brauchbare Informationen liefert, müssen etliche Vorgaben eingehalten werden, die u.a. in den Firmenangaben hinterlegt werden. Deshalb findet sich bei jeder Auswertungszeile ein Info-Feld. Klicken Sie darauf, öffnet sich die Programmhilfe, die Zusammenhänge erläutert und auch Rechenbeispiele zeigt.

15.2 Aufträge innerhalb von Projekten erfassen

Die Verbindung zwischen Projekt und Auftrag wird im Auftrag hergestellt, indem Sie dort die Projektnummer eintragen. Im Auftragsassistenten finden Sie auf der ersten Seite das Eingabefeld.

Das Feld ist an dieser Stelle etwas ungünstig platziert. Vermeiden Sie es, Kunden und Auftragsdaten manuell einzugeben, wenn Sie wissen, dass es sich um ein bereits vorhandenes Projekt handelt. Haben Sie schon Kundenstammdaten in den Auftrag übernommen, bevor die Projektnummer eingegeben wird, kann folgende Meldung erscheinen:

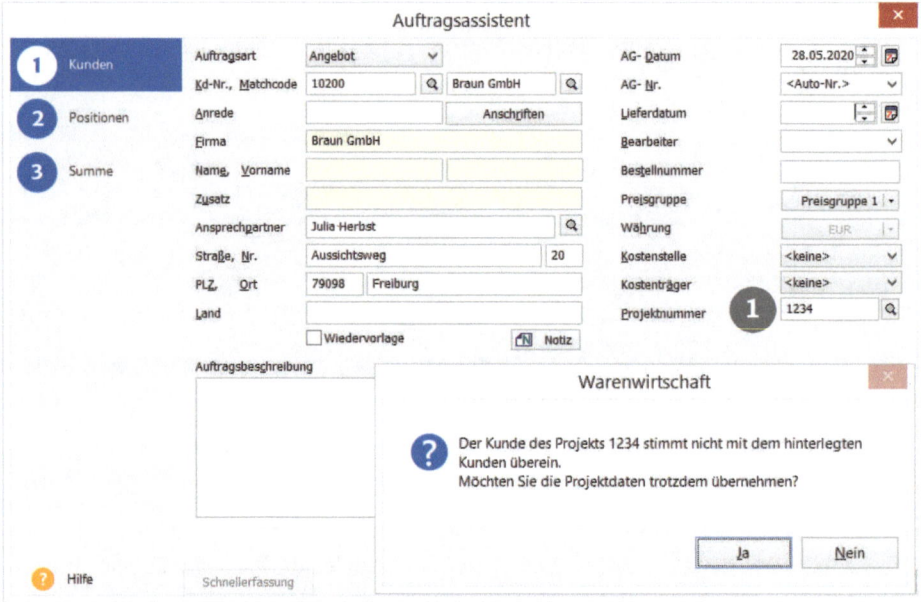

Abb. 15.4: ***Auftragserfassung im Projekt:*** *Die Projektzuordnung* ❶ *in der Auftrags-erfassung findet über die Eingabe der Projektnummer statt.*

Das Programm vergleicht die im Auftrag vorhandenen Daten mit denen, die im Projekt hinterlegt sind, und teilt Ihnen jegliche Abweichung mit – auch wenn es sich nur um andere Schreibweisen oder einen eventuellen Tippfehler handelt. Statt einer Arbeitserleichterung durch die Projektverwaltung haben Sie dann zusätzlichen Aufwand, weil die Fehlermeldungen Sie aufhalten.

Wenn Sie die Projektnummer nicht kennen, wechseln Sie über die Lupen-Schaltfläche in die Projektliste, wo Sie das gewünschte Projekt per Doppelklick in

den Auftrag übernehmen können. Eventuelle Sondervereinbarungen werden automatisch berücksichtigt. Die weitere Auftragserfassung bleibt unverändert.

Tipp

Viel einfacher ist es, wenn Sie zum Projekt gehörende Aufträge direkt aus der Projektverwaltung anlegen. Öffnen Sie dazu die Projektliste, markieren Sie das gewünschte Projekt und öffnen Sie im unteren Teil der Liste das Kontextmenü mit der rechten Maustaste. Mit einem Klick auf „Neu" öffnet sich der Auftragsassistent mit den kompletten Adress- und Betreffdaten aus dem Projekt.

15.3 Die Projektliste

Sind zu einem Projekt verschiedene Aufträge angelegt, können Sie aus der Projektliste einiges erkennen.

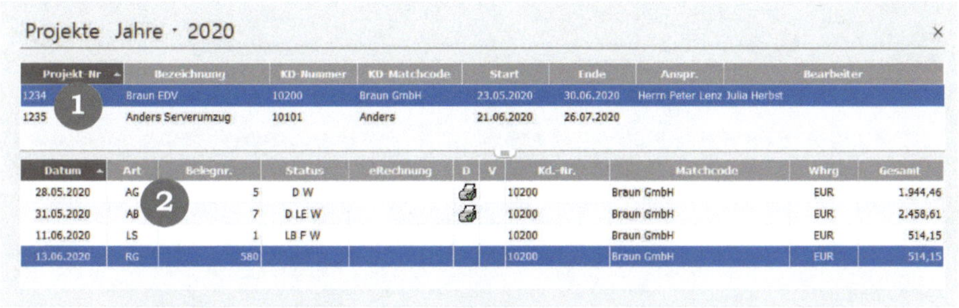

Abb. 15.5: **Projektliste:** *Die Liste zeigt oben die Projekte* ❶ *und unten die zum markierten Projekt gehörenden Aufträge* ❷ .

Im oberen Teil der Projektliste finden sich die angelegten Projekte. Sobald dort ein Projekt markiert ist, erscheinen in der unteren Hälfte die zugehörigen Aufträge aufgelistet. Dieser untere Bereich der Projektliste ist nichts anderes als eine nach der Projektnummer selektierte Auftragsliste. Daher gelten die Listeneinstellungen aus der Auftragsliste auch für diese Darstellung. Auch die Bearbeitungsmöglichkeiten aus der Auftragsliste bestehen hier unverändert, sodass Sie aus der Projektliste heraus einen Auftrag weiterführen oder bearbeiten können.

Übung

Legen Sie ein neues Projekt an:

Projektnummer	12346
Bezeichnung	EDV Braun
Beginn des Projekts	Sofort
Projektende	Da Sie auch die laufende Wartung übernehmen, ist kein Enddatum festgelegt, Sie gehen davon aus, dass Sie diese Kundin über einige Jahre betreuen werden.
Bearbeiter	Sie selbst
Kunde	Braun GmbH
Abweichende Anschrift	Bergstraße 5, 79263 Simonswald
Preisgruppe	2 (abweichend vom Standard)
Projektbeschreibung	EDV-Betreuung lt. Vertrag Die Beschreibung soll in die Aufträge übernommen werden.

Erfassen Sie ein Angebot zu diesem Projekt. Verwenden Sie die im Programm vorhandenen Stammartikel dazu oder nutzen Sie manuelle Positionen.

16. Lagerhaltung

Sollen die Artikelbestände im Lager geführt werden, dann werden Sie die Lager-funktionen des Programms nutzen. Vorab können Sie in den Firmendaten einige grundsätzliche Einstellungen für das Programmverhalten hinterlegen.

Für die Übungen in diesem Kapitel sollten Sie mit der Auftragserfassung bereits vertraut sein. Ferner sollten die Stammdaten Artikel, Lieferanten und Kunden schon vorhanden sein. Sie können diese aber auch während der Arbeit an den Übungen ergänzen.

Dienstleister können dieses Kapitel überspringen.

16.1 Einstellungen zur Lagerführung

Bevor Sie mit dem Programm Ihre Lagerartikel verwalten, sollten Sie die grundsätzlichen Firmenangaben für die Bestandsführung prüfen und nach Ihren Vorstellungen einrichten. Für die Lagerfunktionen ist die Seite „Artikel" zuständig. Sämtliche Einstellungen, die hier vorgenommen werden, gelten für die jeweilige Firma – unabhängig davon, an welchem Rechner gearbeitet wird.

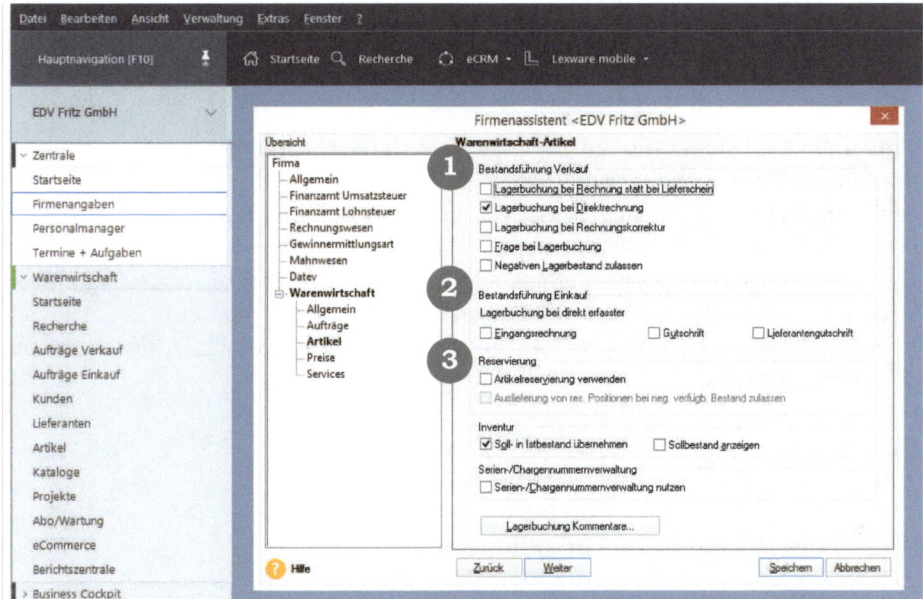

Abb. 16.1: **Einstellungen:** *Die Einstellungen zur Lagerführung im Verkauf* ❶ *und im Einkauf* ❷ *sind in den Firmenangaben zu finden. Die Reservierung* ❸ *hat Einfluss auf den verfügbaren Lagerbestand.*

16.1.1 Bestandsführung im Verkauf

Unter der Überschrift „Bestandsführung im Verkauf" finden Sie fünf Punkte:

1. **Lagerbuchung bei Rechnung statt bei Lieferschein**

   Üblicherweise wird die gelieferte Menge eines Artikels dann vom Lager abgebucht, wenn Sie einen Lieferschein schreiben. In manchen Betrieben werden jedoch nicht eigens Lieferscheine geschrieben, dort wird die Ware zusammen mit der Rechnung geliefert. Wenn diese Vorgehensweise auch bei Ihnen gilt, setzen Sie das Häkchen in dieses Feld. Somit finden die sonst mit dem Lieferschein verbundenen Lagerbuchungen erst bei Rechnungsstellung statt.

2. **Lagerbuchung bei Direktrechnung**

   Auch wenn Sie normalerweise Lieferscheine schreiben und damit auch die Lagerbuchung erfolgt, kann es vorkommen, dass eine Direktrechnung ohne vorherigen Lieferschein erstellt werden soll. Um die so berechneten Stückzahlen ebenfalls im Lager zu berücksichtigen, können Sie mit dem Häkchen bei dieser Option auch in diesem Fall eine Lagerbuchung veranlassen. Sie können später in der Auftragsliste am Statuseintrag „LB" erkennen, bei welchem Auftrag eine Lagerbuchung vorgenommen wurde.

3. **Lagerbuchung bei Rechnungskorrektur (kaufmännische Gutschrift)**

Die Gründe für Rechnungskorrekturen sind unterschiedlich. Nur wenn mit der Rechnungskorrektur grundsätzlich auch Ware zurück ans Lager geht, sollte hier ein Häkchen sein. Bei nur gelegentlichen, einzelnen Rücklieferungen kann es sinnvoller sein, die Menge in den Artikelstammdaten jeweils direkt zuzubuchen.

4. **Frage bei Lagerbuchung**

Sobald ein Auftrag gespeichert wird, der Lagermengen berührt, erfolgt die Abfrage, ob die Ware vom Lager abgebucht werden soll. Um das Programm aktuell zu halten, sollte diese Frage auf jeden Fall mit „Ja" beantwortet werden. Wenn Sie durch diese Meldung nicht in der laufenden Arbeit unterbrochen werden wollen, schalten Sie sie aus, indem Sie das Häkchen entfernen. Somit läuft die Abbuchung der Liefermenge automatisch im Hintergrund.

5. **Negativen Lagerbestand zulassen**

Die Voreinstellung des Programms unterbindet negative Lagerbestände. Sie können in einem lagerrelevanten Auftrag keine größere Anzahl eines Artikels erfassen, als tatsächlich laut EDV am Lager verfügbar sind. Diese strikte Kontrollfunktion lässt sich umgehen, wenn an dieser Stelle ein Häkchen gesetzt ist. Erstellen Sie nun einen Lieferschein mit Ware, deren Bestand nicht ausreichend ist, erhalten Sie eine Meldung, dass Sie etwas ausliefern, was laut Programm nicht verfügbar ist, sodass Sie die Bestände gegebenenfalls korrigieren können.

Ein weiterer Eintrag, der Einfluss auf die zur Verfügung stehenden Lagermengen hat, ist die **Artikelreservierung**. Haken Sie „Artikelreservierung verwenden" an, werden beim Erstellen einer Auftragsbestätigung die Artikelmengen reserviert. Damit werden die verfügbaren Mengen eines Artikels um die Mengen vermindert, die an Kunden bestätigt wurden. Sobald die Auftragsbestätigung weitergeführt wird, ist die Reservierung gelöscht.

Wenn Sie den negativen Lagerbestand nicht zulassen und außerdem noch die Artikelreservierung nutzen, dann kann es vorkommen, dass der verfügbare Bestand eines Artikels (tatsächlicher Lagerbestand abzüglich reservierter Menge) für eine Lieferung nicht ausreicht, obwohl durchaus Ware am Lager ist. Eigentlich können Sie den fraglichen Artikel so lange nicht liefern, bis genügend Waren eingegangen sind, um wieder einen positiven Lagerbestand auszuweisen. Für die tägliche Praxis ist das eher hinderlich.

Die Option „**Auslieferung von res. Positionen bei neg. verfügb. Bestand zulassen**" ermöglicht es, die tatsächlich vorhandenen Lagermengen auszuliefern, auch wenn der verfügbare Bestand negativ ist. Genauere Erklärungen und auch ein Rechenbeispiel finden Sie in der Programmhilfe.

Natürlich können Sie auch manuelle Lagerbuchungen direkt in den Artikeln vornehmen. Möchten Sie bei solchen Buchungen einen eigenen Text angeben, dann hinterlegen Sie Vorlagen hierfür unter „**Lagerbuchung Kommentare**".

Speichern Sie Ihre Einstellungen in den Firmenangaben und wechseln Sie zur Startseite von Lexware warenwirtschaft, dann finden Sie unter **Extras → Optionen** auf der Seite „Allgemein" eine Einstellung, die das Programmverhalten bei Lagerbuchungen am jeweiligen Arbeitsplatz festlegt: Haken Sie dort an, ob das Programm beim Unterschreiten des Mindestbestandes eines Artikels einen Hinweis ausgeben soll.

16.1.2 Bestandsführung im Einkauf

Neben Wareneingängen und Rücksendungen, bei denen immer eine Lagerbuchung stattfindet, gibt es die Möglichkeit, auch eingehende Lieferantenrechnungen und eingehende Rechnungskorrekturen (im Programm noch als „Lieferantengutschrift" bezeichnet) im Programm zu erfassen. Um auch in diesen Fällen die Lagerbuchung durchführen zu können, müssen auf dieser Seite die entsprechenden Häkchen gesetzt werden. Wichtig hierbei ist, dass beim Weiterführen aus Wareneingängen und Rücksendungen die Lagerbuchung nur einmal erfolgt und bei der Rechnung bzw. Rechnungskorrektur (Lieferantengutschrift) nicht erneut vorgenommen wird. Achten Sie auch bei den Einkaufsaufträgen auf die Statuseinträge in der Auftragsliste.

Anders ist der Sachverhalt bei den an dieser Stelle ebenfalls genannten **Gutschriften**. Während Sie die eigentliche Eingangsrechnung und Lieferantenrechnungskorrektur im Original von Ihren Lieferanten erhalten und den Vorgang in Lexware warenwirtschaft lediglich programmtechnisch nachvollziehen, werden die von Ihnen erstellten Gutschriften an Ihre Lieferanten gesendet. Hintergrund ist eine Regelung in § 14 des Umsatzsteuergesetzes, die besagt, dass Sie für eine empfangene Lieferung oder Leistung unter bestimmten Voraussetzungen eine Gutschrift ausstellen können und den Betrag dann an Ihren Lieferanten bezahlen. Diese Gutschrift hat also dieselbe Funktion wie eine vom Lieferanten an Sie ausgestellte Rechnung.

Man verwendet dieses Verfahren dann, wenn Sie als Empfänger der Lieferung oder Leistung besser wissen, was zu bezahlen ist, als derjenige, der sie erbracht hat. Ein typisches Beispiel hierfür wäre die Führung eines Konsignationslagers in Ihrem

Haus, von dem Sie die Ware – die bis zur Bezahlung nach wie vor im Eigentum des Lieferanten steht – bei Bedarf entnehmen. In vertraglich vereinbarten Abständen erteilen Sie dem Lieferanten eine Gutschrift über die entnommene Ware, die Sie dann begleichen.

Achtung

Wichtig dabei ist, dass die Umsatzsteuer nach den steuerlichen Markmalen des Lieferanten ausgewiesen werden muss. Wenn Sie selbst also umsatzsteuerpflichtig sind, Ihr Lieferant jedoch nicht, dann muss die Gutschrift ohne Umsatzsteuer ausgestellt werden – und umgekehrt.

16.2 Ware liefern

Unabhängig davon, ob Sie einen Lieferschein manuell neu schreiben oder ob Sie diesen aus einer Auftragsbestätigung oder einem Angebot weiterführen, in jedem Fall wird die Menge der gelieferten Artikel im Programm abgebucht. Voraussetzung ist jedoch, dass dieser Artikel als Lagerartikel gekennzeichnet ist.

Achtung

Haben Sie in den Firmeneinstellungen angehakt, dass die Lagerführung bei Rechnung statt bei Lieferschein erfolgen soll, dann finden sämtliche nachfolgend beschriebenen Lagerfunktionen erst bei Rechnungsstellung statt!

Wenn Sie mit Lieferscheinen arbeiten, haben Sie neben dem Weiterführen der Lieferscheine in jeweils eine Rechnung auch die Möglichkeit, die Ware per Sammelrechnung zu fakturieren.

16.2.1 Lieferschein

Um die Lagerfunktionen kennenzulernen, schreiben Sie einen Lieferschein. Nutzen Sie dazu einen Lagerartikel aus den Stammdaten.

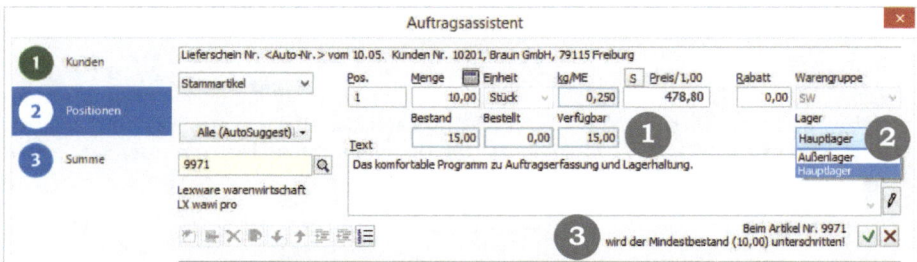

Abb. 16.2: **Positionserfassung im Lieferschein in der premium-Version:** *Der Lager-bestand ❶ im ausgewählten Lager ❷ und ggf. ein Hinweis auf das Unter-schreiten der Mindestmengen ❸ wird angezeigt.*

Vergleichen Sie die zweite Seite des Auftragsassistenten mit der Abbildung: Hier wird zu Ihrer Information der aktuelle Lagerbestand angegeben. Die nun gelieferte Menge beträgt zehn Stück. Mit dieser Lieferung unterschreitet das Lager die vorgegebene Mindestmenge von zehn Stück. Diese Information erhalten Sie zunächst direkt bei der Positionserfassung.

Arbeiten Sie mit einer Programmversion, die mehrlagerfähig ist, können Sie wählen, von welchem Lager die Artikel geliefert werden sollen. Die Angaben in der Positions-erfassung zeigen die Bestände für das ausgewählte Lager. Ist die Menge an einem Lager nicht ausreichend, können Sie den Artikel auch ein zweites Mal in die Positi-onsliste übernehmen und fehlende Stückzahlen dann auch einem anderen Lager liefern.

Beim Speichern des Lieferscheins aus der vorigen Abbildung wird noch einmal mit einer Meldung auf das Unterschreiten der Mindestmenge hingewiesen, wenn Sie das in den Optionen so festgelegt haben.

Wenn außerdem die Frage nach der Lagerbuchung in den Firmenstammdaten angehakt ist, erfolgt zuvor noch eine weitere Meldung: „Sollen die Lagerbestände gebucht werden?" Da die Lagerbestände korrekt geführt werden sollen, bestätigen Sie die Frage mit „Ja".

16.2.2 Sammelrechnung

Eine besondere Art der Rechnung sind die Sammelrechnungen, die mit einem eigenen Nummernkreis geführt werden. Diese erfordern bestimmte, vom Standard abweichende Vorgehensweisen.

> **Tipp**
>
> Wollen Sie Rechnungen und Sammelrechnungen abweichend von den Standardeinstellungen in einem gemeinsamen Nummernkreis führen, können Sie das unter **Verwaltung → Einstellungen → Nummernkreise** so festlegen.

Grundlage für die Sammelrechnung ist immer mindestens ein Lieferschein. Ziel dieser Auftragsart ist es jedoch, mehrere Lieferscheine in einer Rechnung zusammenzuführen. Die Sammelrechnung wird deshalb nicht durch Weiterführen eines Lieferscheines erzeugt, sondern indem Sie den Auftragsassistenten öffnen und die Auftragsart „Sammelrechnung" einstellen. Wenn Sie die Adresse des Kunden in die erste Seite übernommen haben und auf die nächste Seite wechseln, finden Sie eine weitere, zusätzliche Seite vor:

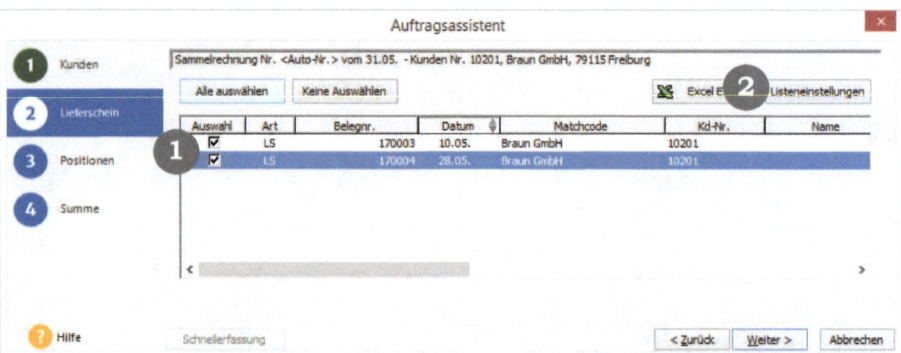

*Abb. 16.3: **Sammelrechnung:** Auswahl ❶ der zu berechnenden Lieferscheine in einer Sammelrechnung. Für die Lieferscheinliste gibt es Listeneinstellungen ❷ .*

Hier werden alle Lieferscheine aufgelistet, die an den zuvor angegebenen Kunden gerichtet wurden und noch nicht fakturiert sind. So können Sie sicher sein, Lieferscheine nicht versehentlich doppelt zu berechnen und damit Ihren Kunden zu verärgern oder aber eine Lieferung bei der Berechnung zu vergessen. Klicken Sie die zu berechnenden Lieferscheine in der Spalte „Auswahl" an, um sie in die Rechnung zu übergeben bzw. daraus zu entfernen.

Wenn Sie nun weiter auf die nächste Seite gehen, stellen Sie fest, dass die Positions-liste des Auftragsassistenten – sonst auf der zweiten Seite – bereits Einträge enthält. Dabei handelt es sich um die einzelnen Artikel, die mit den ausgewählten Liefer-scheinen geliefert wurden.

Die Positionslisten aus den verschiedenen Lieferscheinen werden unverändert in die Sammelrechnung übernommen, eine Textposition als Überschrift gibt an, aus welchem Lieferschein von welchem Datum die Ware stammt.

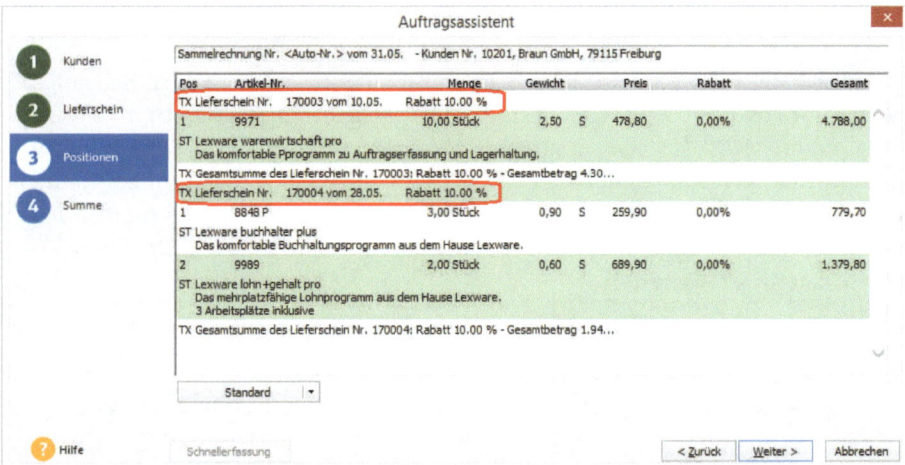

*Abb. 16.4: **Positionen in der Sammelrechnung:** Die einbezogenen Lieferscheine werden in einer Überschrift angegeben.*

> **Achtung**
> Bitte beachten Sie, dass sich Sammelrechnungen auf bereits hinterlegte Lieferungen beschränken. Weitere zu berechnende Artikel können nicht hinzugefügt werden.

Auf der letzten Seite des Auftragsassistenten können nun wie bei jeder Rechnung bereits erhaltene Anzahlungen abgezogen werden.

Und wie bei jeder anderen Rechnung auch, erfolgt nach dem Speichern entspre-chend den Voreinstellungen im Programm die Abfrage, ob die Sammelrechnung gedruckt werden soll. Innerhalb eines Pakets Lexware financial office erfolgt auch die Buchen-Abfrage, wenn diese nicht in den Firmeneinstellungen unterbunden wurde.

Lieferscheine, die in einer Sammelrechnung fakturiert wurden, erhalten im Status-feld der Auftragsliste den Eintrag „F" für „fakturiert". Dasselbe passiert, wenn ein Lieferschein über die Funktion „Weiterführen" berechnet wird.

Ob die Sammelrechnungen in einem eigenen Nummernkreis geführt werden oder ob Sie einen gemeinsamen Nummernkreis für alle Rechnungen verwenden wollen, wird unter **Verwaltung → Einstellungen → Nummerkreise** festgelegt. In beiden Fällen wird diese Rechnung mit dem Begriff „Sammelrechnung" geführt.

Auch im Ausdruck werden die einzelnen Positionen der Lieferscheine detailliert aufgelistet. Die Überschrift informiert Sie darüber, aus welcher Lieferung die Ware stammt.

Übung

Erfassen Sie einen Lieferschein an Sabine Anders über sechs Stück Lexware buchhalter und zwei Stück Lexware warenwirtschaft pro. Oder nutzen Sie die von Ihnen im Programm hinterlegten Adressen und Lagerartikel.

Da es für die Übung wichtig ist, über mehrere Lieferscheine an denselben Kunden zu verfügen, erfassen Sie einen weiteren Lieferschein an Sabine Anders. Dieses Mal liefern Sie ein Stück Lexware warenwirtschaft pro und ein Trainingsbuch dazu.

Schreiben Sie dann eine Sammelrechnung, die beide zuvor erfassten Lieferscheine enthält.

17. Bestellwesen und Wareneingang

Lexware warenwirtschaft pro unterstützt die Warenbestellung auf unterschiedliche Weise. Zum einen „weiß" das Programm, welche Artikel zur Neige gehen, und bietet diese für eine automatische Bestellung an. Voraussetzung hierfür ist jedoch, dass die Zuordnung zum Lieferanten im Artikel vollständig hinterlegt ist. Zum anderen ist eine Bestellung gleichzeitig Grundlage für die Lagerzubuchung bei Lieferung der Ware.

Dienstleister können dieses Kapitel überspringen.

17.1 Einkaufsaufträge

Bestellanfragen und Bestellungen können Sie entweder über eine automatische oder über eine manuelle Bestellung erzeugen. Liegt bereits eine Bestellanfrage vor, so kann diese – analog zu den Verkaufsaufträgen – in eine Bestellung weitergeführt werden. Alle einkaufsrelevanten Aufträge finden sich in der Auftragsliste Einkauf.

Soll nicht zuerst eine Bestellanfrage, sondern direkt eine Bestellung erzeugt werden, ist die nachfolgend beschriebene Vorgehensweise dieselbe, auch die angezeigten Fenster sind identisch. Der Weg über die Anfrage ist also nicht zwingend, genauso wie vor einer Rechnung nicht unbedingt ein Angebot erzeugt werden muss.

Bestellte Mengen werden in den Artikeldaten geführt. Wenn Sie einen Verkaufsauftrag erfassen – also beispielsweise ein Angebot oder eine Rechnung – finden Sie die bestellte und noch nicht gelieferte Menge in der Positionserfassung ebenso angezeigt wie den Artikelbestand.

17.1.1 Automatische Bestellanfrage/Bestellung

Unter **Extras → Bestellwesen → Bestellanfrage** (oder **Bestellung**) öffnet sich ein Fenster, in dem alle Lieferanten aufgelistet sind.

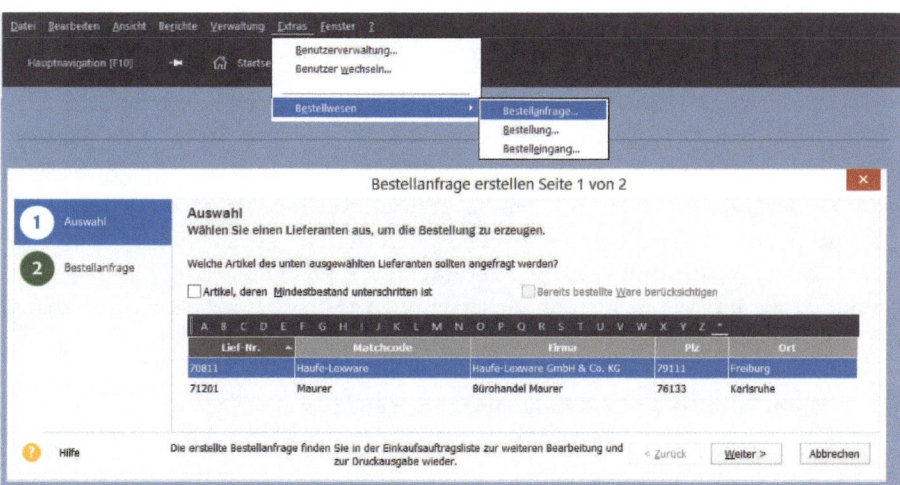

Abb. 17.1: **Bestellanfrage:** *Auswahl des Lieferanten für die Bestellanfrage.*

Markieren Sie den Lieferanten, an den die Bestellanfrage gehen soll. Auf dieser und der nächsten Seite haben Sie Gelegenheit, die beim Seitenwechsel über „Weiter" erscheinende Artikelliste des gewählten Lieferanten auf diejenigen Artikel zu reduzieren, deren Mindestbestand unterschritten ist.

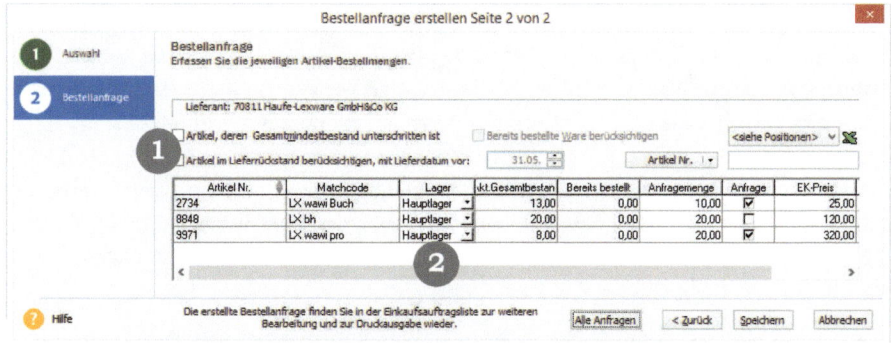

Abb. 17.2: **Artikelvorschlag in der Bestellanfrage:** *Mindestbestand, Artikel im Lieferrückstand* ❶ *und bereits bestellte Ware können berücksichtigt werden. Die Auswahl der Lager* ❷ *steht nur in mehrlagerfähigen Programmversionen zur Verfügung.*

Weitere Einflussmöglichkeit gibt das Feld „Bereits bestellte Ware berücksichtigen". Ein Häkchen addiert die bereits bestellten, aber noch nicht gelieferten Artikel zur Lagermenge hinzu. Die Artikel, deren Mindestbestand auf allen Lagern nun noch immer unterschritten ist, werden weiterhin in der Bildschirmliste angezeigt. Die

vorgeschlagene Bestellmenge wird vom Programm selbst aufgrund der hinterlegten Bestellmenge und der aktuellen Lagerwerte errechnet und angezeigt. Dieser Wert kann selbstverständlich jederzeit überschrieben werden.

Ein Häkchen im Feld „Anfrage" – bzw. „Bestellen" wenn es sich um eine Bestellung handelt – sorgt dafür, dass dieser Artikel in der angegebenen Menge in die Bestellanfrage übernommen wird. Klicken Sie auf „Alle Anfragen", werden sämtliche Artikel angehakt und über „Speichern" in die Bestellanfrage übernommen. Entsprechend den optionalen Einstellungen für den Druck von Aufträgen folgt nun die Abfrage, ob die Bestellanfrage gedruckt oder per E-Mail versendet werden soll.

> **Achtung**
> Nur wenn die Lieferantenseite in den Artikeldaten richtig ausgefüllt ist, kann die Bestellung die richtigen Daten ausweisen. Wenn z. B. die Preise in der Bestellung fehlen, wurden keine Einkaufspreise in den Artikeldaten hinterlegt. Fehlen die Bestellnummern, wurden diese entweder in den Artikeldaten nicht erfasst, oder aber es wurde ein Formular ohne die Spalte „Artikelnummer" zum Druck der Bestellung verwendet.

17.1.2 Manuelle Bestellanfrage/Bestellung

Neben der automatischen Bestellanfrage (Bestellung) gibt es immer auch die Möglichkeit, diese manuell wie jeden anderen Auftrag zu erfassen. Sobald der Auftragsassistent für die Einkaufsaufträge geöffnet ist, wird automatisch die Lieferantenliste hinterlegt. Ein Klick auf die Lupenschaltfläche öffnet nun die Lieferantenliste, aus der Sie den gewünschten Lieferanten auswählen können.

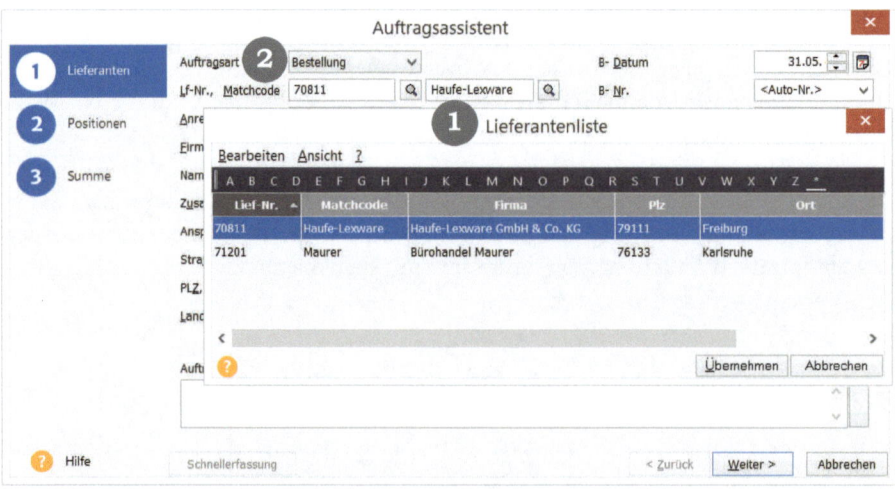

Abb. 17.3: **Manuelle Bestellung:** *Auswahl des Lieferanten aus der Lieferantenliste* ❶ *bei der Erfassung einer Bestellung* ❷ *mit dem Auftragsassistenten.*

Während bei der automatischen Bestellanfrage lediglich Stammartikel aufgelistet werden können, bei denen auch ein Lieferant hinterlegt wurde, steht bei manuellen Bestellungen das gesamte Spektrum der Positionen eines Auftrags zur Verfügung. Das bedeutet, dass auf diesem Weg neben Textpositionen zur Erläuterung auch Zwischensummen und manuelle Artikel erfasst werden können. Das ist besonders dann von Bedeutung, wenn Sie für einen Kunden einen ganz bestimmten Artikel bestellen, der nicht als Standard in Ihrem Lager geführt werden soll. Außerdem haben Sie so Gelegenheit, auch Sonderanfertigungen direkt aus dem Programm zu bestellen.

Die Berücksichtigung von Auftragsbeschreibung und Schlusstexten, der Zugriff auf die Textbausteine und die Möglichkeit, vereinbarte Rabatte direkt einzugeben, sind weitere Punkte, die Sie vielleicht veranlassen, Bestellanfragen und Bestellungen manuell über den Auftragsassistenten zu erfassen.

17.2 Auftragsliste Einkauf

Erfasste Einkaufsaufträge finden sich unter **Verwaltung → Aufträge Einkauf** in der Auftragsliste für den Einkauf wieder. Wie bei den Verkaufsaufträgen öffnet sich zunächst das Fenster mit den Auswahlkriterien, sodass Sie vorab bestimmen können, ob nun Bestellanfragen, Bestellungen oder andere Auftragsarten angezeigt und aus welchem Zeitraum diese berücksichtigt werden sollen. Auch bei den Einkaufsaufträgen stehen die Statuseinträge zur Selektion zur Verfügung.

Automatisch erzeugte Bestellungen finden sich selbstverständlich ebenfalls in der Liste und können dort auch nachträglich noch bearbeitet werden. Da bei der automatischen Vorgehensweise Auftragsbeschreibung und Schlusstext lediglich aus den Standardtextbausteinen eingesteuert werden, ist es sicher hilfreich, auf diesem Wege eingreifen zu können.

Analog zur Verkaufsauftragsliste finden Sie die verschiedenen Möglichkeiten der Weiterbearbeitung von Aufträgen über das Menü mit der rechten Maustaste. Auch der Menüpunkt **Wandeln** ist hier zu finden, mit dem Sie aus einem **Ein**kaufsauftrag einen **Ver**kaufsauftrag erzeugen können.

17.3 Drucken erzeugter Aufträge

Nach dem Speichern der Bestellanfrage wird, wie bei der Erfassung von Verkaufsaufträgen, sofort der Druck derselben angeboten, sofern Sie diese Funktion nicht durch Anhaken in den Optionen unterdrückt haben. Wird kein Druckfenster angezeigt,

öffnen Sie die Auftragsliste Einkauf und wählen den Druck über das Kontextmenü der rechten Maustaste. Damit öffnet sich das Druckfenster mit der Auswahl der hinterlegten Formulare.

Programmseitig wird für Bestellungen dasselbe Formular verwendet wie für die Verkäufe und häufig ist das auch sinnvoll. Haben Sie jedoch andere Vorstellungen vom Aussehen einer Bestellung, nutzen Sie den Formularlayout-Assistenten zur Bearbeitung der Formulare. Sämtliche Funktionen des Formularlayout-Assistenten stehen Ihnen hier zur Verfügung – genau wie beim Anpassen der Formulare an Ihre Rechnungsbogen. Die Erläuterungen zur Formularanpassung finden Sie in Kapitel 19.

> **Achtung**
> Benennen Sie ein geändertes Formular für Ihre Bestellungen entsprechend, um Verwechslungen mit dem Auftragsformular für den Verkauf zu vermeiden.

17.4 Von der Bestellanfrage zur Bestellung

Die Liste „Aufträge Einkauf" listet alle Bestellanfragen, Bestellung und Wareneingänge auf, unabhängig davon, wie sie erstellt wurden. Die Funktionen der Auftragsliste für den Einkauf sind mit denen der Verkaufsauftragsliste identisch – so findet sich auch hier mit der rechten Maustaste ein Menü, das alle Bearbeitungsmöglichkeiten beinhaltet. Und genauso wie ein Angebot zur Auftragsbestätigung wird, führen Sie die Bestellanfrage zur Bestellung weiter, indem Sie die Anfrage mit der rechten Maustaste anklicken und **Weiterführen** wählen. Nun öffnet sich der Auftragsassistent mit den Angaben aus der Anfrage, die Auftragsart „Bestellung" ist voreingestellt und die üblichen Bearbeitungsmöglichkeiten des Auftragsassistenten stehen zur Verfügung.

17.5 Wareneingänge zubuchen

Der nächste Schritt ist die Lieferung der bestellten Ware, die dem Programm „mitgeteilt" werden muss. Um diesen Wareneingang – der im Hauptmenü des Programms fälschlicherweise Bestelleingang genannt wird – zu erfassen, gibt es unterschiedliche Wege: Die Zubuchung der gelieferten Artikel aufgrund einer Bestellung oder aber den manuellen Eintrag der gelieferten Waren in der Artikeldatenbank.

17.5.1 Lagerzubuchung auf Basis einer Bestellung

Da Sie die einzelnen Artikel ja bereits bei der Bestellung erfasst haben, können Sie sich die Arbeit beim Wareneingang und der Lagerzubuchung erleichtern, indem Sie diese Angaben erneut nutzen. Wenn Sie mit den wesentlichen Programmfunktionen vertraut sind, fällt Ihnen hier sicher zuerst das **Weiterführen** ein. Wie bei den Verkaufsaufträgen möchten Sie nun in der Einkaufsauftragsliste die Bestellung in einen Wareneingang weiterführen. Das Nächstliegende ist in diesem Falle aber nicht die praktische Lösung, wie die Meldung bei dieser Vorgehensweise zeigt:

„Die Bestellung kann über den Menüpunkt **Extras → Bestellwesen → Bestelleingang** zugebucht werden. Möchten Sie in den Bestelleingang wechseln?"

Über diesen Umweg gelangen Sie dorthin, wo Sie die große Schaltfläche „Wareneingang" auf der Startseite und dort „offene Bestellung zubuchen" auf direktem Wege führt. Oder aber Sie nutzen den eigenen Menüpunkt: **Extras → Bestellwesen → Bestelleingang**.

> **Achtung**
> Der Begriff Bestelleingang ist missverständlich. Es handelt sich hierbei keineswegs um den Eingang einer Bestellung, sondern um den **Waren**eingang auf Grundlage einer im Programm erfassten Bestellung von Lagerware!

In jedem Fall wird – ggf. nach einer Zwischenabfrage – ein Fenster mit der Liste aller noch nicht gelieferten Bestellungen angezeigt.

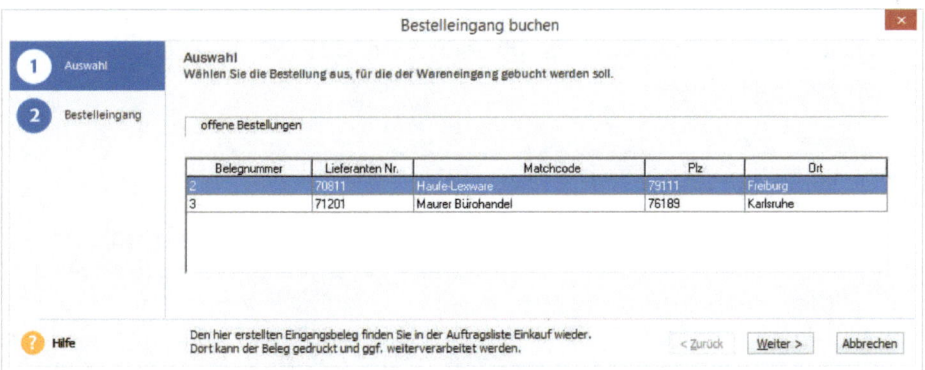

Abb. 17.4: ***Lagerbuchung aufgrund einer Bestellung:*** *Wählen Sie aus den offenen Bestellungen diejenige aus, deren Artikel nun ins Lager gebucht werden sollen.*

Dabei spielt es keine Rolle, ob die Bestellung automatisch oder manuell erfasst wurde. In diesem Fenster stehen über die rechte Maustaste auch die Listeneinstellungen zur Verfügung, mit deren Hilfe die angezeigten Daten selbst definiert werden können. Wählen Sie nun per Mausklick die Bestellung aus, deren Artikel geliefert wurden und die nun im jeweiligen Lager zugebucht werden sollen.

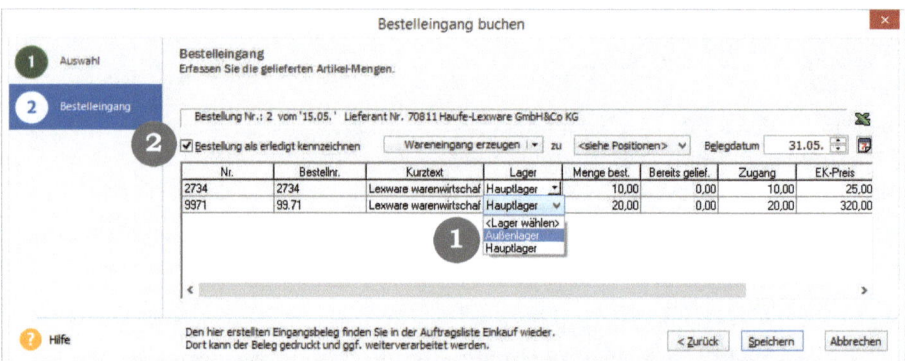

Abb. 17.5: **Wareneingang der bestellten Artikel:** *Nur in mehrlagerfähigen Programmversionen kann das jeweilige Lager* ❶ *gewählt werden. Wurden alle Artikel geliefert, wird die Bestellung als erledigt gekennzeichnet* ❷ *.*

Die folgende Seite sieht genauso aus wie diejenige bei der Erzeugung der Bestellung. Tragen Sie abweichende Einkaufspreise in der Liste ein, damit die Daten bei einer Lagerbewertung richtig zur Verfügung stehen. Bei jeder Änderung des Einkaufspreises werden Sie gefragt, ob dieser Preis in die Artikelstammdaten übernommen werden soll. Wenn Sie diese Frage bejahen, wird bei der nächsten Bestellung des Artikels dieser neue Preis zu Grunde gelegt.

Wenn Sie eine Programmversion verwenden, die mehrere Lager verwalten kann, können Sie bei jedem Artikel angeben, an welches Lager er geliefert wird.

Wurden wirklich alle Artikel wie bestellt geliefert, brauchen Sie die Angaben lediglich unverändert abzuspeichern, das Feld „Bestellung als erledigt kennzeichnen" bleibt dann angehakt. Damit wird diese Bestellung in der Auftragsliste mit dem Statuskürzel „LE" (Lagereingang) geführt. In der Auftragsliste für den Einkauf steht der entsprechende Beleg für den Waren- (bzw. Bestell)eingang zur Verfügung. Bei einem erneuten Aufruf der Wareneingänge ist diese Bestellung dann nicht mehr aufgelistet.

Haben Sie jedoch nur eine Teillieferung erhalten, können Sie die tatsächlich gelieferten Mengen eintragen. Sobald Änderungen in der Menge vorgenommen werden, verschwindet das Häkchen im Feld für die Erledigt-Kennzeichnung links oben. Der

Status „LE" in der Auftragsliste wird nicht gesetzt. Sie erkennen daran, dass die Lieferung zumindest teilweise noch aussteht. Erfolgt die Restlieferung, können Sie erneut den Weg über **Extras → Bestellwesen → Bestelleingang** bzw. über die großen Schaltflächen der Startseite gehen. Die Bestellung ist nach wie vor in der Liste zu finden und zeigt auf der zweiten Seite nur die aus dieser Bestellung noch nicht gelieferten Artikelmengen an. Erst nachdem die Bestellung vollständig abgewickelt ist, haken Sie die Erledigt-Kennzeichnung an, dann ist die Bestellung im Wareneingangsfenster nicht mehr aufgelistet.

Denselben Weg wählen Sie, wenn die gelieferten Waren an unterschiedlichen Lagern gehalten werden sollen.

17.5.2 Manuelle Lagerzubuchung

Manchmal ist der schnellste Weg für eine Bestellung ein Telefonat mit dem Lieferanten. In diesem Fall liegt im Programm keine Bestellung vor, deren Artikel Sie im Lager einbuchen könnten. Sie brauchen nun andere Wege, um den Lagerbestand zu aktualisieren. Und wie so oft gibt es auch hier mehrere Möglichkeiten:

1. **Die Auftragsart Wareneingang**

    Wählen Sie einen neuen Einkaufsauftrag zum Beispiel über die große Schaltfläche „Wareneingang" auf der Startseite. Geben Sie zunächst den Lieferanten an und erfassen nun in der Positionsliste die gelieferten Artikel genau so, wie Sie eine Rechnung schreiben würden. Denken Sie daran, ggf. den richtigen Lagerort mit anzugeben. Die Ware wird mit dem Speichern des Wareneingangs entsprechend zugebucht.

2. **Lagerzu- und -abbuchungen innerhalb von Warengruppen**

    Natürlich können Sie jeden Artikel einzeln zum Bearbeiten öffnen und dort die Lagerzugänge eintragen. Einfacher geht es jedoch mit der Funktion, die Sie unter **Extras → Artikel → Lagerzu-/Abgänge** nur dann finden, wenn die Artikelliste am Bildschirm geöffnet ist.

    Unter diesem Eintrag öffnet sich die Liste aller Artikel der markierten Warengruppe und Sie können die Zugänge in der Liste einfach eintragen. Wenn in den Firmenangaben die Kommentare für die Lagerbuchungen freigegeben sind, können Sie außerdem zu jeder Lagerbuchung einen kurzen Text zur Erläuterung hinzufügen.

Übung 17/1 Bestellung

Bestellen Sie beim Lieferanten Haufe-Lexware folgende Artikel:

10 Stück Trainingsbuch warenwirtschaft

10 Stück Lexware warenwirtschaft pro

Rufen Sie danach die Artikeldaten auf und prüfen Sie das Lagerjournal.

Erfassen Sie ein Angebot, in dem einer der bestellten Artikel enthalten ist und prüfen Sie die angezeigten Daten zu den verfügbaren Mengen.

Übung 17/2 Lagerzubuchung

Die bestellte Ware aus der vorigen Übung wurde komplett geliefert, buchen Sie diese im Lager ein.

18. Die Inventur

Die Erfassung aller vorhandenen Bestände eines Betriebes zu einem bestimmten Stichtag nennt man Inventur. Sie ist für alle Kaufleute im Rahmen der ordnungsmäßigen Buchführung u. a. nach § 240 HGB vorgeschrieben. In der Regel findet diese Bestandserfassung zum Ende des Geschäftsjahres statt. Dann geht es darum, alles zu zählen, zu messen und zu wiegen und den Wert des Inventars festzustellen.

Lexware warenwirtschaft unterstützt Sie bei der Bestandserfassung und bietet auch die Wertermittlung des Inventars an.

Für die Übungen in diesem Kapitel müssen Lagerartikel im Programm vorhanden sein.

18.1 Vorbereitung der Inventur

Bitte beachten Sie, dass mit dem Starten der Inventur nahezu alle Funktionen gesperrt werden, die den Lagerbestand ändern könnten. Das heißt, Lieferscheine und ggf. Rechnungen können angesehen, aber nicht neu angelegt, gelöscht oder verändert werden. Die Lagerbestände von bestehenden Artikeln können ausschließlich in der Bestandserfassung und nicht mehr in der Artikelverwaltung geändert werden. Das Löschen von Artikeln ist allerdings noch erlaubt für den Fall, dass Sie bei der Bestandserfassung doppelt angelegte oder nicht mehr geführte Artikel in der Liste finden. Diese Einschränkungen bestehen so lange, bis die Bestandserfassung beendet wird.

Die Inventur berücksichtigt nur Stammartikel aus der Datenbank, die als Lagerartikel festgelegt wurden. Manuelle Positionen können nicht mit einbezogen werden. Am Ende der Inventur steht eine Bewertung der Lagerbestände, für die die Einkaufspreise herangezogen werden. Stellen Sie deshalb vorab sicher, dass die Artikeldaten im Programm vollständig und richtig sind, damit das Ergebnis der Inventur einer Prüfung standhält.

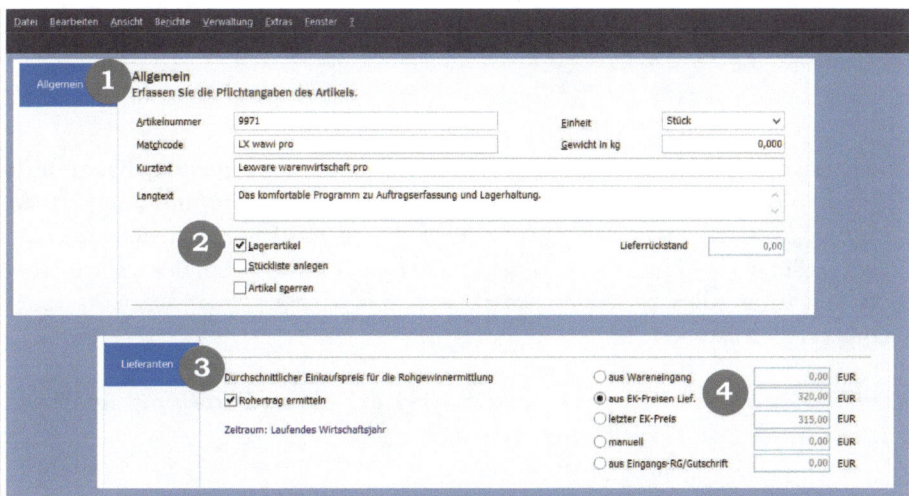

Abb. 18.1: **Artikel:** *Nur die auf der Seite „Allgemein"* ❶ *als Lagerartikel* ❷ *definierten Artikel werden in der Inventur berücksichtigt. Die Auswertung erfolgt auf Grundlage derselben Einkaufspreise, die auf der Lieferanten-Seite* ❸ *auch für die Rohertragsermittlung* ❹ *herangezogen werden.*

Tipp

Um auf einen Blick zu sehen, ob die Artikel das Häkchen bei „Lagerartikel" haben, nutzen Sie die Listeneinstellungen in der Artikelliste. Ordnen Sie das Feld „Lagerartikel" der Liste zu. So sehen Sie sofort, ob die Daten richtig gekennzeichnet sind.

Sämtliche Arbeitsschritte für die Inventur finden Sie im Programm über den Menüpunkt **Extras → Inventur →Inventurübersicht**, wo Sie auch direkt in die jeweiligen Funktionen springen können.

18.2 Inventurbelege erstellen

Starten Sie nun damit, einen Inventurbeleg zu erstellen. Das bedeutet, dass Sie zunächst festlegen, um welche Art der Inventur es sich handelt.

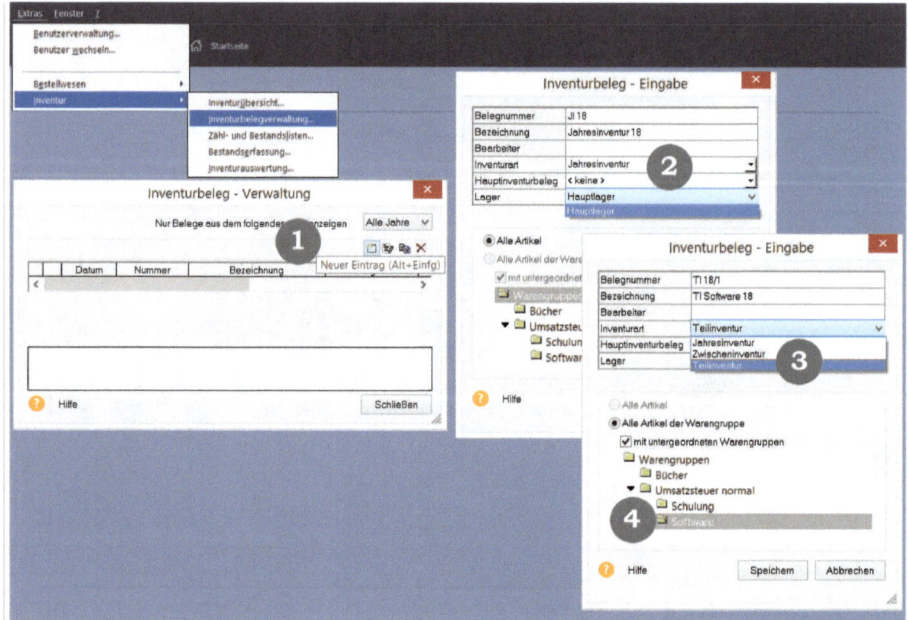

Abb. 18.2: **Inventurbeleg:** *Erstellen eines Inventurbelegs* ❶ *für die Jahresinventur* ❷
als Hauptinventur und einer dazu untergeordneten Teilinventur ❸ *für die*
Warengruppe Software ❹ *.*

Dabei gibt es drei Möglichkeiten:

- Eine **Jahresinventur** ist immer eine **Hauptinventur** und umfasst immer alle Lagerartikel, sie kann jedoch in
- mehrere **Teilinventuren** für verschiedene Warengruppen aufgeteilt werden. Das hat den Vorteil, dass die Erfassung der Bestände an verschiedenen Rechnern (Clients) gleichzeitig erledigt werden kann und dass die Teilinventuren unterschiedlich bewertet werden können.
- Eine **Zwischeninventur** kann auf einzelne Warengruppen beschränkt werden.

18.3 Zähllisten drucken

Wenn die Art der Inventur definiert ist, drucken Sie die Zähllisten. Sie können das direkt über den Menüpunkt **Extras → Inventur → Zähl- und Bestandslisten** tun, oder aber die Schaltfläche „Zähllisten drucken" in der Inventurübersicht anklicken.

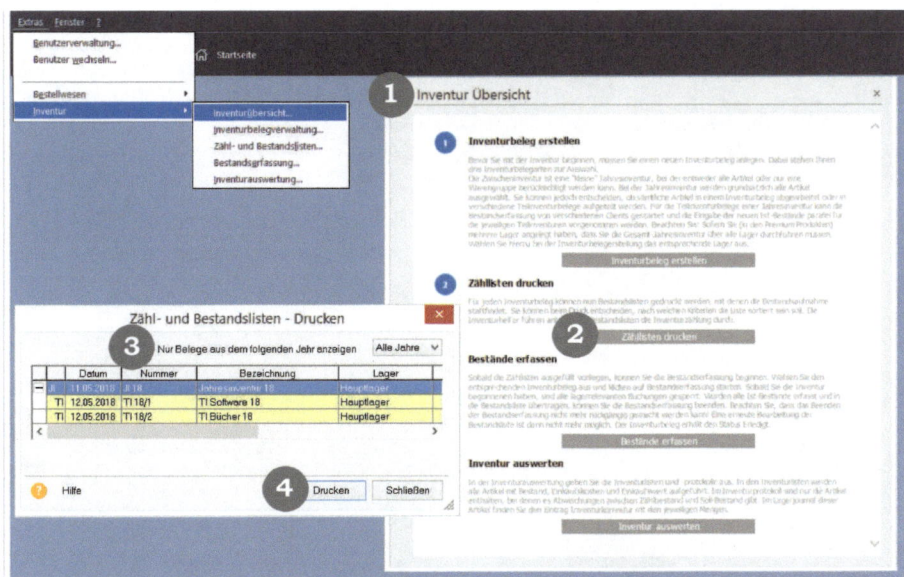

Abb. 18.3: **Zähllisten drucken:** *Aus der Inventurübersicht* ❶ *lassen sich alle Aufgaben der Inventur abrufen. Ein Klick auf „Zähllisten drucken"* ❷ *öffnet die Inventurbelegliste* ❸ *. Über die Schaltfläche „Drucken"* ❹ *werden die Listen auf den Drucker ausgegeben.*

In jedem Fall öffnet sich zunächst die Inventurbelegverwaltung, wo Sie den gewünschten Eintrag auswählen, bevor Sie die Schaltfläche „Drucken" anklicken. Nach welchen Kriterien die nun zu druckende Liste sortiert ist, die ausschließlich die Lagerartikel beinhaltet, können Sie im Drucken-Fenster wählen. Zur Verfügung stehen Artikelnummer, Matchcode, Bezeichnung und der Lagerort, der im Artikel hinterlegt ist. Dabei handelt es sich nicht um die Trennung nach verschiedenen Lagern. Haben Sie mehrere Lager, dann müssen diese in getrennten Teilinventuren angelegt werden.

Wie immer stehen Ihnen unterschiedliche Formulare hierfür zur Verfügung. Nur die explizit als Zählliste angegebenen Formulare geben die derzeit in der EDV vorhandenen Mengen als Soll-Menge an, sie sind reine Artikellisten mit einer Spalte für die manuelle Eingabe der gezählten, gemessenen und gewogenen Mengen. Über die Schaltfläche „Vorschau" können Sie sich die Listen vorab ansehen und dann entscheiden, was für Ihre Zwecke sinnvoll ist.

18.4 Durchführen der Inventur

Mit den ausgedruckten Listen können Sie nun die eigentliche Bestandserfassung vornehmen, indem Sie die Lagerbestände entsprechend den gesetzlichen Vorschriften zählen, messen oder wiegen. Das Ergebnis der körperlichen Bestandsaufnahme wird in die Listen eingetragen.

18.4.1 Bestände erfassen

Als Nächstes müssen die so ermittelten tatsächlichen Lagerbestände im Programm erfasst werden. Dazu wählen Sie **Extras → Inventur → Bestandserfassung** und klicken den gewünschten Inventurbeleg an. Haben sie mehrere Teilinventuren angelegt, dann können die Bestände nun an verschiedenen Arbeitsplätzen gleichzeitig erfasst werden, indem jede Teilinventur an einem anderen Rechner abgearbeitet wird.

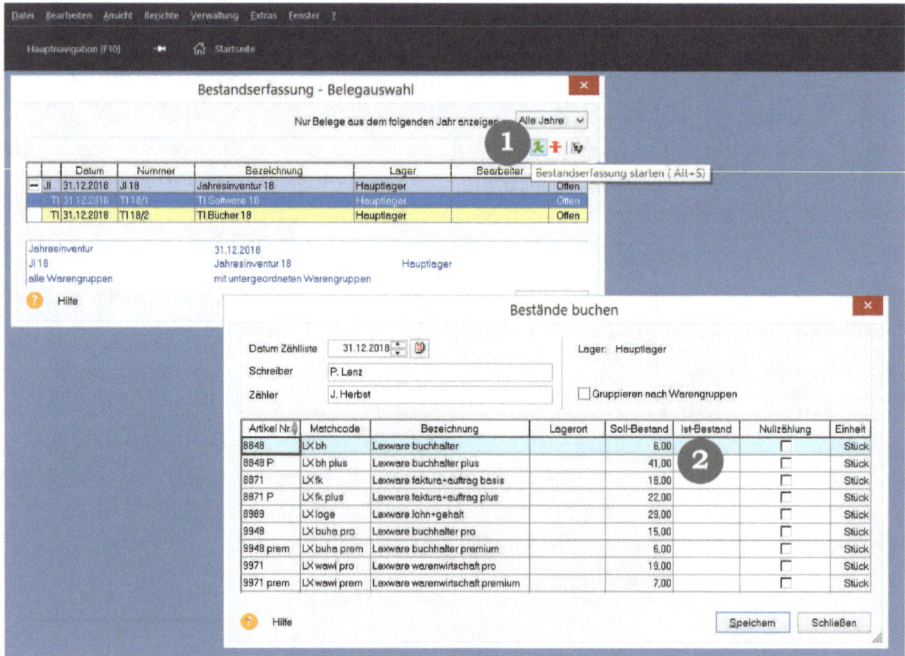

*Abb. 18.4: **Bestände erfassen**: Erst wenn Sie das grüne Ampelmännchen „Starten der Bestandserfassung" ❶ anklicken, öffnet sich das Fenster zur Erfassung der Lagermengen. Die Spalte „Ist-Bestand" ❷ ist leer und zur Eingabe frei.*

Jetzt können Sie die ermittelten Bestände eintragen. Da sich die Bildschirmliste in der Reihenfolge der Druckliste anpassen lässt, indem Sie die Spaltenüberschrift der Sortierung anklicken, funktioniert dies recht bequem. Es empfiehlt sich, die neu eingegebenen Daten während der Arbeit zwischenzuspeichern, indem Sie die Schaltfläche „Speichern" anklicken. Sie können das Fenster auch schließen und haben damit die Möglichkeit, die Datenerfassung zu unterbrechen, ohne bereits vorgenommene Eingaben zu verlieren.

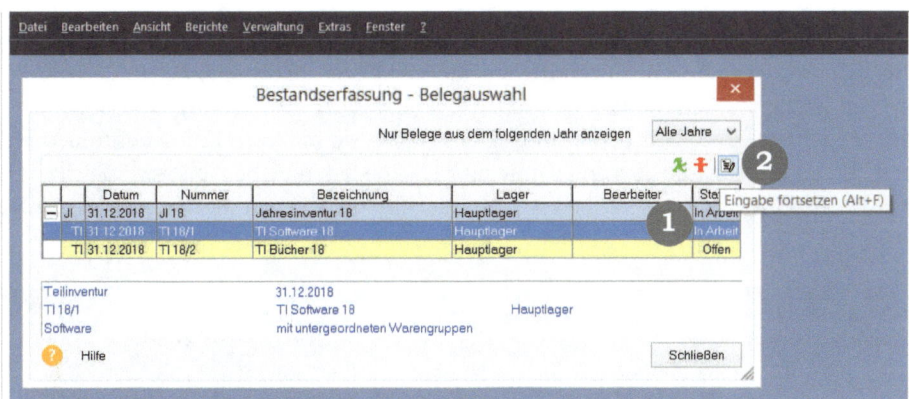

Abb. 18.5: **Bestandserfassung fortsetzen:** *Noch nicht beendete Belege haben den Status* ➊ *„In Arbeit". Über das Symbol „Eingabe fortsetzen"* ➋ *öffnet sich die Erfassungsliste zur weiteren Eingabe der Inventurbestände.*

Öffnen Sie die Bestandserfassung erneut, können Sie für die Inventurbelege, deren Status „In Arbeit" ist, die Liste der Lagerartikel erneut öffnen und über das rechte Symbol in der Belegauswahl die Eingabe fortsetzen.

Erst wenn alle Daten erfasst sind, klicken Sie das rote Ampelmännchen „Bestandserfassung beenden" an. Sie erhalten eine Information, dass alle Artikel, in denen keine Mengen eingegeben wurden, als Nullzählung gespeichert werden. Wenn alle Teilinventuren abgeschlossen und die Bestandserfassungen beendet sind, werden wieder alle Funktionen des Programms freigegeben und die Artikelstammdaten weisen die korrekten Lagerbestände aus.

18.4.2 Inventurauswertung

Der letzte Schritt ist nun die Inventurauswertung, die Sie über den Menüpunkt
Extras → Inventur → Inventurauswertung erreichen. Sie sehen die Inventurbelege
nach dem Beenden der Inventur nun mit dem Status „Erledigt". Im unteren Teil des
Fensters geben Sie an, wie die Bewertung der Artikel erfolgen soll. Dabei können Sie
für jede Teilinventur andere Vorgaben festlegen.

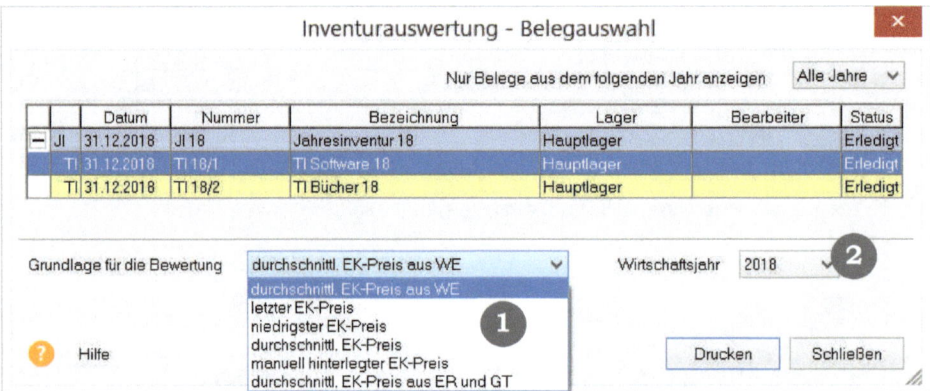

Abb. 18.6: **Inventurauswertung:** *Jede (Teil-)Inventur, kann mit anderen Berechnungs-
grundlagen* ❶ *ausgewertet werden. Für Durchschnittspreise kann das Jahr
für die Berechnung* ❷ *angegeben werden.*

> **Achtung**
> Die Auswahl der Berechnungsgrundlage für die Lagerbewertung entspricht der für die
> Rohgewinnermittlung im Artikel. Achten Sie auf schlüssige Angaben. Wenn in den Arti-
> keldaten keine Werte bei der ausgewählten Bewertungsgrundlage eingetragen sind, dann
> stimmt Ihre Auswertung nicht.

Wenn Sie die Auswertung ausdrucken, haben Sie wieder mehrere Formulare zur
Verfügung, die Sie sich vor dem Druck in der Vorschau ansehen können. Sie können
die Daten auf diesem Weg jedoch auch nach Excel® exportieren und haben dann die
Möglichkeit, fehlende Angaben – wie beispielsweise Einkaufspreise – zu ergänzen.

Jahresinventur

Belegnummer: JI 18
Inventurart: Jahresinventur
Bearbeiter:
Datum: 02.01.2019

Die Inventur-Bewertung erfolgt auf der Grundlage des durchschnittlichen Einkaufspreises des Wareneingangs des Jahres 2018.

Erfassungsdatum: 02.01.2019

Artikelnr.	Kurztext	Bestand	Preis pro	Einkaufskosten	Einkaufswert
2734	Lexware warenwirtschaft Training	5,00	1,00	25,00 EUR	125,00 EUR
2735	Lexware buchhaltung Training	20,00	1,00	20,00 EUR	400,00 EUR
2736	Lexware lohn+gehalt Training	11,00	1,00	20,00 EUR	220,00 EUR
8848 P	Lexware buchhaltung plus	23,00	1,00	210,00 EUR	4.830,00 EUR
9948	Lexware buchhaltung pro	17,00	1,00	320,00 EUR	5.440,00 EUR
9948 prem	Lexware buchhaltung premium	0,00	1,00	320,00 EUR	0,00 EUR
9971	Lexware warenwirtschaft pro	12,00	1,00	320,00 EUR	3.840,00 EUR
9971 prem	Lexware warenwirtschaft premium	7,00	1,00	380,00 EUR	2.660,00 EUR
	Gesamt aus allen Warengruppen	**95,00**			**17.515,00 EUR**

*Abb. 18.7: **Inventurliste:** Die Inventurliste gibt den Einkaufswert ❶ der Lagerartikel aus. Wie dieser Wert ermittelt wird ❷, steht über der Liste.*

Übung

Führen Sie entweder in der mitgelieferten Musterfirma oder in der „Trainingsfirma" aus diesem Buch „EDV Fritz GmbH" eine Jahresinventur aller Lagerartikel durch. Geben Sie die Auswertung in Excel® aus.

Da es sich um eine Übung mit Testdaten handelt, können Sie die Mengen bei der Bestandserfassung nach eigenen Vorstellungen eingeben.

19. Formulare anpassen

Nicht immer ist man mit dem Aussehen der Listen oder Auswertungen im Programm einverstanden, auch wenn es an vielen Stellen mehrere unterschiedliche Formularvarianten gibt, aus denen man wählen kann.

Während die Gestaltungsmöglichkeiten bei Listen durch die Verwendung einer eigenen Programmiersprache für den normalen Anwender sehr begrenzt sind, lassen sich die Aufträge – Angebote, Lieferscheine, Rechnungen usw. – mit einem Formularlayout-Assistenten gut an die eigenen Wünsche anpassen.

Der Einstieg in die Druckanpassung geht immer über den Druck dessen, was Sie ändern möchten. So müssen Sie also bevor Sie ein Formular bearbeiten können zunächst den gewünschten Ausdruck starten. Das kann schnell und einfach über den jeweiligen Menüpunkt erfolgen, oder aber – wie beim Mahnformular – aufwendiger sein, wenn Sie zuerst einen kompletten Mahnlauf durchführen müssen, um an das entsprechende Formular zu kommen.

Am Fuß des Drucken-Fensters findet sich die Schaltfläche „Formularverwaltung" und damit der Weg in die Formularbearbeitung.

Für die Übungen in diesem Kapitel sollte Ihnen die Auftragserfassung vertraut sein. Außerdem müssen Aufträge im Programm bereits vorhanden sein.

19.1 Arbeiten mit der Formularverwaltung

> **Tipp**
>
> Die Formulare werden innerhalb des Programms firmenübergreifend geführt. Nutzen Sie deshalb zum Ändern der Formulare die Musterfirma. So können Sie Daten erfassen, die Sie zur Gestaltung Ihres Ausdruckes brauchen, oder einen Mahnlauf durchführen, ohne Ihre Echtdaten zu verändern.

Alle zur Verfügung stehenden Formulare können Sie bereits im Drucken-Fenster sehen, sie werden dort aber je nach Ausgabe (auf den Drucker, in Datei, nach Word usw.) vorsortiert dargestellt. In der Formularverwaltung sehen Sie alle Formulare untereinander aufgelistet, ohne zuvor die gewünschte Ausgabeart festzulegen.

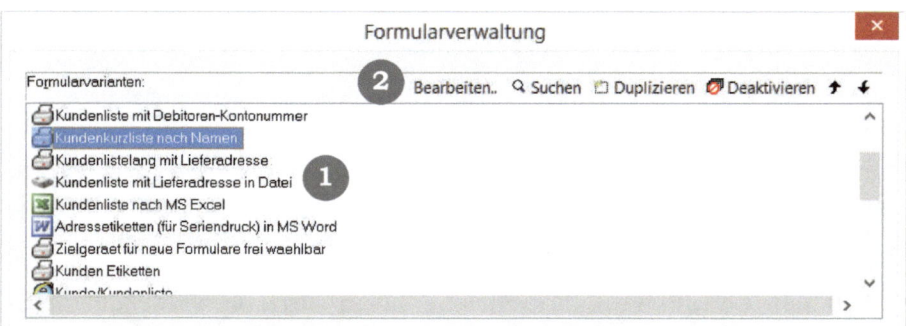

Abb. 19.1: **Formularverwaltung:** *Für die Kundenliste gibt es Formularvarianten für Druck und Export in eine Datei, nach Excel oder Word.* ❶ . *Eine Symbolleiste mit Schaltflächen* ❷ *ermöglicht die Bearbeitung der Formulare.*

Gibt es ein Formular, das für den Druck in Datei geeignet ist, ist dieses mit dem Zusatz „in Datei" gekennzeichnet. Listen, die die Datenausgabe in andere Programme steuern, sind mit dem jeweiligen Programmsymbol gekennzeichnet und bieten je nach Programm auch weitere Einstellungsmöglichkeiten. Außerdem gibt es unterschiedliche Spaltenzusammenstellungen, Hoch- und Querformat usw. Bei manchen Drucken gibt es so viele Varianten, dass Sie in diesem Fenster blättern müssen, um alle Möglichkeiten anzusehen.

Mithilfe der Schaltflächen in der Symbolleiste über der Liste können Sie die Darstellung der Formulardateien für Ihren Bedarf anpassen:

- Die Textschaltfläche „Bearbeiten" öffnet die jeweilige Umgebung zur Bearbeitung bzw. Programmierung der Formulare.

- „Suchen" hilft Ihnen, weitere Formulardateien in die Formularverwaltung aufzunehmen, die bisher nicht in der Liste angezeigt werden.

- Sie können eine vorhandene Formulardatei „Duplizieren", beispielsweise um sie weiter zu bearbeiten und den vorigen Stand unverändert zu erhalten.

- „Deaktivieren" bzw. „aktivieren" Sie Einträge in der Liste. Damit können nicht benötigte Formulardateien aus der Ansicht im Drucken-Fenster ausgeblendet werden, um die Liste übersichtlicher zu gestalten. Dennoch bleiben diese Dateien erhalten und können bei Bedarf über die Formularverwaltung wieder aktiviert und der Druckliste hinzugefügt werden.

- Die Pfeil-Schaltflächen erlauben eine Festlegung der Reihenfolge, in der die Formulardateien dargestellt werden. Wenn Sie eine neue Formulardatei erstellt haben, wird diese zunächst ganz am Ende der Liste erscheinen. Markieren Sie nun diesen neuen Listeneintrag und klicken Sie die Schaltfläche mit dem Pfeil nach oben so lange an, bis die neue Datei am Anfang der Liste steht. So haben Sie die wichtigsten Dateien immer schnell zur Verfügung.

Mit der Schaltfläche „Beenden" im Fuß des Fensters wird die Formularverwaltung geschlossen und die Änderungen der Listendarstellung werden in die erste Drucken-Seite übernommen.

Während für die Gestaltung von Auftragsformularen ein Formularlayout-Assistent und für Kunden- und Artikellisten ein Berichtsdesigner zur Verfügung stehen, gibt es für alle anderen Ausdrucke keine praktikable Unterstützung. Diese Formulare sind in einer eigenen Programmiersprache geschrieben, die für den Laien bedauerlicherweise nicht zu handhaben ist. Die jeweils möglichen Wege werden durch die Schaltfläche „Bearbeiten" geöffnet. Bevor Sie jedoch in die Programmierumgebung gelangen, erscheinen zwei Warnhinweise. Für Programmierer ist es sicher kein Problem, die Formulare anzupassen. Eine umfangreiche Dokumentation erreichen Sie über das Symbol mit dem gelben Fragezeichen in der Programmierumgebung. Nutzen Sie die vielfältigen hinterlegten Vorlagen, die – wo notwendig – auch rechtlichen Bestimmungen genügen.

Tipp

Auch die Schaltfläche „Drucken" im Kopf des Programms gibt die Bildschirmliste direkt auf den Drucker aus. Legen Sie mit den Listeneinstellungen die gewünschten Felder fest, sortieren Sie die Liste, indem Sie die Spaltenüberschrift anklicken, und drucken Sie die so nach Ihren Vorstellungen entstandene Liste.

Außerdem kann jede Bildschirmliste eins zu eins nach Excel ausgegeben werden, um sie dort weiter zu bearbeiten und ggf. auch Werte zu ergänzen und berechnen.

19.2 Das Auftragsformular bearbeiten

Während Listenangaben weitgehend eindeutig und für die meisten Branchen ähnlich sind, unterscheiden sich die Ansprüche an einen Rechnungsausdruck doch erheblich. Deshalb wurde mit dem Formularlayout-Assistenten eine leicht zu bedienende Möglichkeit geschaffen, um den unterschiedlichen Bedürfnissen der Anwender gerecht zu werden.

Auch für die Bearbeitung der Auftragsformulare ist es notwendig, zunächst einen Auftrag zum Druck aufzurufen. Wenn Sie dann im Drucken-Fenster zunächst die Schaltfläche „Formularverwaltung" und dort die „Bearbeiten"-Schaltfläche anklicken, gelangen Sie nicht wie im Listendruck in den Formulareditor zur Programmierung, sondern direkt in den Formularlayout-Assistenten.

Bevor Sie den Assistenten aufrufen, wählen Sie zunächst eines der vorhandenen Formulare als Basis aus. Lexware stattet das Programm mit einer Vielzahl unterschiedlicher Formulare aus. Die Beschreibung stellt in wenigen Worten dar, welche Elemente für dieses Formular charakteristisch sind:

Standard ohne weitere Zusätze	Vorgesehen für den Druck auf Ihre Firmenbogen.
Nr.	Es wird zusätzlich eine Spalte mit der Artikelnummer ausgegeben, die sonst nicht vorhanden ist.
Rabatt	Sie erhalten eine Spalte für eventuelle Positionsrabatte (Unabhängig davon ist ein Gesamtrabatt am Ende eines Auftrags).
Kopf und Fuß	Diese Formulare können auf Blankopapier ausgedruckt werden. Es wird eine Kopfzeile mit Ihren Firmenangaben hinzugefügt und in der Fußzeile befinden sich die in den Firmenangaben hinterlegten Bankverbindungen.
USt.	Eine zusätzliche Spalte weist den Umsatzsteuersatz der Positionen aus.

Tipp

Für jedes Formular stehen sämtliche Gestaltungselemente zur Verfügung, egal welches Sie als Basis wählen. Je mehr das Standardformular Ihren Vorstellungen entspricht, desto weniger Aufwand haben Sie jedoch mit dessen Anpassung an Ihre Bedürfnisse.

Sobald Sie die Schaltfläche „Bearbeiten" anklicken, öffnet sich der Formularlayout-Assistent.

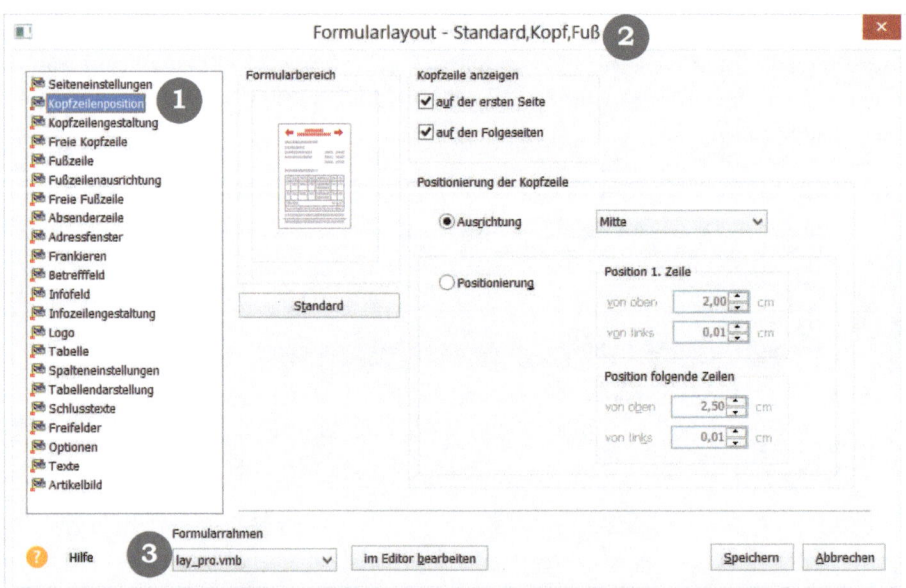

*Abb. 19.2: **Formularlayout-Assistent:** Die Seite „Kopfzeilenposition" ❶ im Formu-larlayout-Assistenten. Das verwendete Basisformular ❷ und der Formular-rahmen ❸ werden immer angezeigt.*

Nun stehen mehrere Seiten zur Anpassung des Druckbilds zur Verfügung, die sich per Klick auf die Liste im linken Fenster, dem Navigationsfenster des Assistenten, öffnen lassen.

Die Seiten sind alle ähnlich aufgebaut: Links befindet sich das Navigationsfenster, in dem Sie die Seiten für die zu ändernden Einstellungen aufrufen. Der Formularbe-reich daneben zeigt mit seinen roten Linien, welchen Bereich des Druckbilds Sie hier bearbeiten. Auf der Seite „Kopfzeilenposition" wird angegeben, ob die Kopfzeile überhaupt angezeigt werden soll und wo.

Im Auswahlfeld unten wird angezeigt, um welche Formularrahmendatei es sich handelt. Neben der Datei lay_pro.vmb stehen mehrere weitere Dateien zur Verfü-gung. Mit der Auswahl des Basisformulars wird die zugehörige Datei automatisch eingestellt.

19.2.1 Hilfe im Formularlayout-Assistenten

Auch im Formularlayout-Assistenten gelangen Sie über die Hilfe-Schaltfläche links unten in die Programmhilfe, die Details erläutert. Diese Hilfe ist hier mit einer be-

sonderen Funktion verbunden: Wann immer Sie die Maus auf ein Element aus dem Formularassistenten bewegen, verwandelt sich der Mauszeiger in eine Hand und es öffnet sich ein weiteres Fenster mit der Erläuterung zu dem angeklickten Element des Assistenten.

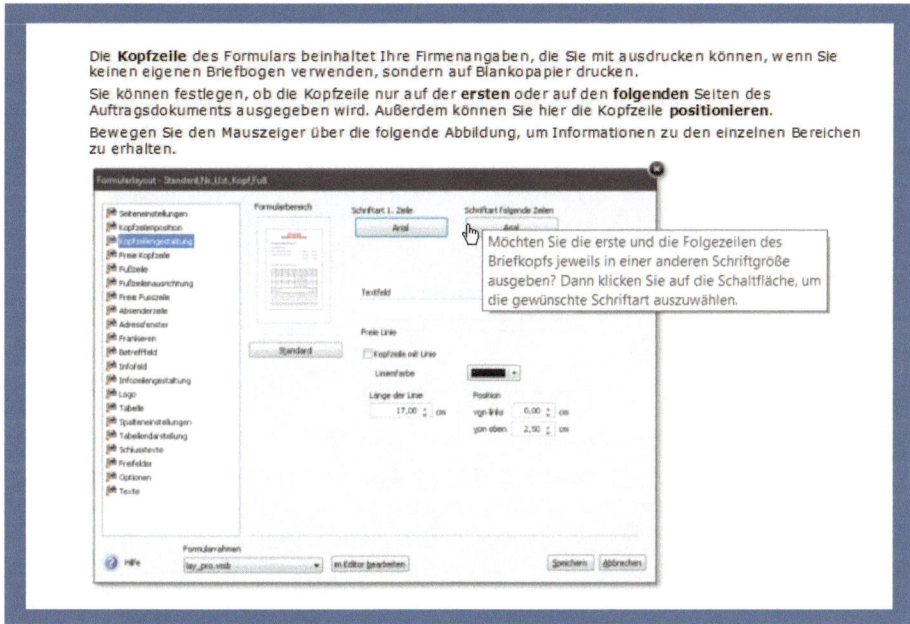

Abb. 19.3: **Programmhilfe:** *Die Hilfe für den Formularlayout-Assistenten ist interaktiv.*

Eine solche interaktive Darstellung ist einer Beschreibung, wie sie hier in Buchform vor Ihnen liegt, sicher überlegen. Deshalb sollen an dieser Stelle beispielhaft zwei Änderungen erläutert werden: Das Einfügen eines Logos in Form einer Schritt-für-Schritt-Anweisung und die Zuordnung von Artikelbildern im Druck.

19.2.2 Einfügen eines Logos

- Wählen Sie einen Auftrag aus der Auftragsliste zum Drucken, um das Fenster „Druck Auftrag" am Bildschirm angezeigt zu bekommen. Markieren Sie das Formular „Standard, Kopf, Fuß".

- Klicken Sie die Schaltfläche „Formularverwaltung" an. Das entsprechende Fenster öffnet sich, das Formular „Standard, Kopf, Fuß" ist bereits eingestellt.

- Klicken Sie die Schaltfläche „Bearbeiten" an. Der Formularassistent öffnet sich.

- Wählen Sie die Seite „Logo".

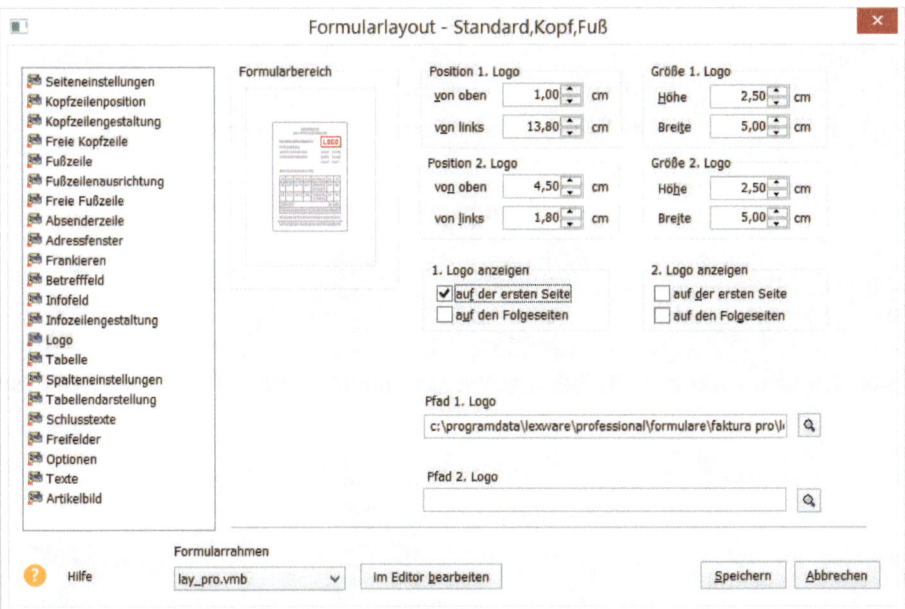

*Abb. 19.4: **Logo:** Auf dieser Seite lässt sich ein Logo in die Formularvorlage einbinden.*

- Geben Sie nun an, ob das erste Logo nur auf der ersten Seite von mehrseitigen Ausdrucken erscheinen soll oder auch auf den Folgeseiten. Im oben gezeigten Beispiel erscheint das Logo nur auf der ersten Seite. (Die Möglichkeit, ein zweites Logo zu platzieren, gibt es auf dieser Seite ebenfalls, wird für diese Übung aber zur Vereinfachung außer Acht gelassen.)

- An welcher Position das Logo gedruckt werden sollen, können Sie in exakten Zentimeter-Angaben festlegen, die sich am Blattrand orientieren.

- Auch die Größe der Logos in Zentimetern kann genau angegeben werden. Achten Sie darauf, dass die Angaben der Position und Größe miteinander harmonieren. Nur wenn die Angaben schlüssig sind, wird die Abbildung nicht verzerrt.

- Wo das Logo in Ihrem Rechner zu finden ist, teilen Sie dem Formularassistenten mit dem Datenpfad im Feld „Pfad 1. Logo" mit. Am besten speichern Sie die Logodatei im Formularverzeichnis des Programms. Damit ist sichergestellt, dass beim Formulardruck von jedem Arbeitsplatz auf die Datei zugegriffen werden kann. Der Formularpfad wird angezeigt, wenn Sie im Hauptmenü **?** → **Info** wählen.

- Die Schaltfläche „Durchsuchen" öffnet ein Explorer-Fenster und unterstützt Sie bei der Suche.

- Indem Sie die gefundene Datei anklicken, wird der Datenpfad in das Feld übergeben.

- Klicken Sie die Schaltfläche „Speichern" an.

- Geben Sie dem so erstellten Formular einen eigenen Namen wie z.B. Eigene Datei mit Logo.

19.2.3 Artikelbilder im Auftrag ausdrucken

Wenn Sie in Ihren Angeboten, Auftragsbestätigungen usw. auch Bilder Ihrer Artikel ausgeben möchten, dann müssen diese Bilder zunächst in den jeweiligen Artikeldaten hinterlegt werden. Die Formate jpg, emf, gif und bmp stehen für die Bilddaten zur Verfügung.

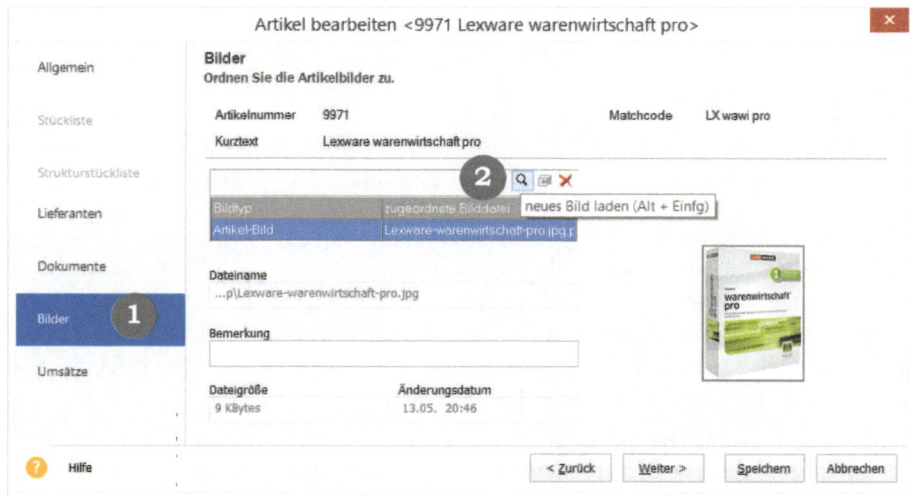

Abb. 19.5: **Artikelbilder:** *Im Artikelassistenten gibt es eine eigene Seite „Bilder"* ❶ *, wo die Bilddatei hinterlegt werden kann. Über die Lupenschaltfläche* ❷ *können Sie die Datei suchen.*

Damit diese Bilder auch ausgedruckt werden, benötigen Sie ein entsprechendes Auftragsformular, das Sie zu diesem Zweck anpassen. Wie immer starten Sie damit, irgendeinen Auftrag zum Druck aufzurufen und wechseln dann im Drucken-Fenster auf die Seite „Formularverwaltung". Wählen Sie ein Formular, das grundsätzlich Ihren Vorstellungen entspricht und klicken Sie dann auf „Bearbeiten". Es öffnet sich der Assistent für das Formular-Layout, wo Sie auf der letzten Seite „Artikelbild" mehrere Einstellungsmöglichkeiten haben.

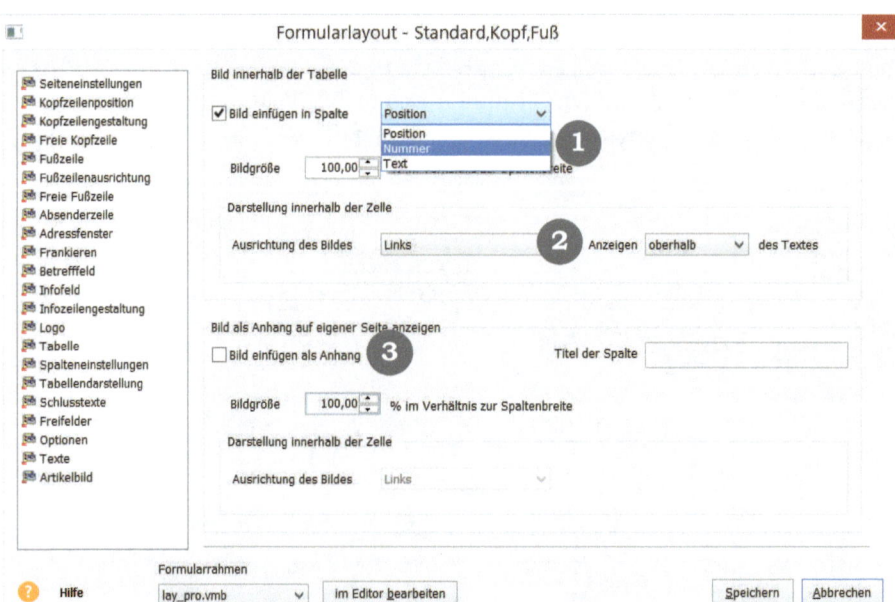

*Abb. 19.6: **Formularlayout-Assistent, Artikelbild:** Die Artikelbilder können im Auftrag in den Spalten Position, Artikelnummer oder Text ❶ ausgegeben und genau positioniert ❷ werden. Alternativ dazu lässt sich eine eigene Seite mit den Abbildungen ❸ als Anhang anfügen.*

So können Sie die Artikelbilder entweder in der Tabelle im Auftrag mit ausgeben oder aber auf eine eigene Seite im Anhang an das Angebot. Dort wird die dem Bild zugehörige Positionsnummer des Auftrags mit angegeben, sodass eine eindeutige Zuordnung möglich ist. In jedem Fall können Sie die Bildgröße und damit den beanspruchten Platz mit der Prozentangabe der Spaltenbreite festlegen und auch die Position in der jeweiligen Spalte bestimmen.

19.3 Speichern eines Formulars unter eigenem Namen

Speichern Sie das geänderte Formular unter einem neuen Namen. Dadurch verhindern Sie, dass es bei einem Programmupdate von Standardwerten überschrieben wird. Außerdem können Sie Ihr eigenes Formular so schneller wiederfinden. Die Abfrage „Unter gleichem Namen speichern" beantworten Sie deshalb zunächst mit „Nein", um im danach erscheinenden Eingabefeld den gewünschten Namen des Formulars einzutragen.

Wahrscheinlich werden Sie das Formular einige Male verändern und wieder abspeichern, bis es Ihren Vorstellungen entspricht und auf das vorgegebene Papier passt. Wenn Sie das einmal geänderte Formular erneut bearbeiten, beantworten Sie die Frage nach dem Speichern unter gleichem Namen mit „Ja".

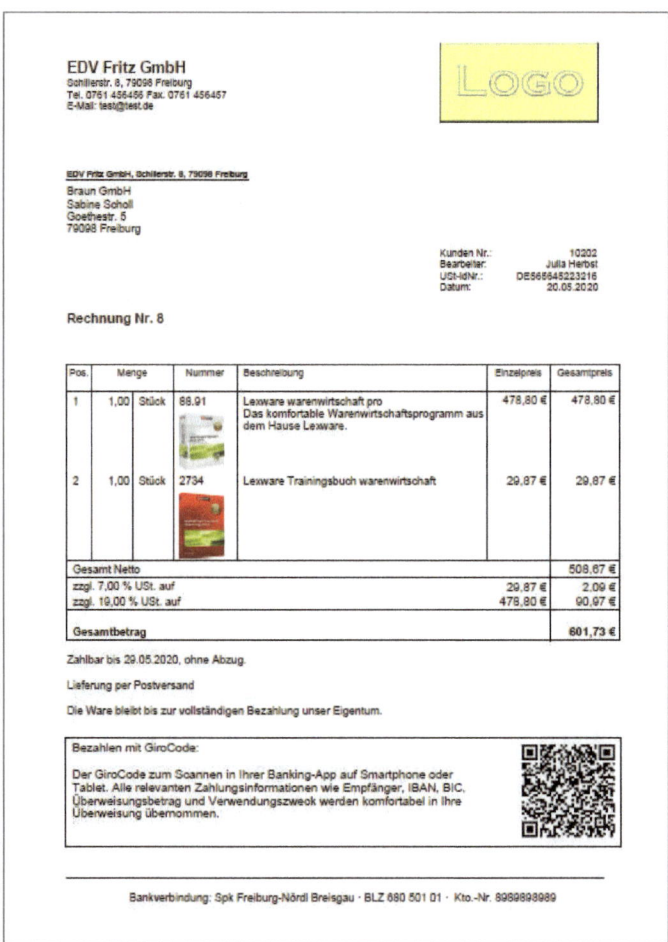

Abb. 19.7: Muster einer Rechnung mit Logo und Artikelbildern und dem Girocode.

19.4 Das Mahnformular bearbeiten

Auch für die Mahnformulare gibt es den Formularlayout-Assistenten. Leider lassen sich die Einstellungen aus den Auftragsformularen nicht in die Mahnformulare übertragen, diese müssen erneut eingegeben werden. Notieren Sie sich am besten die

Werte wie Seitenränder, Schriftgrößen, Größe und Position von Logo, Kopf und Fußzeilen usw., damit Sie im Mahnformular nicht erneut durch Probieren herausfinden müssen, wie die richtigen Einstellungen sind. Die Arbeitsweise ist immer dieselbe, die zur Verfügung stehenden Seiten und Felder differieren jedoch.

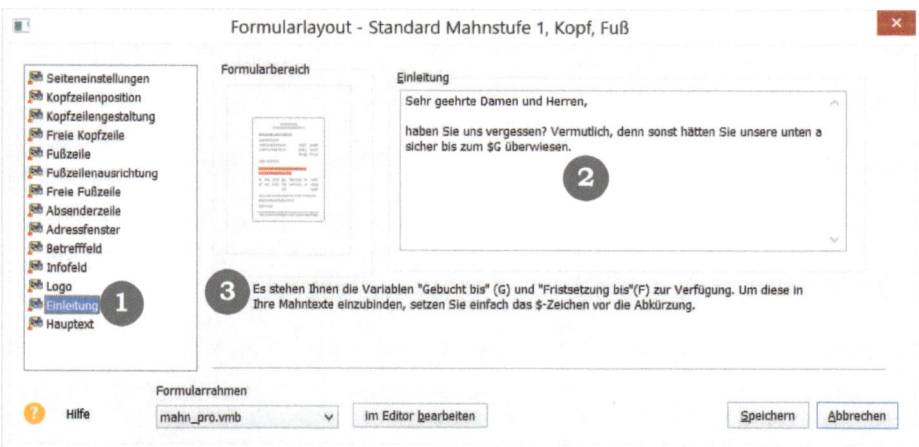

Abb. 19.8: **Mahnung:** *Die Seite „Einleitung"* ❶ *nimmt Ihren Mahntext* ❷ *auf. Die Anleitung für die Verwendung von Variablen* ❸ *wird angezeigt.*

So gibt es im Mahnformular die Seiten „Einleitung" und „Haupttext", die Ihre Mahntexte aufnehmen. Zwischen diesen beiden Textfeldern liegt in der ausgedruckten Mahnung dann die Liste der überfälligen Rechnungen.

Die Tabelle mit den Rechnungsdaten innerhalb der Mahnungen kann nur über die Formularprogrammierung geändert werden.

Tipp

Wenn Sie Ihre Formulare angepasst haben, sollten Sie die Formulare bei der nächsten Datensicherung mitsichern und diese Datensicherung getrennt langfristig aufbewahren, damit Sie im Notfall darauf zurückgreifen können.

Übung

Sicher werden Sie Ihr eigenes Rechnungs- und Mahnformular einrichten wollen. Denken Sie daran, dass Sie zum Mailen von Aufträgen immer ein Formular mit Kopf- und Fußzeile und Logo benötigen. Üben Sie die Einbindung eines Logos ins Formular.

20. Offene-Posten-Verwaltung und Mahnwesen

Eigentlich ist die Offene-Posten-Verwaltung ein Buchhaltungsthema, weshalb Zahlungseingang und Mahnwesen innerhalb Lexware financial office auch dort, nämlich im Programmbestandteil Lexware buchhaltung, zu finden sind. Diese Vorgehensweise ist deshalb sinnvoll, weil in der Buchhaltung ohnehin sowohl Rechnungen als auch Zahlungen verbucht werden, eine Auswertung dort also ohne weitere Eingaben aus den vorhandenen Daten automatisch zu erhalten ist.

Die Funktionen Zahlungseingang und Mahnwesen lassen sich nur dann im Hauptmenü unter Extras abrufen, wenn Sie mit der unabhängigen Einzelversion Lexware warenwirtschaft pro arbeiten.

Für die Übungen in diesem Modul sollten fällige Rechnungen vorhanden sein. Sie können dazu aber auch die Musterfirma verwenden.

20.1 Die Offene-Posten-Liste

Eine korrekte Offene-Posten-Liste ist nicht nur für den Mahnlauf aus dem Programm wichtig. Sie zeigt Ihnen vor allem die Beträge, die Sie bereits berechnet haben und wann Sie mit deren Eingang rechnen dürfen – Angaben also, die für die Liquiditätsplanung zwingend erforderlich sind.

Eine Liste, die ausschließlich die noch nicht bezahlten Rechnungen anzeigt, erhalten Sie nur dann, wenn auch die Zahlungseingänge korrekt erfasst werden.

Die Basis für den Vermerk eines Zahlungseingangs ist die Offene-Posten-Liste, die Sie über **Extras → Zahlungseingang** am Bildschirm anzeigen lassen. Zuerst müssen Sie jedoch – genau wie bei einer Auftragsliste – die Auswahlkriterien für die nun aufzulistenden Rechnungen angeben. Neben den verschiedenen Rechnungsarten werden auch die Gutschriften und Rechnungskorrekturen zur Auswahl angeboten. Darüber hinaus besteht die Möglichkeit, über die Matchcode-Auswahl einzelne Kunden oder Kundenbereiche herauszufiltern.

Die nun am Bildschirm erscheinende Liste entspricht in ihrer Darstellung der Auftragsliste. Dass es sich dabei um eine besondere Form derselben handelt, sagt der

blaue Kopfbalken der Liste: „Offene Posten – Zahlungseingang". Auch in dieser Liste stehen die Listeneinstellungen zur Verfügung, sodass Sie die angezeigten Spalten selbst definieren können. Außerdem ist diese Liste multiselektionsfähig. Mit der Kombination <Strg>-Taste und Mausklick können mehrere Eintragungen markiert werden, was besonders hilfreich ist, wenn Ihr Kunde bei einer Zahlung eine Gutschrift oder Rechnungskorrektur verrechnet hat.

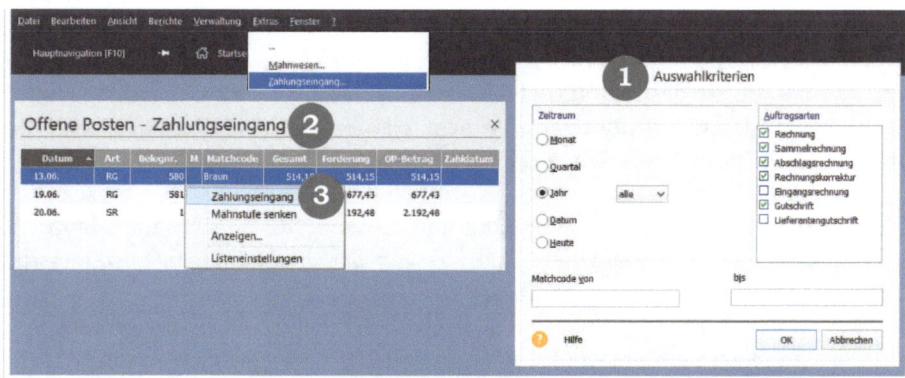

Abb. 20.1: **OP-Liste:** *Die Auswahlkriterien* ❶ *für die Offene-Posten-Liste* ❷ *, wo die bezahlte Rechnung markiert und der Zahlungseingang* ❸ *vermerkt werden.*

20.2 Zahlungseingänge erfassen

Aus dieser multiselektionsfähigen Liste wählen Sie per Mausklick die bezahlten Rechnungen aus. Denken Sie daran, verrechnete Rechnungskorrekturen ebenfalls zu markieren. Ein Klick mit der rechten Maustaste öffnet das Menü, in dem Sie „Zahlungseingang" wählen.

Haben Sie nur eine einzelne Rechnung in der Offenen-Posten-Liste markiert, lassen sich auch Teilzahlungen eingeben. Wurde ein Teilbetrag für eine Rechnung bezahlt, können Sie diesen dann angeben, die Rechnung bleibt damit sowohl mit dem gesamten ursprünglichen Rechnungsbetrag als auch mit dem Restbetrag als Forderung in der Liste erhalten. Im Falle einer Mahnung wird der Forderungsbetrag berücksichtigt.

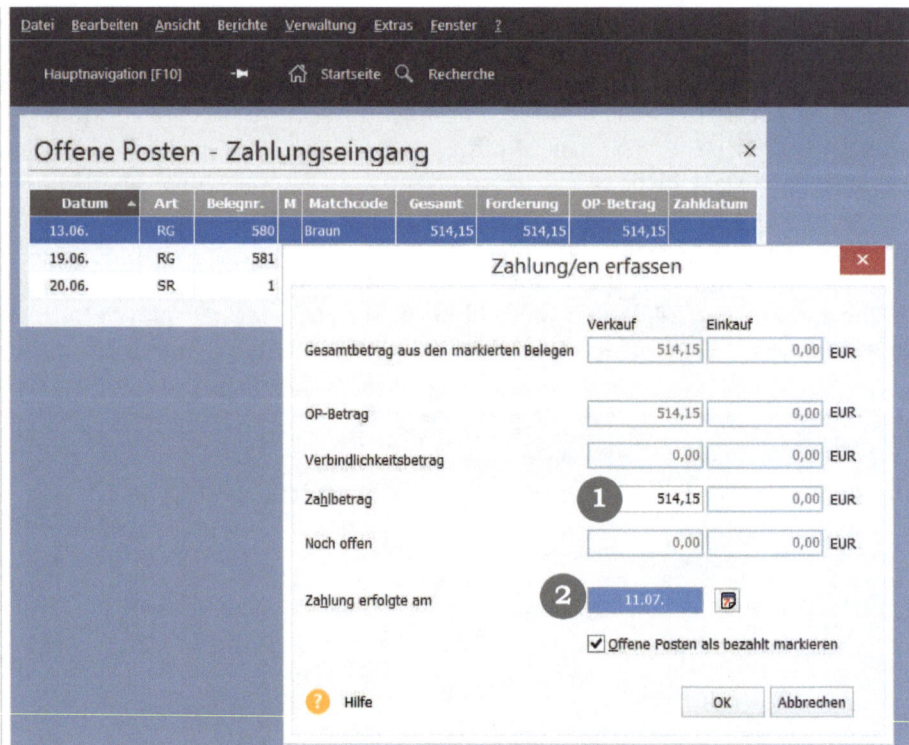

Abb. 20.2: **Zahlungseingang erfassen:** *Betrag* ❶ *und Zahldatum* ❷ *müssen ange-geben werden. Auch Teilzahlungen sind möglich.*

Übernehmen Sie den vorgeschlagenen Zahlbetrag, weil der komplette Rechnungsbetrag bezahlt ist, dann bleibt das Häkchen bei „Offene Posten als bezahlt markieren" stehen und die Rechnung verschwindet mit dem Klick auf OK augenblicklich aus der OP-Liste. In der Auftragsliste wird die Rechnung nun mit dem Status „Z" als bezahlt gekennzeichnet.

20.3 Voraussetzungen für das Mahnwesen

Um das Mahnwesen im Programm nutzen zu können, müssen zuvor einige Einstellungen vorgenommen werden. Dazu gehören zunächst die grundsätzlichen Angaben zu Mahnfristen in den Firmenangaben. Ausschlaggebend dafür, wann eine Rechnung zur Mahnung angeboten wird, ist darüber hinaus das Fälligkeitsdatum, das aus den in der Rechnung hinterlegten Zahlungsbedingungen ermittelt und mit der Rechnung programmintern gespeichert wird. Mehr dazu finden Sie in Kapitel 5 „Zahlungsbedingungen" und in Kapitel 12.4.2 „Rechnungen".

20.3.1 Mahnfristen in den Firmenangaben

In den Firmenangaben, die Sie unter **Bearbeiten → Firma** in der Programmzentrale erreichen, gibt es eine eigene Seite für das Mahnwesen, wo die Basiseinstellungen erfolgen. Arbeiten Sie mit financial office ist das Mahnwesen in der Buchhaltung voreingestellt. Diese Arbeitsweise erfordert weniger Aufwand und ist sicher die bessere Wahl, wenn die Buchhaltung mit dem Programm erledigt wird.

Arbeiten Sie jedoch mit der Warenwirtschaft ohne Verbindung in die Lexware Buchhaltung, dann ist das Auswahlfeld an dieser Stelle inaktiv und die offenen Posten werden aus den geschriebenen (nicht den gebuchten) Rechnungen ermittelt.

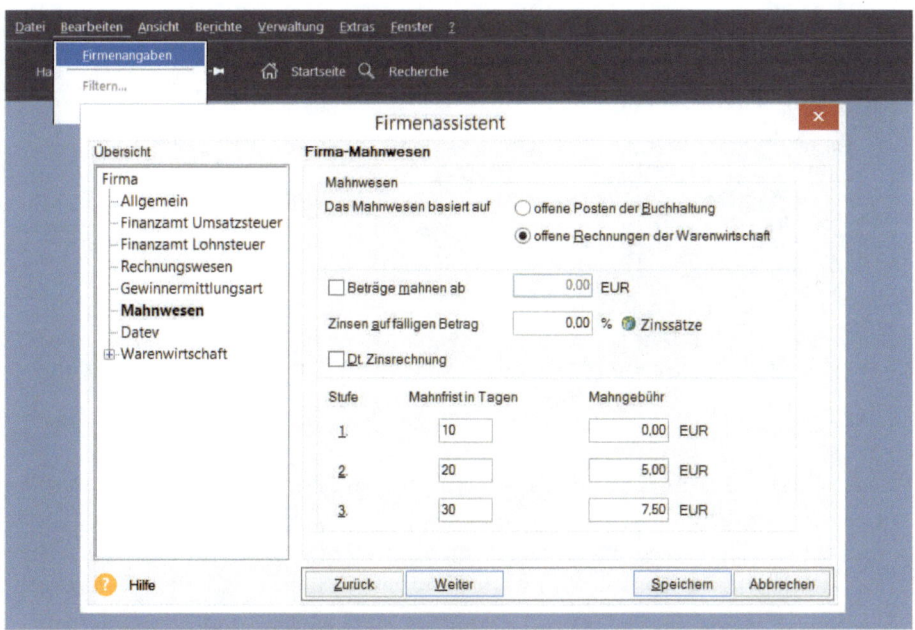

Abb. 20.3: ***Einstellungen:*** *Die Firmenangaben zum Mahnwesen.*

Um keine Kleinbeträge zu mahnen, was evtl. mehr Kosten als Nutzen mit sich bringt, können Sie einen Mindestbetrag für das Mahnwesen eintragen. Darüber hinaus können Sie den Zinssatz für Verzugszinsen festlegen.

> **Tipp**
>
> Die Weltkugel hinter dem Feld für die Zinseingabe führt direkt auf die Website der Bundesbank, auf der der aktuelle Basiszinssatz veröffentlicht wird. Dieser ist maßgeblich für den Verzugszins, der für Verbraucher 5 %, für Geschäftskunden 8 % über dem Basiszinssatz liegen darf.

Als nächstes geben Sie die Mahnfristen ein. Diese Mahnfrist bezieht sich auf die **Fälligkeit** der Rechnung und nicht auf das Rechnungsdatum. Wann immer Sie eine Rechnung schreiben, wird aufgrund der angegebenen Zahlungsbedingungen in der Rechnung das Fälligkeitsdatum ermittelt und mit der Rechnung gespeichert.

Mit der Angabe von Mahnfristen wird erreicht, dass Rechnungen nicht exakt am Tag der Fälligkeit zur ersten Mahnung angeboten werden, sondern erst einige Tage danach. Darüber hinaus wird die Frist für die zweite und dritte Mahnung ab dem Fälligkeitsdatum angegeben.

> **Beispiel**
>
> Ihr Kunde hat mit Ihnen als Zahlungsziel 20 Tage vereinbart, diese Vereinbarung findet sich auch in den Rechnungen wieder. Die Mahnfrist für die erste Mahnung haben Sie mit zehn Tagen hinterlegt.
>
> Am 3. April erstellen Sie eine Rechnung an diesen Kunden. Diese Rechnung ist nach 20 Tagen, also am 23. April, fällig. Zur Mahnung vorgeschlagen wird diese Rechnung jedoch erst nach weiteren zehn Tagen Mahnfrist, also zum Stichtag 3. Mai.
>
> Ist die Frist für die zweite Mahnung mit 20 Tagen angegeben, so wird diese 20 Tage nach Fälligkeit, also am 13. Mai, angeboten. Voraussetzung ist jedoch, dass zuvor eine erste Mahnung erstellt wurde. Die dritte Mahnung erfolgt bei einer Frist von 30 Tagen am 23. Mai, das sind 30 Tage nach Fälligkeit der Rechnung am 23. April. Auch die dritte Mahnung wird erst angeboten, wenn bereits eine zweite Mahnung erfolgte.

Sie können für jede Mahnstufe eigens Mahnkosten (früher: Mahngebühren) hinterlegen, die bei der Durchführung der Mahnung dann voreingestellt sind. Beim Mahnlauf selbst können Sie darauf noch zugreifen und Änderungen vornehmen.

20.3.2 Zahlungsziele und Fälligkeitsdatum

Eine wichtige Voraussetzung für ein funktionierendes Mahnwesen ist die Nutzung der Zahlungsbedingungen. Diese werden zunächst unter **Verwaltung → Zahlungsbedingungen** hinterlegt und dann in den Kundendaten zugeordnet.

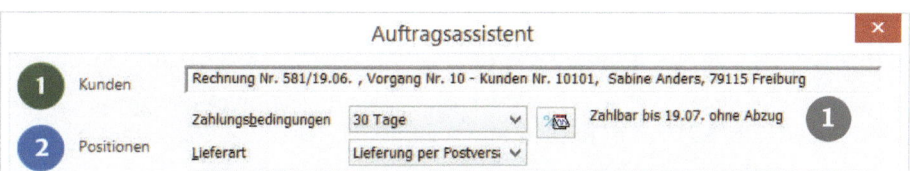

*Abb. 20.4: **Zahlungsbedingungen:** In der Rechnungserfassung wird das Fälligkeitsdatum ❶ angezeigt, das Basis für die Mahnung ist.*

Von dort werden die Zahlungsbedingungen automatisch in die Rechnung übernommen, wo sie auch geändert werden können. Das Fälligkeitsdatum wird ermittelt und zusammen mit den Rechnungsdaten in die Datenbank geschrieben; es ist Basis für das Mahnwesen.

20.4 Der Mahnlauf

Der Menüpunkt, mit dem Sie Mahnungen schreiben, findet sich unter **Extras → Mahnwesen**. Und wenn Sie Lexware financial office verwenden, dann finden Sie denselben Menüpunkt mit exakt denselben Funktionen innerhalb des Programmes Lexware buchhaltung.

Wenn Sie das Mahnwesen aufrufen, öffnet sich der Mahnassistent, in dem Sie die grundsätzlichen Rahmenbedingungen angeben. Drei Mahnstufen gibt es hier, die aufeinander aufbauen. So können Sie keine zweite Mahnung für eine Rechnung schreiben, die noch keine erste Mahnung erhalten hat, keine dritte, wenn nicht zuvor eine zweite geschickt wurde.

Stellen Sie die gewünschte Mahnstufe zuerst ein sowie das Datum des Stichtags, das als Mahndatum festgehalten wird und zur Prüfung der Mahnfälligkeit herangezogen wird.

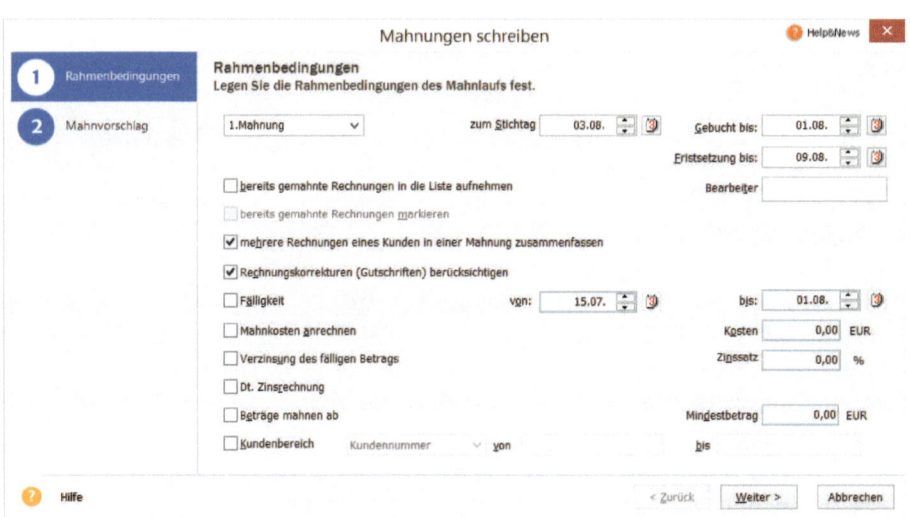

Abb. 20.5: **Mahnlauf:** *Der Mahnassistent mit den Rahmenbedingungen für die erste Mahnung. Die Voreinstellungen stammen aus den Firmenangaben, können aber geändert werden.*

Mit dem Datum unter „Gebucht bis" teilen Sie Ihren Kunden mit, bis zu welchem Datum die Zahlungseingänge erfasst sind, sodass eine Überschneidung von Zahlung und Mahnung erkennbar ist. Das Datum, bis zu dem spätestens die Zahlung erwartet wird, tragen Sie unter „Fristsetzung bis" ein.

Wollen Sie eine Übersicht über bereits gemahnte Rechnungen erhalten oder aber eine Rechnung in derselben Mahnstufe noch einmal anmahnen, setzen Sie ein Häkchen in das Feld „bereits gemahnte Rechnungen in die Liste aufnehmen". Vor allem bei Druckproblemen wie beispielsweise einem Papierstau ist das die ideale Funktion, um einen fehlerhaften Mahnlauf erneut zu starten. Damit Sie die bereits gemahnten Rechnungen von den noch nicht Gemahnten unterscheiden können, setzen Sie ein Häkchen im Feld „bereits gemahnte Rechnungen markieren".

Sie können mehrere offene Rechnungen eines Kunden in einer Mahnung zusammenfassen. Um eine „Sammelmahnung" zu generieren, setzen Sie einfach das Häkchen im Feld „mehrere Rechnungen eines Kunden in einer Mahnung zusammenfassen". Um nicht Kunden anzumahnen, die durch eine Rechnungskorrektur noch Ansprüche an Sie haben, gibt es die Möglichkeit, auch diese anzuzeigen.

Wenn es Ihnen sinnvoll erscheint, können Sie die zu mahnenden Rechnungen nach einem bestimmten Fälligkeitszeitraum selektieren. **Alle** offenen und zur Mahnung

fälligen Rechnungen werden jedoch nur dann aufgelistet, wenn dieses Feld leer bleibt.

Setzen Sie ein Häkchen im Feld „Mahnkosten anrechnen" und tragen den entsprechenden Betrag im Feld „Kosten" ein, werden bei jedem anzumahnenden Posten einer Mahnung die hinterlegten Mahnkosten vorgeschlagen. Auf der zweiten Seite des Mahnwesen-Assistenten lässt sich dieser Betrag auch ändern.

Haben Sie das Feld „Verzinsung des fälligen Betrags" angeklickt, können Sie den zur Ermittlung der Verzugszinsen heranzuziehenden Zinssatz eintragen. Außerdem können Sie zwischen der deutschen Zinsrechnung – die jeden Monat mit 30 Tagen berechnet – und der europäischen Zinsrechnung wählen, bei der die tatsächliche Anzahl der Tage je Monat berücksichtigt wird.

Um nur Rechnungen ab einer bestimmten Höhe zu mahnen, aktivieren Sie das Kontrollkästchen „Beträge mahnen ab" und hinterlegen den Mindestbetrag im gleichnamigen Feld. Alle Rechnungen, die niedriger sind als der genannte Betrag, werden dann nicht zur Mahnung bereitgestellt. Sie sind dann auch nicht Bestandteil einer Sammelmahnung.

Um die nachfolgende Liste übersichtlicher zu gestalten, haben Sie die Möglichkeit, einen bestimmten Kundenkreis auszuwählen. So können Sie schnell auch eine Selektion der offenen Rechnungen für nur einen Kunden erhalten und wenn es angebracht scheint, nur einen Kunden anmahnen.

Abb. 20.6: ***Mahnvorschlag:*** *Die überfälligen Rechnungen in der Mahnvorschlagsliste. Haken* ❶ *Sie an, welche Rechnungen gemahnt werden sollen.*

Auf der zweiten Seite erhalten Sie eine Liste aller zum angegebenen Stichtag fälligen Rechnungen. Das Häkchen in der linken Spalte bestimmt, welche dieser Rechnungen gemahnt werden. Indem Sie das Häkchen per Mausklick entfernen, wird diese Rechnung vom Mahnlauf ausgenommen.

Im kleinen Feld daneben wäre die Markierung zu sehen, wenn Sie auf der ersten Seite die Angabe „bereits gemahnte Rechnungen markieren" angehakt hätten.

Die dritte Spalte zeigt die Mahnstufe der Rechnungen an. Möchten Sie zweite Mahnungen drucken, wurde für die angebotenen Rechnungen bereits eine erste Mahnung erstellt und die Spalte weist eine 1 auf.

Die Spalten „Kosten" und „Zinssatz" – die nur angezeigt werden, wenn auf der vorigen Seite die entsprechenden Felder angehakt sind – können überarbeitet werden, indem Sie in das zu ändernde Feld doppelklicken. So können Sie in Einzelfällen Mahnkosten nach Ihren Vorstellungen anpassen.

Die Voreinstellung sieht den Druck aller mit einem Häkchen versehenen Mahnungen vor. Das nachfolgende Druckfenster erlaubt sowohl die Auswahl unter verschiedenen Formularen als auch eine Druckvorschau zur Kontrolle und über die Formularbearbeitung auch die Anpassung des Mahnformulars.

Klicken Sie nun „Mahnen" an, erfolgt der Ausdruck der Mahnungen und danach die Frage: „Soll die Mahnstufe gesetzt werden?" Beantworten Sie die Frage mit „Ja", werden die Rechnungen programmintern mit der jeweiligen Mahnstufe markiert.

Mit dem Druck der Mahnungen verbunden ist außerdem der Eintrag in die Statuszeile der Auftragsliste „M". Eine Unterscheidung der Mahnstufen ist im Auftragsstatus nicht möglich. Sie können also nur im Mahnlauf selbst erkennen, ob die Rechnung erst einmal gemahnt wurde oder schon in der Inkassostufe ist.

Tipp

Wenn Sie am selben Tag Mahnungen mit unterschiedlichen Mahnstufen erstellen wollen, ist es anzuraten, zunächst mit der höchsten Mahnstufe zu beginnen. Andernfalls werden die eben geschriebenen Mahnungen der Stufe 1 sofort auch für die Stufe 2 angeboten, wenn die Fälligkeit der Rechnung im angegebenen Zeitrahmen liegt. Beginnen Sie mit der höchsten Stufe, kann es nicht passieren, dass ein säumiger Zahler gleichzeitig die erste und zweite Mahnung erhält.

20.4.1 Das Mahnschreiben anpassen

Auch für die Druckanpassung der Mahnungen steht wie für die Auftragsformulare der Formularassistent zur Verfügung, den Sie ausschließlich über die Formularverwaltung im Drucken-Fenster erreichen. Sie müssen also, um die Mahnformulare anzupassen, immer einen Mahnlauf durchführen.

Der Text jeder Mahnstufe muss in getrennten Vorgängen angepasst werden. Über die Schaltfläche „Bearbeiten" öffnet sich der für diese Mahnstufe und das ausgewählte Formular jeweils voreingestellte Formularassistent.

Die Seiten, auf denen Sie Standardeinstellungen zu Seitenrändern, Kopf- und Fußzeile vornehmen können, sind mit denjenigen für die Aufträge identisch. Statt des Tabellenaufbaus finden sich für die Mahnungen zwei andere Seiten, Einleitung und Haupttext genannt.

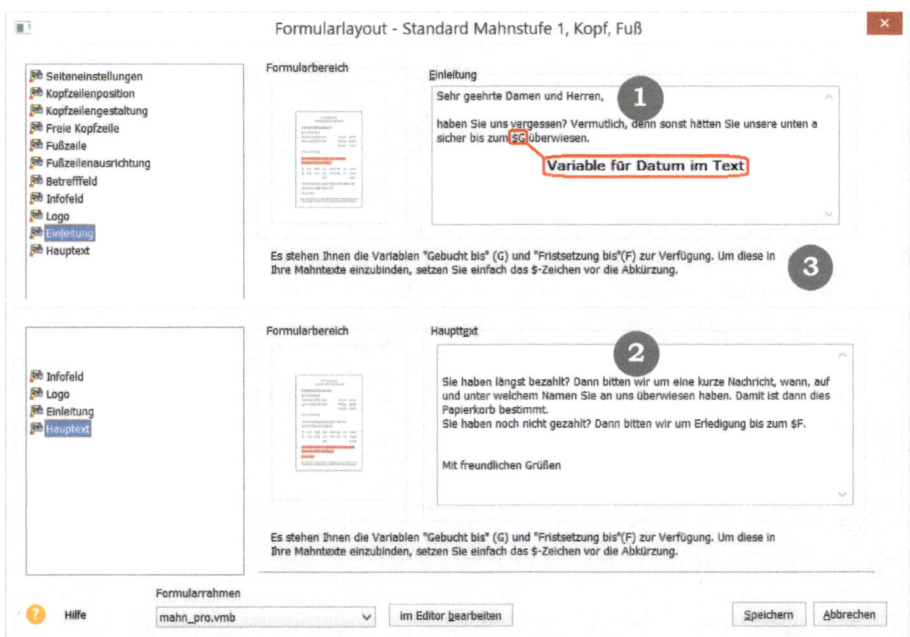

Abb. 20.7: ***Formularlayout-Assistent für die Mahnung:*** *Layoutassistent für Einleitung* ❶ *und Haupttext* ❷ *mit Erläuterung zum Umgang mit Variablen* ❸ *.*

Beide Seiten sind gleich aufgebaut, es gibt auf der rechten Seite ein Eingabefeld für Ihre individuellen Mahntexte. Dabei wird der Einleitungstext vor der Tabelle der

offenen Rechnungen ausgegeben, der Haupttext danach. Zeilenumbrüche nimmt das Programm aufgrund der definierten Seitenränder selbst vor, wenn Sie den Text einfach in einer „Bandwurmzeile" durchschreiben. Natürlich lassen sich die Zeilenumbrüche aber auch selbst eingeben.

Innerhalb der Texte lassen sich die beiden Datumsfelder „Gebucht bis" und „Fristsetzung bis" einbinden, indem Sie an der gewünschten Stelle die entsprechenden Variablen ($G und $F) einfügen. Eine Erläuterung der Vorgehensweise wird im Layoutassistenten angegeben.

Im Betrefffeld finden Sie die vorgegebene Überschrift „1. Mahnung" bzw. 2. oder 3. Mahnung. Diese Überschrift können Sie ebenfalls ändern. So lassen sich auch Zahlungserinnerungen erzeugen, indem Sie das einfach im Betrefffeld so angeben.

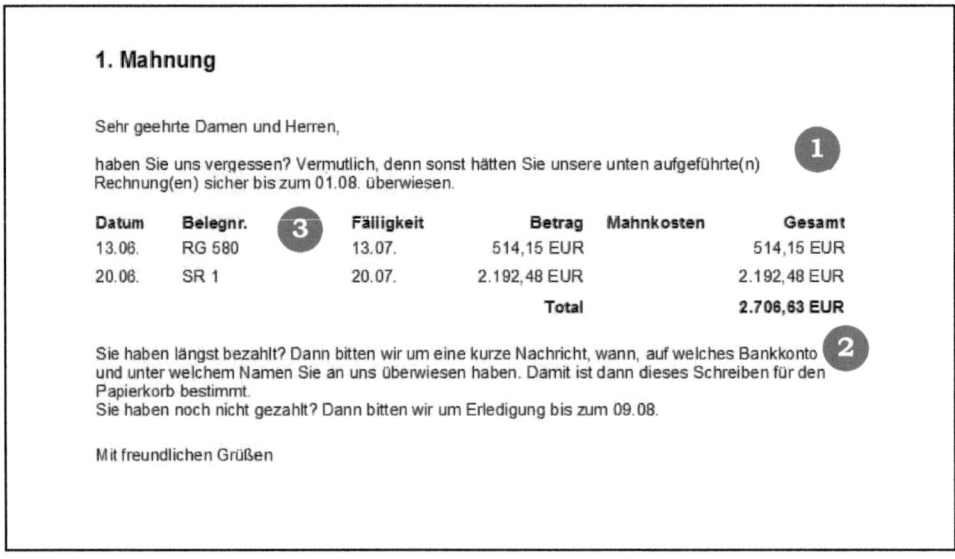

Abb. 20.8: **Mahnung:** *Ausdruck mit Einleitung* ❶ *und Haupttext* ❷ *. Dazwischen die Tabelle* ❸ *der offenen Rechnungen.*

Tipp

Die Formulare werden firmenübergreifend genutzt. Wenn Sie die Mahnformulare vorab einrichten möchten, aber keine überfälligen Rechnungen in Ihrer Firma haben, können Sie das mit den Musterdaten in der Musterfirma tun. Das eingerichtete Formular steht auch in allen anderen im Programm angelegten Firmen zur Verfügung.

Denken Sie daran, das Formular mit einem eigenen Namen zu speichern, damit sie es zum einen schnell wieder erkennen und es zum anderen bei einem Programmupdate von Lexware nicht mit Standarddaten überschrieben wird.

Übung

Sehen Sie sich im Programm vorhandene Rechnungen – zum Beispiel in der Musterfirma – an oder schreiben Sie ggf. welche. Prüfen Sie anhand der Programmeinstellungen, wann die Rechnungen im Mahnlauf angezeigt werden.

Mahnen Sie diese Rechnungen. Achten Sie darauf, im Mahnlauf den passenden Stichtag anzugeben, damit die Mahnliste fällige Rechnungen anzeigt.

Zuletzt erfassen Sie den Zahlungseingang für eine gemahnte Rechnung.

21. Datenexport in die Buchhaltung

Warum die aus den Rechnungen und Rechnungskorrekturen resultierenden Buchungen nicht per Datei in die Buchhaltung übergeben? Es spart Zeit und vermeidet Fehler. Dabei ist es egal, ob die Daten an Ihren Steuerberater gegeben werden sollen oder ob Sie mit financial office arbeiten und die Buchungsdaten innerhalb des Programmpaketes weitergeben wollen. Für beide Fälle ist der Datenexport möglich.

Um in der Übung Buchungsdaten exportieren zu können, benötigen Sie buchungsrelevante Aufträge – Rechnungen oder Rechnungskorrekturen – im Programm.

21.1 Voraussetzungen für den Export von Buchungsdaten

Damit die Daten an ein Buchhaltungsprogramm übergeben werden können, müssen verschiedene Voraussetzungen erfüllt sein.

Kontenplan

Bereits bei der Firmenanlage müssen Sie festlegen, mit welchem Kontenplan sie arbeiten. Diese Einstellung lässt sich im Nachhinein nicht mehr ändern. Am besten klären Sie gleich zu Beginn der Arbeit mit dem Programm, mit welchem Kontenrahmen Ihr Steuerberater bzw. die Buchhaltung in Ihrem Hause arbeitet. Nur wenn die Konten sowohl in Lexware warenwirtschaft als auch im Buchhaltungsprogramm identisch sind kann die Datenübergabe funktionieren.

Kontenzuordnung

Um die aus den Rechnungen und Rechnungskorrekturen resultierenden Buchungssätze an ein Buchhaltungsprogramm exportieren zu können, müssen an unterschiedlichen Stellen Konten zugeordnet werden. Wo immer Kontenzuordnungen erfolgen müssen, haben Sie Zugriff auf den Kontenrahmen und können das passende Konto dort auswählen.

Der Vollständigkeit halber seien hier noch einmal die Bereiche genannt, wo Konten hinterlegt sein müssen:

- In den Kundendaten muss ein Debitorenkonto hinterlegt sein, bevor Sie die erste Rechnung an den Kunden schreiben. Fehlt das Konto in den Kundendaten, weist das Programm Sie darauf hin. Klären Sie ggf. die Systematik der Konten mit der Buchhaltung.

- In den Warengruppen müssen die Erlöskonten hinterlegt sein. Beim Anlegen von Warengruppen werden die Standardkonten aus dem Kontenrahmen bereits voreingestellt. Lesen Sie bei Bedarf in Kapitel 6 noch einmal nach, worauf zu achten ist.

- Unter **Verwaltung → Nebenleistungen** müssen für jede Nebenleistung eigens die Erlöskonten für steuerpflichtige, steuerfreie und innereuropäische Erlöse eingetragen werden. Details hierzu finden Sie in Kapitel 9 genauer beschrieben.

- Arbeiten Sie mit Lohnleistungen, müssen auch dort jeweils die Erlöskonten angegeben werden. Kapitel 9 beschreibt die Vorgehensweise auch für die Lohnleistungen.

- Unter **Verwaltung → Steuersätze** im übergeordneten Bereich „Zentrale" müssen die Umsatzsteuerkonten vorhanden sein. Das ist mit der Auswahl des Kontenplans bei der Firmenanlage bereits automatisch geschehen. Diese Einstellungen sorgen u.a. auch dafür, dass die Umsatzsteuer in Ihren Rechnungen ins In- und Ausland richtig berechnet und ausgewiesen wird. Nehmen Sie hier nicht leichtfertig Änderungen vor. Wenn Änderungen aus rechtlichen Gründen erforderlich sind, werden diese über ein Programmupdate von Lexware eingesteuert.

21.2 Transfer der Buchungsdaten

Wenn alle Einstellungen im Programm vorhanden sind, ist der Export der Buchungsdaten der bequemste Weg, die Buchungen in die Buchhaltung zu übergeben.

21.2.1 DATEV-Export

Wenn Sie die Buchungsdaten an Ihren Steuerberater geben wollen, dann tun Sie das per DATEV-Export. Damit wird eine Datei im DATEV-Format erzeugt, die Ihr Steuerberater in sein Programm einlesen kann.

Wählen Sie den Menüpunkt **Datei → Export → ASCII**. Im nun erscheinenden Fenster markieren Sie „Buchungsdaten". Auf der zweiten Seite des Exportassistenten

geben Sie das Zielverzeichnis an, in das die Daten gespeichert werden sollen. Die Voreinstellung kann einfach überschrieben werden, beim nächsten Mal wird dann das zuletzt verwendete Verzeichnis vorgeschlagen. Dass es sich um DATEV-Daten handelt, teilen Sie dem Programm mit einem Klick auf „DATEV" mit. Außerdem legen Sie den Zeitraum fest, für den die Buchungsdaten exportiert werden. Dieser Zeitraum bezieht sich immer auf das Belegdatum.

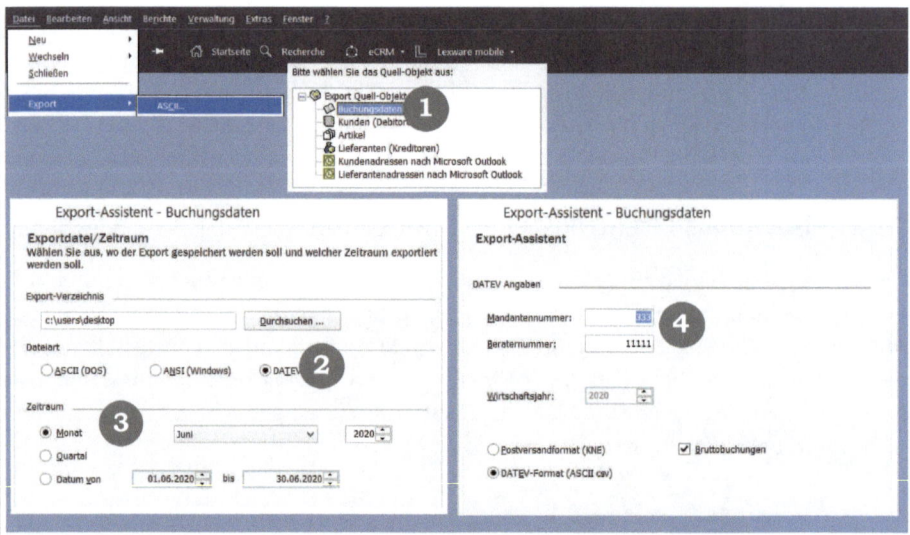

*Abb. 21.1: **DATEV-Export:** Buchungsdaten* ❶ *an DATEV* ❷ *exportieren mit Angabe von Zeitraum* ❸ *und DATEV-Angaben* ❹ *vom Steuerberater.*

Die nächste Seite zeigt die Vorgaben, die Sie aus der Firmenanlage bereits kennen. Damit DATEV die Buchungsdaten richtig verarbeiten kann, kreuzen Sie das Feld „Bruttobuchungen" an. Außerdem legen Sie fest, dass die Daten im DATEV-Format (ASCII csv) gespeichert werden. Das Postversandformat (KNE) wird von DATEV eingestellt. Fragen Sie im Zweifel Ihren Steuerberater, welches Format er am besten einlesen kann.

Erst wenn alle notwendigen Felder ausgefüllt sind, ist die Schaltfläche „Fertigstellen" freigegeben. Klicken Sie diese an, erfolgt die Abfrage, ob die Belege festgeschrieben werden sollen. Das bedeutet, dass alle nun exportierten Rechnungen und Rechnungskorrekturen in Lexware warenwirtschaft nicht mehr bearbeitet werden können. Gegebenenfalls müssen Sie solche Belege stornieren und mit einer neuen Belegnummer neu erfassen. Mit der Festschreibung entspricht Ihre Arbeitsweise den Grundsätzen ordnungsmäßiger Buchführung (GoBD), die Sie immer beachten müssen.

Sobald Sie die Frage beantwortet haben, werden die Daten für den später beim Steuerberater vorzunehmenden Import der Buchungen vorbereitet und in das angegebene Verzeichnis geschrieben. Wenn Sie dieses Verzeichnis im Explorer aufrufen, finden Sie eine Datei, die mit EXTF beginnt und den Zeitpunkt des Exports beinhaltet. Also z. B. EXTF_Buchungsstapel_20200729_143220.csv. Diese Datei kann nun nicht nur von DATEV verarbeitet, sondern auch mit Microsoft Excel® gelesen werden.

Übrigens: Viele Buchhaltungsprogramme verwenden die DATEV-Schnittstelle zum Datentransfer. Auch wenn Ihr Steuerberater oder Buchhalter nicht mit Lexware arbeitet, haben Sie gute Chancen, auf diesem Weg die Buchungsdaten zu Ihrem externen Dienstleister zu übergeben.

21.2.2 Buchungsdatentransfer in financial office

Immer wenn Sie einen buchungsrelevanten Auftrag schreiben, eine Rechnung zum Beispiel, erscheint beim Speichern die Frage, ob dieser gedruckt und gebucht werden soll – jedenfalls wenn Sie diese Frage nicht in den Firmenangaben ausgeschaltet haben. Bestätigen Sie diese Frage, wird hierdurch ein Eintrag im Buchungsstapel von Lexware buchhaltung erzeugt. Da die Rechnung damit gebucht ist, kann sie nun nicht mehr bearbeitet werden.

Zu diesem Zeitpunkt haben Sie die gedruckte Rechnung jedoch noch nicht vorliegen und konnten die Richtigkeit des Ausdrucks noch nicht prüfen. Stellen Sie im Nachhinein einen Fehler fest, kann dieser nicht korrigiert werden. Sie müssen die Rechnung stornieren und erneut erfassen, was sehr unbefriedigend ist.

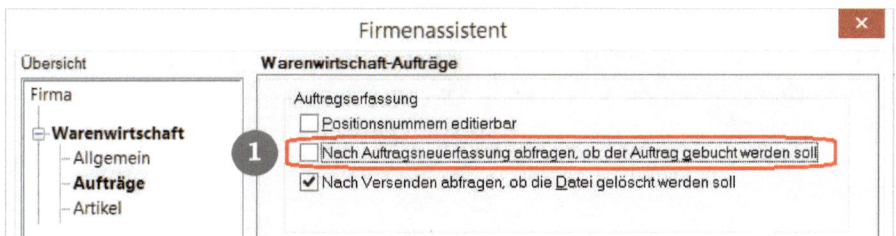

Abb. 21.2: ***Firmeneinstellungen:*** *In den Firmenangaben wird die Buchen-Abfrage* ❶ *nach der Erfassung von Rechnungen ausgeschaltet.*

Viel einfacher ist es, die Buchen-Abfrage komplett auszuschalten und alle Rechnungen und Rechnungskorrekturen über den Menüpunkt **Extras → Buchungsliste übertragen** an die Buchhaltung zu übergeben, wenn die Rechnung kontrolliert ist.

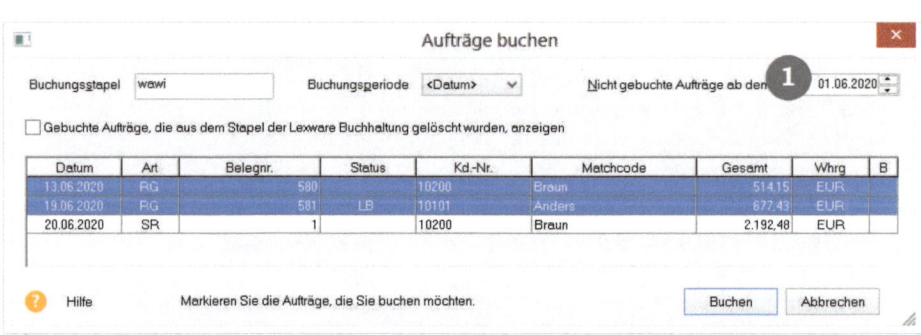

Abb. 21.3: **Buchungsliste übertragen:** *Die Buchungsliste aus der Warenwirtschaft ab einem vorgegebenen Zeitpunkt* ❶ *. Nur die markierten Aufträge werden übergeben.*

Achten Sie dabei auf die Einstellung rechts oben "Nicht gebuchte Aufträge ab dem" und die Datumsangabe. Diese ist hilfreich, um die Daten für verschiedene Buchungsjahre getrennt zu übergeben, birgt jedoch die Gefahr, dass früher zurückgestellte Rechnungen leicht vergessen werden. Darüber hinaus können Sie sich die Aufträge anzeigen lassen, die nach der Buchungsübergabe in der Buchhaltung aus dem Stapel gelöscht wurden und somit nicht gebucht wurden.

In der nun angezeigten Liste markieren Sie alle zu buchenden Rechnungen, Rechnungskorrekturen und ggf. auch Stornos per Mausklick und klicken danach „Buchen" an. Das Programm gibt eine Erfolgsmeldung und bietet den Ausdruck eines Protokolls an.

Mit den oben abgebildeten Einstellungen finden sich diese Buchungen in einem Buchungsstapel mit dem Namen „wawi" in Lexware buchhaltung wieder. Den Namen des Stapels können Sie selbst vergeben, außerdem unterscheiden sich die Stapel nach den jeweiligen Benutzern, sodass Ihr Buchhaltungsmitarbeiter erkennen kann, von wem die Daten übermittelt wurden.

Einmal übergebene Buchungssätze erhalten in der Auftragsliste den Status „ B" für gebucht. Sie werden beim erneuten Übertragen der Buchungsliste nicht mehr angezeigt.

Können Buchungssätze – aus welchen Gründen auch immer – nicht übergeben werden, wird eine Meldung angezeigt, die den Grund dafür nennt und der Druck eines Protokolls wird angeboten. So können Sie die Probleme in Ruhe beheben und die Buchungsliste erneut übertragen.

Wie die zu übertragenden Buchungssätze aussehen, kann über **Berichte → Journale →** **Buchungsliste** nachgeprüft werden, indem Sie eine Liste der Buchungen ausdrucken.

Übung

Führen Sie einen Buchungsdatenexport durch, wie Sie ihn für Ihren Betrieb benötigen. Wenn Sie das erst einmal ausprobieren wollen, dann nutzen Sie dazu die Musterfirma, damit keine Test-Buchungen in Ihre originale Buchhaltung gelangen.

Wenn Sie den Datev-Export durchführen, sehen Sie sich die so erzeugte Datei an.

Wenn Sie mit Lexware financial office arbeiten, sehen Sie sich den Buchungsstapel in Lexware buchhaltung an. Buchen Sie den Stapel ins Journal.

22. Verkaufspreise

Das Programm bietet verschiedene Funktionen, mit denen Sie Einfluss auf die Preisgestaltung nehmen können. Neben den in den Stammartikeln hinterlegten Preisen – die drei Preisgruppen und auch Mengenstaffelpreise bereitstellen – können Sie für jeden Kunden eigene Preislisten hinterlegen. Außerdem stehen Preisaktionen für bestimmte Zeiträume zur Verfügung.

Bei so vielen Auswahlmöglichkeiten ist es wichtig, eine Priorisierung vorzunehmen und damit festzulegen, welche Preise in einem Auftrag Geltung haben.

Für die Übungen in diesem Modul sollten Kunden- und Artikeldaten vorhanden sein.

22.1 Mengenstaffelpreise

Innerhalb der Artikeldatenbank gibt es für jeden Artikel eine Preistabelle, die neben dem Standardpreis für drei Preisstufen auch mengenabhängige Preise beinhaltet. Außerdem lassen sich die Preisangaben auf bis zu vier Nachkommastellen erweitern. Damit Sie diese Funktionen nutzen können, müssen sie zunächst in den Firmenangaben freigegeben werden.

*Abb. 22.1: **Preiseinstellungen in den Firmenangaben:** Auf der Seite „Preise" wird festgelegt, mit wie vielen Nachkommastellen ❶ die Preise geführt werden, ob diese „Netto" oder „Brutto" ❷ sind und ob Sie „Verkaufspreise mit Mengenstaffelung" ❸ nutzen wollen.*

Bieten Sie Waren an, die bei unterschiedlichen Mengen auch unterschiedliche Verkaufspreise haben, Haken Sie die Einstellung „Verkaufspreise mit Mengenstaffelung"

in den Firmenangaben an. Dann sind die zugehörigen Felder zur Eingabe frei. Die hier hinterlegten Mengenangaben werden nur als Vorschlag in den Artikel übernommen, Sie können bei jedem Artikel unterschiedliche Staffelmengen eintragen.

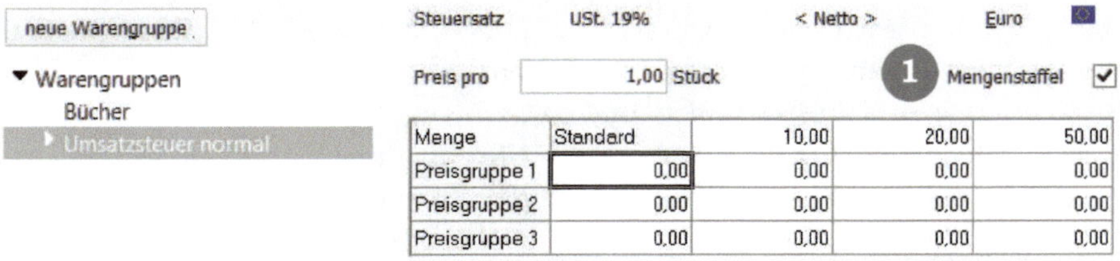

| neue Warengruppe | Steuersatz | USt. 19% | | < Netto > | Euro | 🇪🇺 |

Menge	Standard	10,00	20,00	50,00
Preisgruppe 1	0,00	0,00	0,00	0,00
Preisgruppe 2	0,00	0,00	0,00	0,00
Preisgruppe 3	0,00	0,00	0,00	0,00

Abb. 22.2: **Mengenstaffelpreise**: *Haken Sie im Artikel an* ❶ *, wenn dieser mit Mengenstaffelpreisen berechnet werden soll, erst dann sind die Eingabefelder frei.*

Bei Artikeln, für die keine Staffelpreise benötigt werden, entfernen Sie einfach das Häkchen. Ist das Feld jedoch angehakt, stehen nun im Gegensatz zu vorher alle zwölf Felder für die unterschiedlichen Preise zur Verfügung. Neben dem Standardpreis in der ersten Spalte folgen drei weitere Spalten, in die der Preis eingetragen wird, der ab der in der Kopfzeile genannten Menge richtig ist. Dabei ist es nicht notwendig, dass in jeder Spalte unterschiedliche Preise stehen. Wichtig ist jedoch, dass nirgends der Wert 0,00 verbleibt, weil sonst der Artikel zum Preis von 0,00 fakturiert würde. Um dies zu verhindern, füllt das Programm beim Eintragen des Standardpreises die folgenden Spalten automatisch mit demselben Wert, sobald Sie das Eingabefeld verlassen.

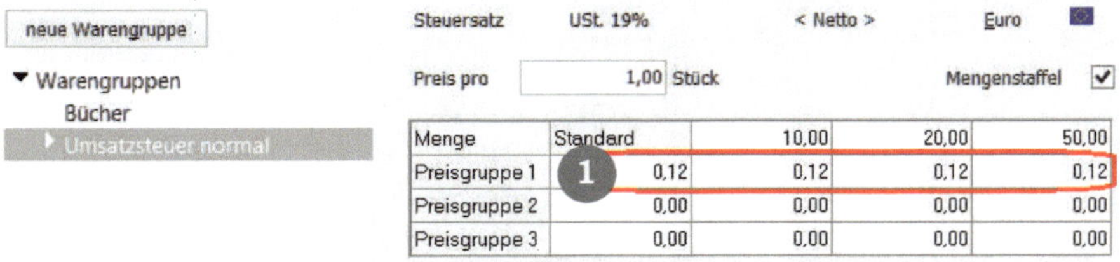

Menge	Standard	10,00	20,00	50,00
Preisgruppe 1	0,12	0,12	0,12	0,12
Preisgruppe 2	0,00	0,00	0,00	0,00
Preisgruppe 3	0,00	0,00	0,00	0,00

Abb. 22.3: **Mengenstaffelpreise**: *So sieht die Preistabelle nach Eingabe des Standardpreises* ❶ *aus. Mengenabhängige Preise sind noch nicht erfasst.*

Diese Automatik erleichtert die Erfassung der Preise bei Artikeln, die keiner Mengenstaffel unterworfen sind. In der Regel wird nur ein Teil der Waren mit mengenabhängigen Preisen geführt. Dort können der jeweils geltende Preis und die zugehörige Menge frei eingegeben werden.

		Steuersatz	USt. 19%	< Netto >	Euro	

neue Warengruppe

▾ Warengruppen
  Bücher
  ▸ Umsatzsteuer normal

Preis pro	1,00 Stück			Mengenstaffel ✔
Menge	Standard	100,00	1.000,00	5.000,00
Preisgruppe 1	0,12	0,10	0,09	0,07
Preisgruppe 2	0,00	0,00	0,00	0,00
Preisgruppe 3	0,00	0,00	0,00	0,00

Abb. 22.4: **Mengenstaffelpreise:** *Ausgehend von der vorigen Abbildung sind nun die Mengen abweichend vom Standard eingetragen und die automatisch ausgefüllten Preise überschrieben.*

Achtung

Duplizieren Sie Artikel oder importieren Sie Artikeldaten aus anderen Programmen, greift die Preisautomatik nicht. Denken Sie daran, die Preise entsprechend nachzubearbeiten.

22.2 Kundenspezifische Preise

Kundenspezifische Preise beziehen sich immer auf in der Datenbank hinterlegte Artikel. Um den Artikel „Lexware warenwirtschaft pro" für die Firma Braun GmbH zu einem Sonderpreis von 380,00 € zu hinterlegen, muss zunächst der Kundendatensatz und dort die Seite „Kundenpreisliste" geöffnet werden.

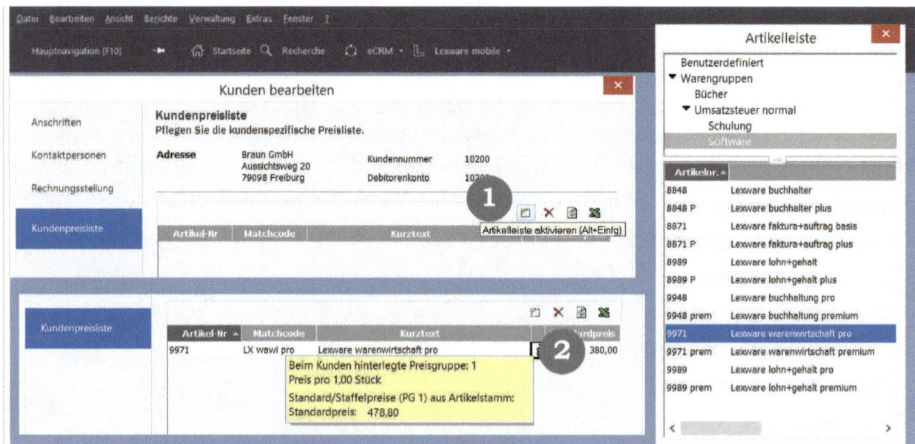

Abb. 22.5: **Kundenspezifische Preise:** *Aktivieren der Artikelleiste ❶ und Eintrag des Artikels mit dem für diesen Kunden geltenden Verkaufspreis ❷.*

Indem Sie auf das entsprechende Symbol klicken, aktivieren Sie die Artikelleiste. Dort klicken Sie den zum Sonderpreis zu verkaufenden Artikel doppelt an, um ihn in

den Kundendatensatz zu übernehmen. Den vorgegebenen Standardpreis ändern Sie ab auf 380,00 € und speichern die Daten.

Abb. 22.6: ***Kundenspezifischer Preis im Auftrag:*** *Das Symbol „K"* **❶** *zeigt, dass es sich um einen kundenspezifischen Preis handelt. Ein Klick auf diese Schaltfläche gibt den Standardpreis an.*

Wenn nun ein Auftrag an die Firma Braun GmbH mit dem Artikel „Lexware warenwirtschaft pro" geschrieben wird, gibt das Programm automatisch den beim Kunden hinterlegten Preis von 380,00 € an. Dass es sich dabei um einen kundenspezifischen Preis handelt, zeigt Ihnen das Symbol „K" über dem Preis an.

Der Menüpunkt **Verwaltung → Kundenpreislisten** zeigt alle Kunden auf, für die es spezifische Preislisten gibt.

22.3 Preisaktionen

Preisaktionen sind Sonderpreise für bestimmte Artikel aus dem Artikeldatenstamm, die einen begrenzten Zeitraum Gültigkeit haben. Ein typisches Beispiel dafür sind Einführungspreise für neue Produkte. Unter **Verwaltung → Preisaktionen** finden Sie die Liste der bisherigen Aktionen. Über das „Neu"-Symbol öffnen Sie das Eingabefenster für eine Preisaktion.

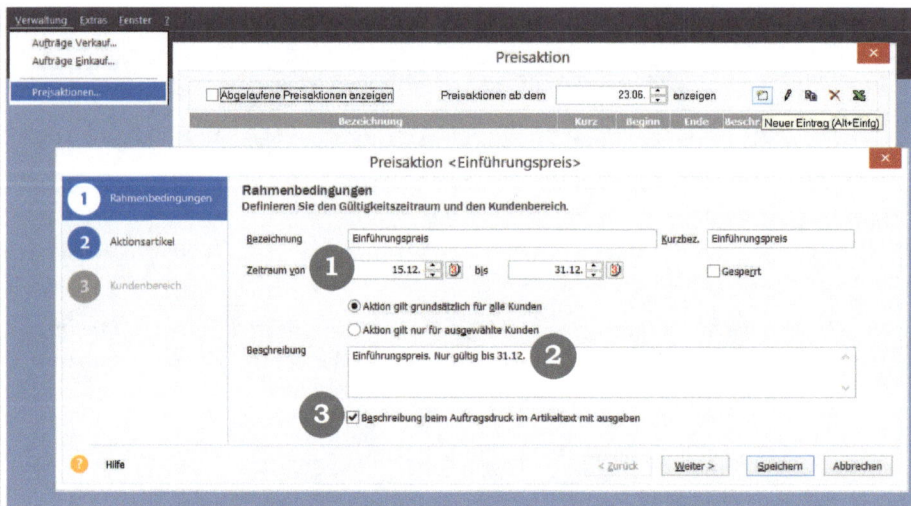

Abb. 22.7: **Preisaktionen:** *Geben Sie die Eckdaten für die Preisaktion ein wie die Laufzeit* ❶ *und eine Beschreibung* ❷ *, die mit dem Artikel im Auftrag ausgegeben* ❸ *werden kann.*

Geben Sie der Aktion einen Namen und legen Sie die Laufzeit fest. Es müssen nicht zwangsläufig alle Kunden von dieser Aktion profitieren, eine Eingrenzung auf bestimmte Kunden ist möglich. Klicken Sie diese Option an, dann ist die Seite „Kundenbereich" aktiv, in der Sie eine gezielte Zuordnung treffen können. Hinterlegen Sie ebenfalls eine Beschreibung der Aktion, die im Auftrag bei dem jeweiligen Artikel mit ausgegeben werden kann.

Klicken Sie nun die Seite „Aktionsartikel" an, um die Aktionsartikel und die Aktionspreise festzulegen. Ein Klick auf das Öffnen-Symbol sorgt dafür, dass die Artikelleiste aktiviert wird. Wählen Sie den oder die gewünschten Artikel per Doppelklick für die Aktion aus und ersetzen Sie den Standardpreis durch den Aktionspreis. Ein Klick auf das Feld mit dem blauen „i" informiert Sie über die hinterlegten Standardpreise.

Auf die gleiche Weise wählen Sie auf der „Kunden"-Seite der Preisaktionen die Kunden für diese Preisaktion aus, wenn die Aktion auf bestimmte Kunden begrenzt sein soll.

Die Aktionspreise gelten für die ausgewählten Artikel, die ausgewählten Kunden und den festgelegten Zeitraum. Das Programm übernimmt den jeweils geltenden Preis entsprechend den gewählten Einstellungen in den Firmenangaben in den Auftrag

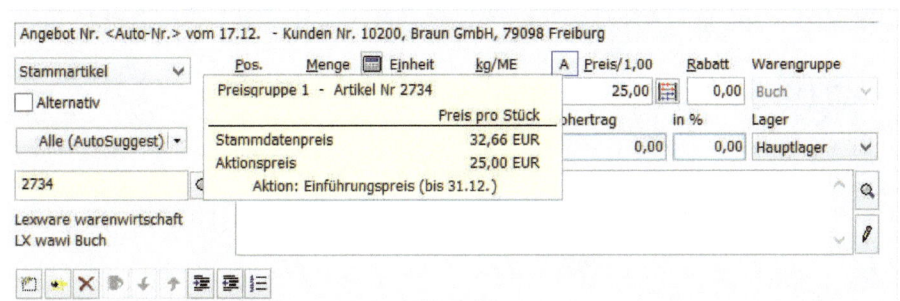

Abb. 22.8: **Preisaktion im Auftrag:** *Die Schaltfläche „A" zeigt, dass es sich um einen Aktionspreis handelt. Wenn Sie darauf klicken, werden die Standardpreise zur Information angezeigt.*

22.4 Firmeneinstellungen für die Preisermittlung

Um die unterschiedlichen Möglichkeiten der Preisgestaltung richtig einzusetzen, sollten Sie in den Firmenangaben festlegen, wann welcher Preis berechnet werden soll.

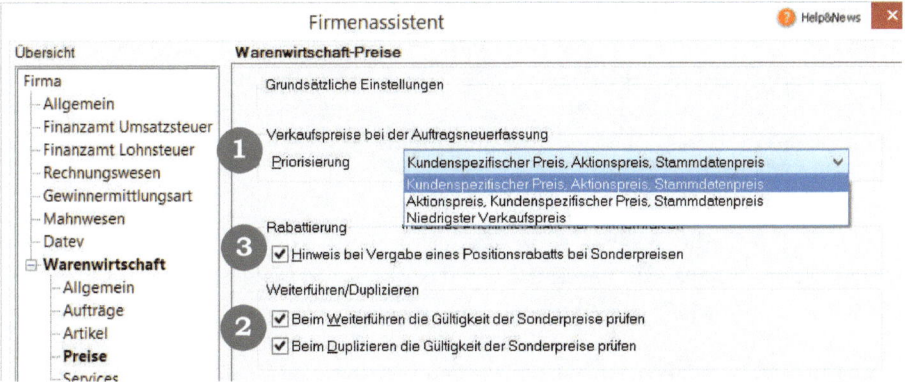

Abb. 22.9: **Sonderpreise:** *In welcher Reihenfolge sollen die Preise berücksichtigt ❶ werden? Was passiert nach Ablauf von Preisaktionen ❷ oder wenn Rabatte ❸ vergeben werden?*

Hat ein Kunde spezielle Preise für einen Artikel, der in einer Preisaktion günstiger verkauft wird, muss geklärt sein, ob nun die Kundenpreisliste gilt oder ob dieser Kunde ebenfalls von der Aktion profitieren soll. Da sowohl der Kundenpreis als auch die Aktion die für den Kunden günstigere Variante sein kann, gibt es auch die Möglichkeit, immer den niedrigsten Verkaufspreis zu wählen.

Haken Sie ebenfalls an, dass Sie das Programm informiert, wenn ein Sonderpreis vorliegt und zusätzlich ein Positionsrabatt vergeben wird. Selbstverständlich können auch Sonderpreise rabattiert werden, in der Regel ist dies aber nicht gewünscht.

Haben Sie die Standardeinstellungen bei der Auslieferung des Programms nicht geändert, dann weist Sie das Programm darauf hin, wenn Aufträge dupliziert oder weitergeführt werden, die Artikel aus abgelaufenen Preisaktionen beinhalten. Entscheiden Sie dann, zu welchem Preis Sie den Artikel verkaufen wollen.

Übung

Legen Sie für den Kunden Braun GmbH den Artikel Lexware warenwirtschaft mit einem spezifischen Preis von 380,00 € an. Geben Sie außerdem eine Preisaktion für den laufenden Monat und für denselben Artikel mit dem Preis von 350,00 € an.

Schreiben Sie dann einen Auftrag an den Kunden Braun GmbH und prüfen Sie, welcher Preis angezeigt wird. Prüfen Sie in den Firmenangaben die Einstellungen zur Priorisierung der Preise.

Lösungen

Lösung Kapitel 1

Lösung 1/1 Info Service einrichten

Klicken Sie auf die grüne Weltkugel in Ihrer Taskleiste oder wählen Sie im Menü **?** die Funktion Software aktualisieren. Ist das Fenster geöffnet, finden Sie ganz unten den Button Einstellungen. Wenn Sie hier klicken öffnet sich folgendes Fenster:

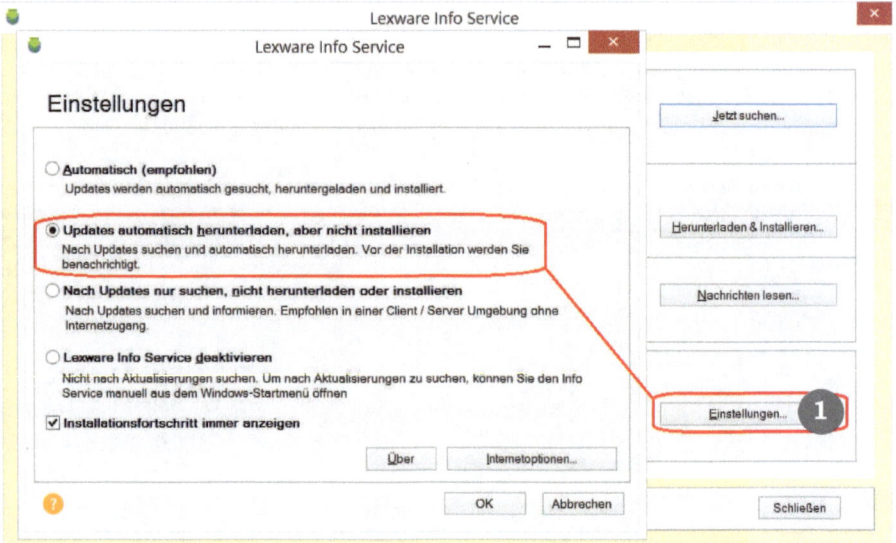

Abb. 1.5: **Lexware Info Service:** *Unter Einstellungen* ❶ *gibt es vier Möglichkeiten, von denen Sie die zu Ihren Abläufen passende auswählen können.*

Lösung 1/2 Datensicherung

Erst wenn außer Ihnen niemand mehr das Programm geöffnet hat, ist eine Datensicherung möglich.

- Wählen Sie den Menüpunkt **Datei → Datensicherung → Sicherung**.
- Achten Sie darauf, wohin die Daten gesichert werden und merken Sie sich den Datenpfad.
- Durchlaufen Sie den Assistenten und geben Sie eine Bemerkung zu Ihrer Datensicherung ein.
- Kopieren Sie die erzeugte Sicherungsdatei ggf. auf eine CD oder auf eine andere Festplatte.

Lösung Kapitel 2

Unter **Datei** → **Neu** → **Firma...** werden die Daten eingegeben und unter **Bearbeiten** → **Firmenangaben** können Sie die Eingaben ändern und ergänzen. Im Kapitel 2 finden Sie detaillierte Angaben mit den Abbildungen des Firmenassistenten, an denen Sie sich orientieren können.

Lösung Kapitel 3

Der schnellste Weg, um neue Kunden anzulegen, führt über die große Schaltfläche „Kunden" auf der Startseite. Da die meisten Angaben bei der Kundenanlage selbsterklärend sind, sehen Sie hier lediglich die wichtigsten Eingabefelder abgebildet.

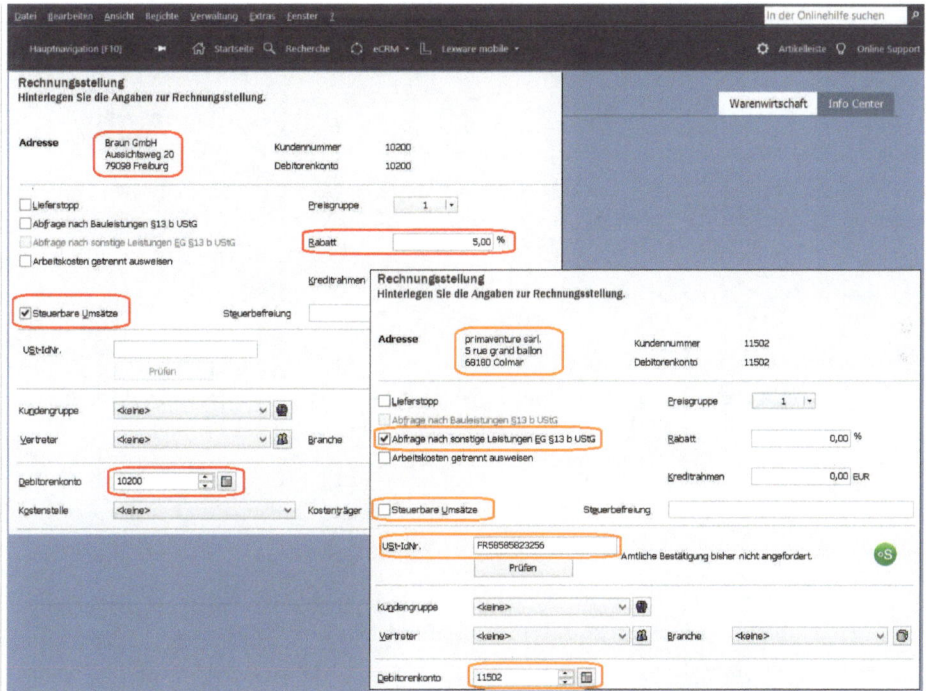

Abb. 3.7: Einstellungen auf der Seite Rechnungsstellung in den Kundendaten.

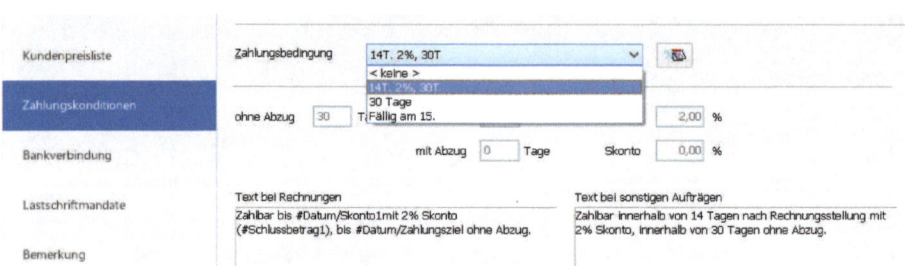

Abb. 3.8: Einstellung der Zahlungskonditionen.

Lösung Kapitel 4

Lösung

Am einfachsten ist es, über die Schaltfläche **„Lieferant"** auf der Startseite **„Lieferant neu"** auszuwählen, um den Erfassungsassistenten zu öffnen. Orientieren Sie sich an den Erklärungen in Kapitel 4.

Tragen Sie die Daten ein, die Sie für diesen Lieferanten wissen. In der täglichen Praxis ist das oft lediglich die Anschrift. Die weiteren Daten – wie die Zahlungsziele und die Bankverbindung – erfährt man erst im Laufe der Geschäftsbeziehung, spätestens wenn die erste Rechnung vorliegt. Sie können die Daten jederzeit ergänzen.

Lösung Kapitel 5

Lösung

Über **Verwaltung** → **Zahlungsbedingungen...** öffnen Sie die Tabelle der hinterlegten Zahlungsbedingungen. Per Doppelklick auf den Listeneintrag öffnet sich die gewünschte Bedingung zur Überarbeitung.

Für das erste Beispiel mit Skonto könnte der Text bei Rechnungen lauten:

Zahlbar bis #Datum/Skonto1mit 2% Skonto, bis #Datum/Zahlungsziel ohne Abzug.

#Datum/Skonto1 und #Datum/Zahlungsziel sind die Variablen, die Sie aus der Variablenliste auswählen und die im Druck durch die errechneten Angaben ersetzt werden.

Sie können auch weitere Variablen aus der Liste für Ihren Text verwenden.

Neue Zahlungskonditionen werden über die Schaltfläche „Neu" angelegt, die rechts oben über der Liste zu finden ist. Die Angaben können Sie sicher leicht selbst vervollständigen.

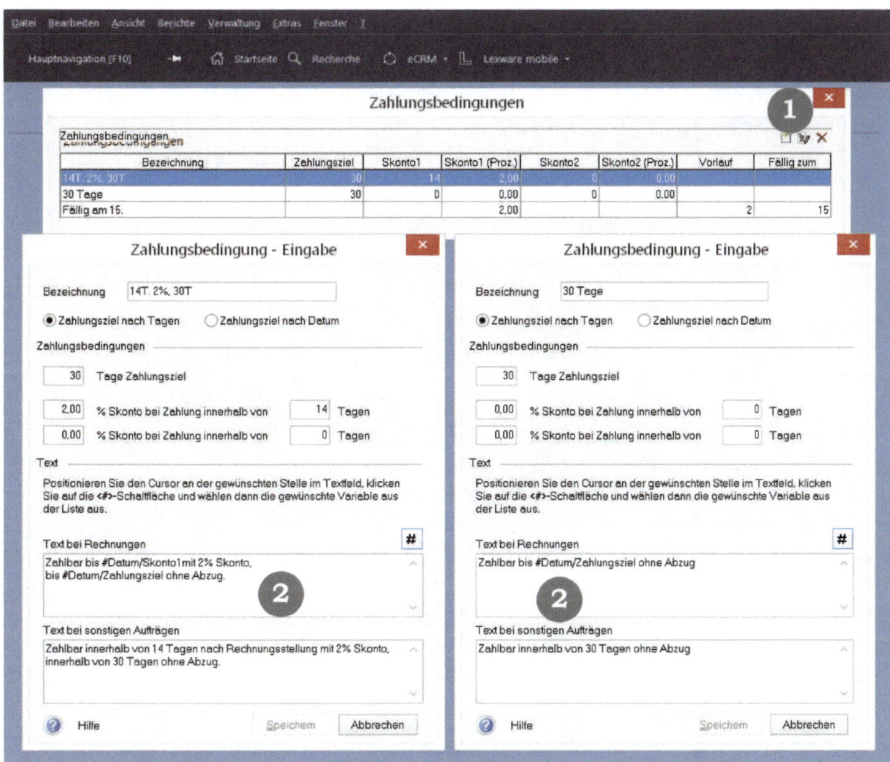

Abb. 5.4: **Lösung:** *Anlegen von Zahlungsbedingungen über die Schaltfläche „Neu"* **1**
in der Liste mit Variablen im Text **2** *für die Rechnung.*

Lösung Kapitel 6

Öffnen Sie die Artikelliste über **Verwaltung → Artikel**.

Klicken Sie den Eintrag „Warengruppen" links oben mit der rechten Maustaste an und wählen Sie den Menüpunkt „Neu".

Im darauf folgenden Fenster tragen Sie die in der Übung genannten Daten ein.

Fehlt das angegebene Konto, öffnen Sie den Kontenrahmen über das Symbol hinter dem Kontenfeld und kopieren ein passendes Konto über die gleichnamige Schaltfläche. Achten Sie darauf, dass Sie ein Konto mit dem richtigen Steuersatz wählen.

Tragen Sie dann die neu anzulegende Kontonummer und den Text für das Konto ein.

Danach können Sie dieses Konto in der gewünschten Warengruppe verwenden.

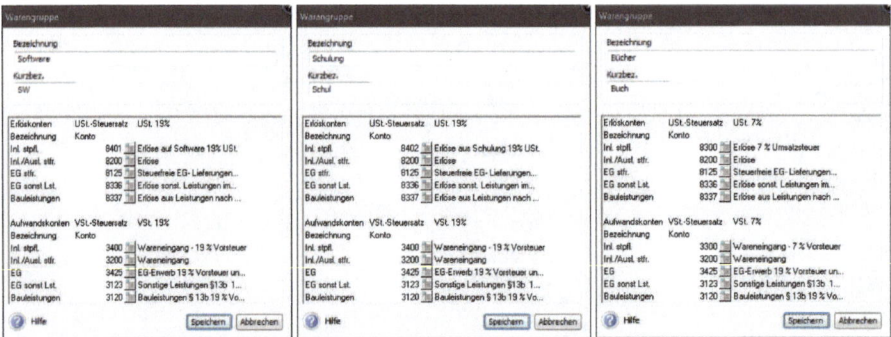

*Abb. 6.5: **Lösung:** Anlegen von Warengruppen mit unterschiedlichen Steuersätzen, die aus den Erlöskonten übernommen werden.*

Lösung Kapitel 7

Über **Verwaltung → Artikel** öffnen Sie die Artikelliste. Über **Bearbeiten → Artikel → Neu** öffnet sich das Erfassungsfenster, in das Sie die aufgelisteten Angaben eintragen. Zuletzt speichern Sie den neuen Artikel.

Die Inhouse-Schulung können Sie alternativ auch als Lohnleistung anlegen. Im Kapitel „Leistungen" finden Sie die Erläuterungen dazu.

Lösung Kapitel 8

Öffnen Sie zunächst die Artikelliste über **Verwaltung → Artikel**. Wählen Sie im Menü der rechten Maustaste „Neu...", um einen neuen Artikel anzulegen. Geben Sie Artikelnummer, Matchcode und den Kurztext an.

Haken Sie „Lagerartikel" und „Stücklisten anlegen" an und wechseln Sie auf die nächste Seite. Dort wählen Sie über die Lupenschaltfläche die jeweiligen Bestandteile der Stückliste aus, die Sie mit der Schaltfläche „Stückliste übernehmen" in die Positionenliste übernehmen.

Wechseln Sie auf die nächste Seite und geben Sie Standardpreis und Warengruppe an.

Weitere Angaben sind nicht erforderlich, blättern Sie weiter, bis der Artikel auf der letzten Seite gespeichert werden kann.

Öffnen Sie den neuen Artikel und wechseln Sie auf die Seite „Stückliste".

Haken Sie das Feld „Bestände umbuchen" an, wodurch das Feld zur Eingabe der umzubuchenden Menge erfasst werden kann; geben Sie dort die Stückzahl 3 ein.

Speichern Sie den Artikel. Nun muss der Lagerbestand des Warenwirtschaftskomplettpakets drei Stück betragen. Gleichzeitig sind die Bestände der beiden Bestandteile des neuen Artikels um 3 Stück reduziert. Das Lagerjournal zeigt Ihnen die Umbuchung für die Stückliste.

Lösung Kapitel 9

Öffnen Sie die Liste der Lohnleistungen über **Verwaltung → Leistungen → Lohnleistung**. Mit der rechten Maustaste erreichen Sie das Menü, wo Sie **Neu** wählen.

Wechseln Sie auf die nächste Seite und geben dort Nummer, Matchcode, Einheit und Kurztext an.

Auf der Folgeseite können die Erlöskonten erfasst werden. Die Aufwandskosten lassen Sie außer Acht.

Zuletzt geben Sie den Verkaufspreis an. Wenn Sie möchten, können Sie auch Kosten angeben oder die Kalkulation ausprobieren.

Über **Verwaltung → Leistungen → Nebenleistungen** öffnen Sie die Tabelle mit den Nebenleistungen, in denen Sie die Einträge vornehmen können. Denken Sie daran, die zugehörigen Erlöskonten ebenso einzutragen. Abbildung 9.3 im Kapitel 9, Leistungen, verdeutlicht die Vorgehensweise.

Lösung Kapitel 10

Viele Wege gibt es, mit denen Sie den Auftragsassistenten aufrufen können. Nutzen Sie die Übung, um die Möglichkeiten auszuprobieren, die in Kapitel 10 beschrieben wurden. Denken Sie auch an die Tastenkombination <Strg> + <N>, die Sie ganz schnell zum Ziel führt. Und wenn die Kundenliste geöffnet ist, stehen die Kundendaten bereits in der ersten Seite des Assistenten. Andernfalls nutzen Sie die Lupenschaltfläche, um den Kunden aus der Liste auszuwählen.

Auf der zweiten Seite stellen Sie die Positionen für die Angebote zusammen. Die hier genannten Beispiele sind Stammdaten, die Sie aus der Artikelleiste am rechten Bildschirmrand per Mausklick auswählen. Das grüne Häkchen übernimmt die Daten in die Positionsliste.

Auf der letzten Seite kontrollieren Sie die Summen und die Umsatzsteuer. Achten Sie besonders bei dem Kunden in Frankreich darauf, dass keine Umsatzsteuer gerechnet wird. Lesen Sie ggf. bei der Kundenanlage noch einmal nach, wie die richtigen Einstellungen dafür sein müssen.

Wenn Sie bereits Textbausteine erfasst haben (siehe Kapitel 13) dann können Sie den Schlusstext am Ende aus den Textbausteinen übernehmen.

Zuletzt speichern Sie die Daten und drucken die Angebote aus.

Lösung Kapitel 11

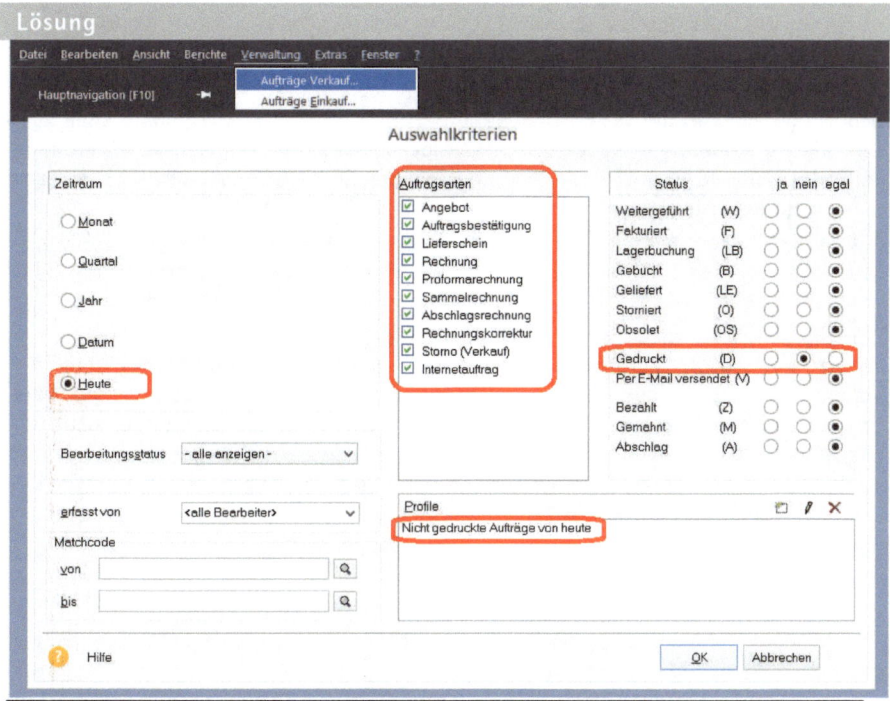

*Abb. 11.7: **Lösung:** Einstellungen zur Lösung der Übungsaufgabe.*

Lösung Kapitel 12

Lösung

Öffnen Sie die Auftragsliste mit den Angeboten, klicken sie ein Angebot mit der rechten Maustaste an und wählen im nachfolgenden Menü **Weiterführen**.

Es öffnet sich der Auftragsassistent, die Auftragsbestätigung ist voreingestellt.

Wechseln Sie auf die zweite Seite, markieren eine Position durch Anklicken und überschreiben Sie den nun im Erfassungsbereich dargestellten Artikel mit einem neuen Preis, einer anderen Menge oder ändern Sie den Text dazu. Mit dem grünen Häkchen übergeben Sie die geänderte Position in die Positionsliste. Speichern Sie die Auftragsbestätigung.

Führen Sie die Auftragsbestätigung weiter in eine Rechnung, indem Sie wieder das Menü mit der rechten Maustaste verwenden. Die voreingestellte Auftragsart ist nun „Lieferschein". Ändern Sie das in „Rechnung".

Speichern Sie die Rechnung und öffnen Sie diese erneut per Doppelklick aus der Auftragsliste. (Wenn Sie die Rechnung direkt beim Speichern ausgedruckt haben, erhalten Sie nun den Hinweis, dass die Rechnung nicht mehr bearbeitet werden kann, sie wird nur zur Ansicht geöffnet.)

Jetzt können Sie auf die Seite „Info" zugreifen. Klicken Sie auf die Einträge für das Angebot und die Auftragsbestätigung, um zum vorgelagerten Auftrag zu gelangen. Wechseln Sie auf die Positionsseite, um die Angaben zu prüfen.

Die Rechnung drucken Sie entweder direkt nach dem Speichern oder aber aus der Liste mit dem Menü der rechten Maustaste.

Die Auftragsliste hat beim Angebot und bei der Auftragsbestätigung nun den Statuseintrag „W" – Weitergeführt. Bei der Rechnung steht „D" für gedruckt.

Möchten Sie die nun gedruckte Rechnung erneut öffnen, wird sie nach einem Hinweis lediglich im Anzeige-Modus geöffnet und kann nicht bearbeitet werden.

Lösung Kapitel 13

Lösung 13/1 Standardtext Auftragsart

Öffnen Sie die Tabelle der Textbausteine über **Verwaltung → Texte → Textbausteine** und tragen Sie die Texte direkt in die Tabelle ein.

Die Zuordnung erfolgt danach über **Verwaltung → Texte → Standardtexte** im Bereich „Standardtexte Verkauf". Stellen Sie anschließend die gewünschte Auftragsart ein – also z. B. „Angebot" – und klicken Sie dann im unteren Bereich bei den Nachbemerkungen die Lupenschaltfläche an, um die Textbausteinliste zu öffnen.

Markieren Sie den gewünschten Text, den sie mit „Übernehmen" als Standard für die Nachbemerkung der Angebote festlegen. Der ausgewählte Text wird jetzt im Standardtext-Fenster direkt angezeigt.

Lösung 13/2 Standardtext Mailbetreff

Über **Verwaltung → Texte → Textbausteine** erfassen Sie den Mailbetreff in der Liste. Danach wählen Sie **Verwaltung → Texte → Standardtexte**, um den Betreff den E-Mail-Texten zuzuordnen.

Lösung Kapitel 14

Lösung 14/2 Persönliche Einstellungen hinterlegen

Der Menüpunkt **Extras → Optionen**, die Seite „Auftragsbearbeitung" beinhaltet die Eingabefenster für die Standardwerte. Dort geben Sie Ihren Namen als Bearbeiter an.

Auf der Seite „E-Mailversand" finden Sie den Eintrag „Standardformular". Suchen Sie mit der Lupenschaltfläche ein Formular mit Kopf- und Fußzeile zum Mailen aus.

Speichern Sie Ihre Einträge.

Lösung Kapitel 15

Öffnen Sie zuerst über **Verwaltung → Projekte** die Projektliste. Erst dann gibt es den Menüpunkt **Neu** unter **Bearbeiten**, den Sie anklicken. Im folgenden Projekterfassungs-assistenten tragen Sie die angegebenen Daten ein.

Wenn die Projektliste geöffnet ist und das gewünschte Projekt markiert, werden beim Öffnen des Auftragsassistenten die Projektdaten direkt übernommen. Wechseln Sie auf die nächste Seite und erfassen Sie die gewünschten Positionen. Auf der letzten Seite können Sie das Angebot speichern.

Lösung Kapitel 16

Über die Schaltfläche „Lieferschein" auf der Startseite und „Lieferschein neu" greifen Sie auf den Auftragsassistenten zu. Wählen Sie die Kundenadresse auf der ersten Seite aus und wechseln dann auf die Folgeseite. Wenn Sie nun die Artikel auswählen, achten Sie auf die Angaben zum Lagerbestand und die Meldung, falls die Mindestmenge unter-schritten wird. Erfassen Sie auch einen zweiten Lieferschein an denselben Kunden

Danach öffnen Sie den Auftragsassistenten über die Tastenkombination <Strg>+<N>. Stellen Sie als Auftragsart „Sammelrechnung" ein, wählen erneut den Kunden und wechseln auf die Folgeseite, wo Sie durch Anhaken die beiden Lieferscheine zur Berechnung festlegen. Die nächste Seite listet die Artikel aus den Lieferscheinen auf. Erst auf der letzten Seite speichern Sie die Sammelrechnung. Sehen Sie sich die Druck-vorschau dazu an oder drucken Sie die Sammelrechnung aus.

Lösung Kapitel 17

Über **Extras → Bestellwesen → Bestellung** öffnen Sie das Auswahlfenster der Liefe-ranten. Wählen Sie per Doppelklick den Lieferanten Haufe-Lexware aus und gehen Sie weiter auf die nächste Seite. Prüfen Sie die angegebenen Mengen und probieren Sie die Auswirkungen der Häkchen bei „Mindestmenge unterschritten" aus. Geben Sie dann die gewünschten Bestellmengen ein und setzen Sie zur Bestätigung das Häkchen im Feld „Bestellen". Speichern Sie zuletzt die Bestellung und drucken Sie diese aus.

Öffnen Sie nun die Artikelliste und sehen Sie sich das Lagerjournal an. Dort ist die eben erfasste Bestellung aufgelistet. Klicken Sie den Artikel doppelt zur Bearbeitung an, werden Sie auf der Seite „Lager" bei den Bestandsinformationen die bestellten Mengen finden. Wenn Sie ein Angebot – oder einen anderen Verkaufsauftrag – erfassen und den Artikel eintragen, sehen Sie in der Positionserfassung die bestellte Menge ebenfalls.

Lösung 17/2 Lagerzubuchung

Der einfachste Weg führt über die große Schaltfläche „Wareneingang", wo Sie die Auswahl „offene Bestellungen einbuchen" wählen. Klicken Sie dann die offene Bestellung an und wechseln auf die nächste Seite. Alle Artikel wurden geliefert, also brauchen Sie das Fenster nur noch über „Speichern" zu schließen, um die Ware im Lager zuzubuchen.

Lösung Kapitel 18

Lösung

Unter **Extras → Inventur → Inventurübersicht** öffnen Sie die Inventurübersicht und klicken auf die Schaltfläche „Inventurbeleg erstellen". Klicken Sie auf das Symbol „Neuer Eintrag" und geben Sie der Inventur eine Belegnummer und eine Bezeichnung. Die Inventurart ist „Jahresinventur" und die Einstellung bleibt unverändert bei „Alle Artikel". Schließen Sie die Inventurbelegverwaltung.

Bleiben Sie in der Inventurübersicht und klicken auf „Zähllisten drucken". Die eben angelegte Jahresinventur wird mit dem Status „offen" angezeigt". Klicken Sie auf „Drucken" um die Zählliste auszudrucken.

Wählen Sie jetzt in der Inventurübersicht „Bestände erfassen". Markieren Sie die neu angelegte Jahresinventur und klicken Sie auf das grüne Ampelmännchen, um die Bestandserfassung zu starten. In der sich dann öffnenden Liste tragen Sie die Ist-Bestände der Artikel ein und speichern die Eingaben. Wenn Sie die Liste schließen, sehen Sie wieder die Belegauswahl. Ein Klick auf das rote Ampelmännchen beendet die Bestandserfassung. Bestätigen Sie die Meldung, dass nicht eingegebene Mengen zu einer Nullzählung führen.

Zuletzt klicken Sie auf Inventur auswerten. In der Belegverwaltung markieren Sie die aktuelle Inventur und klicken dann auf „Drucken". Im Drucken-Fenster wählen Sie statt der Ausgabe auf den Drucker den Export nach Excel® und klicken dann auf „Ausgabe". Nun öffnet sich die Excel-Liste mit den Lagerartikeln mit Bestand und EK-Preis. Die Excel-Funktionen erlauben es nun, den Wert des Lagers aus diesen Daten in der Liste zu ermitteln.

Lösung Kapitel 19

Lösung

Orientieren Sie sich an der Anleitung in Kapitel 19. Achten Sie darauf, dass alle Anwender des Programms Zugriff auf die Logo-Datei haben müssen. Am besten legen Sie die Datei im Formularverzeichnis selbst ab.

Lösung Kapitel 20

In den Firmenangaben sehen Sie auf der Seite „Mahnwesen" die Mahnfristen. In der Rechnung selbst können Sie das Fälligkeitsdatum auf der letzten Seite sehen.

Extras → Mahnwesen öffnet den Assistenten für die Mahnung. Geben Sie das Stichtagsdatum so an, dass die Rechnung im Mahnlauf erscheint. Tragen Sie die weiteren Angaben nach Ihren eigenen Vorstellungen ein und wechseln auf die Folgeseite. Dort haken Sie an, welche Rechnung gemahnt werden soll und klicken dann auf „Mahnen", um die Mahnung auszudrucken. Die anschließende Frage nach der Mahnstufe beantworten Sie mit „Ja". In der Auftragsliste erhält diese Rechnung nun den Status „M".

Den Zahlungseingang erfassen Sie über den Menüpunkt **Extras → Zahlungseingang**. Klicken Sie die bezahlte Rechnung mit der rechten Maustaste an und wählen dann „Zahlungseingang". Im folgenden Fenster geben Sie den bezahlten Betrag und das Zahldatum ein. Sobald Sie „OK" anklicken, verschwindet die Rechnung aus der Liste. In der Auftragsliste hat diese Rechnung nun den Status „Z" für bezahlt.

Lösung Kapitel 21

Orientieren Sie sich an der Beschreibung in diesem Kapitel. Denken Sie beim DATEV-Export daran, dass Sie zunächst den Export ASCII wählen müssen und erst im nachfolgenden Fenster die Möglichkeit angegeben ist, ins DATEV-Format zu exportieren. Merken Sie sich den Datenpfad, in dem die erzeugte Datei abgespeichert ist. Per Doppelklick können Sie die Datei in Excel ansehen.

Den Buchungsstapel in Lexware buchhaltung finden Sie unter **Ansicht → Buchungsstapel**. Die große Schaltfläche „Stapel verarbeiten" auf der Startseite von Lexware buchhaltung übergibt die Buchungen ins Journal.

Lösung Kapitel 22

Alles was Sie benötigen, ist in Kapitel 22 beschrieben. Starten Sie, indem Sie die Kundendaten Braun öffnen. Tragen Sie auf der Seite „kundenspezifische Preise" den Artikel mit dem neuen Preis ein.

Öffnen Sie nun unter **Verwaltung → Preisaktionen** das Fenster, um die Preisaktion anzulegen. Schreiben Sie einen Auftrag und prüfen Sie die angegebenen Preise und in den Firmenangaben die Einstellungen.

Stichwortverzeichnis

Exklusiv für Buchkäufer!

Ihre Arbeitshilfen zum Download:

▸ mybook.haufe.de

▸ Buchcode: MOQ-5520

W0236176

Online-Aktualisierung

Ihr Online-Service:

- Aktualisierung einzelner Kapitel auf Basis gesetzlicher Änderungen
- Software-Anpassungen

Den Link sowie Ihren Zugangscode finden Sie am Buchende.